丛书总主编：孙鸿烈　于贵瑞　欧阳竹　何洪林

中国生态系统定位观测与研究数据集

农田生态系统卷

陕西安塞站

(1998—2007)

刘国彬　李够霞
陈云明　梁银丽　主编

中国农业出版社

中国生态系统定位观测与研究数据集

丛书编委会

中国生态系统定位观测与研究数据集
农田生态系统卷·陕西安塞站

编委会

主　　编：刘国彬　李够霞　陈云明　梁银丽

编　　委（按姓名笔画排序）：

白岗栓　王国梁　王继军　刘国彬　许明祥

李够霞　吴瑞俊　陈云明　姜　峻　徐炳成

梁银丽　翟连宁

[序 言]

随着全球生态和环境问题的凸显，生态学研究的不断深入，研究手段正在由单点定位研究向联网研究发展，以求在不同时间和空间尺度上揭示陆地和水域生态系统的演变规律、全球变化对生态系统的影响和反馈，并在此基础上制定科学的生态系统管理策略与措施。自20世纪80年代以来，世界上开始建立国家和全球尺度的生态系统研究和观测网络，以加强区域和全球生态系统变化的观测和综合研究。2006年，在科技部国家科技基础条件平台建设项目的推动下，以生态系统观测研究网络理念为指导思想，成立了由51个观测研究站和一个综合研究中心组成的中国国家生态系统观测研究网络（National Ecosystem Research Network of China，简称CNERN）。

生态系统观测研究网络是一个数据密集型的野外科技平台，各野外台站在长期的科学研究中，积累了丰富的科学数据，这些数据是生态学研究的第一手原始科学数据和国家的宝贵财富。这些台站按照统一的观测指标、仪器和方法，对我国农田、森林、草地与荒漠、湖泊湿地海湾等典型生态系统开展了长期监测，建立了标准和规范化的观测样地，获得了大量的生态系统水分、土壤、大气和生物观测数据。系统收集、整理、存储、共享和开发应用这些数据资源是我国进行资源和环境的保护利用、生态环境治理以及农、林、牧、渔业生产必不可少的基础工作。中国国家生态系统观测研究网络的建成对促进我国生态网络长期监测数据的共享工作将发挥极其重要的作用。为切实实现数据的共享，国家生态系统观测研究网络组织各野外台站开展了数据集的编辑出版工作，借以对我国长期积累的生态学数据进行一次系统的、科学的整理，使其更好地发挥这些数据资源的作用，进一步推动数据的共享。

为完成《中国生态系统定位观测与研究数据集》丛书的编纂，CNERN综合研究中心首先组织有关专家编制了《农田、森林、草地与荒漠、湖泊湿地海湾生态系统历史数据整理指南》，各野外台站按照指南的要求，系统地开展了数据整理与出版工作。该丛书包括农田生态系统、草地与荒漠生态系统、森林生态系统以及湖泊湿地海湾生态系统共4卷、51册，各册收集整理了各野外台站的元数据信息、观测样地信息与水分、土壤、大气和生物监测信息以及相关研究成果的数据。相信这一套丛书的出版将为我国生态系统的研究和相关生产活动提供重要的数据支撑。

孙鸿烈

2010年5月

前　言

陕西安塞农田生态系统国家野外科学观测研究站（简称安塞站）依托单位为中国科学院教育部水土保持与生态环境研究中心（中国科学院水利部水土保持研究所）。始建于1973年，是水土保持研究所在黄土高原丘陵沟壑区建立的第一个野外试验台站，1990年进入中国科学院中国生态系统研究网络（CERN）重点站，2000年进入科技部国家重点野外台站（试点站），2006年正式进入科技部国家重点野外观测台站，是国家野外站在该类型区唯一的农业生态系统试验站。2006年被评为中国生态系统研究网络优秀站，2007年被水利部命名为第一批"国家水土保持科技示范园"，2009年被评为"全国野外科技工作先进集体"。

安寒站自建站以来，就把目标定位于国家生态建设的战略需求与国际水土保持学科前沿，将影响水土流失发生与发展的陆地表层生物地学过程及各个环境因子之间的关系作为研究重点，以生态系统恢复及其重建原理与技术为目标，研究流域生态系统结构、功能和人为活动的影响，探索流域可持续发展策略及优化管理系统；开展退化生态系统恢复重建机理、技术研究与试验示范，为区域水土流失治理、生态农业建设、流域生态系统恢复与管理提供理论依据和技术支撑。先后承担了包括"七五"至"十五"国家科技攻关课题，中科院西部行动计划项目及其它国家、院、省、部各类科研任务共50余项，积累了近30年的水、土、气、生等生态要素及区域特色观测研究数据、图像资源，形成了不同尺度较为完整的资源与环境试验研究观测体系。

为了使安塞站的数据资源规范化保存，更好地服务于黄土高原水土保持与生态建设的科研与治理，促进区域数据资源的共享服务，以及跨台站、跨时间尺度的生态学联网观测研究，在国家科技基础条件平台建设项目："生态系统网络的联网观测研究及数据共享系统建设"项目支撑下，依据《中国国家生态系统观测研究网络农田生态系统定位观测与研究数据集整理指南》编写，在站长刘国彬的主持下，经过站科技与监测人员的多次讨论，共同编写完成了本数据集。

本书共分五章，基于数据资料的系统性和完整性，集成了安塞站从1998—2007年在水、土、气、生等生态要素、土壤侵蚀与水土保持、流域生态经济变化等区域特色研究数据，涵盖了老、中、青三代科研和技术人员长期在黄土高原从事科学观测与研究的精华数据资源。在数据集完成之际，向他们为安塞站发展及黄土高原水土保持与生态建设所作出的无私奉献表示崇高的敬意与感谢！

参加数据集编写的人员有刘国彬、李够霞、梁银丽、徐炳成、王国梁、吴瑞俊、姜峻、陈云明、许明祥、王继军、白岗栓、翟连宁等，由李够霞、吴瑞俊、姜峻统筹编辑，由刘国彬、陈云明审核、统稿、定稿。

本数据集可为从事水土保持、生态恢复、国土整治等相关领域的科研、技术及生产人员提供参考。在编写过程中，虽然我们力求文字表达的准确性，数据资料的系统性，但由于主客观因素的存在，错误与不足之处仍难以避免，敬请读者指正。

本书编委会

2010年6月

目 录

第一章 引言

1.1 台站简介

中国科学院安塞水土保持试验站（Ansai Research Station of Soil and Water Conservation，Chinese Academy of Sciences）依托单位为中国科学院、教育部水土保持与生态环境研究中心（中国科学院水利部水土保持研究所），始建于1973年，是中国科学院水利部水土保持研究所在黄土高原设立的第一个野外试验台站。1985年正式成为中国科学院的野外台站，1990年入选中国科学院中国生态系统研究网络（CERN）重点站，1998年被陕西省科委定为陕西省农业科学实验基地，2006年进入科技部国家重点野外台站。

安塞站位于黄土高原中部，陕西省延安市安塞县境内，东径109°19′23″，北纬36°51′30″。海拔1 068～1 309m。年平均气温8.8℃，年平均降雨量500mm。地处丘陵沟壑区的中心地带，是国家野外站在该类型区唯一的农业生态系统试验站。属典型黄土丘陵沟壑区，在土壤类型上处于黄绵土与沙黄土交错区；在气候上处于暖温带半湿润向半干旱过渡区；植被类型处于暖温带落叶阔叶林向干草原过渡的森林草原区，同时又是典型受人类活动影响的水土流失严重区。对于开展水土保持与生态建设科学研究和试验示范具有典型代表性和特殊意义。

1.2 研究方向

根据中国科学院水利部水土保持研究所知识创新学科发展目标，针对所在区域的生态与环境特征和科学问题，安塞站的研究方向是：以流域为研究单元，开展黄土丘陵区农业资源与生态环境长期定位监测；探求水土流失规律及其对生态环境的影响；开展黄土丘陵区生态环境特征及演变规律；农业生态环境现状、变化和发展趋势评价以及关键限制因子分析；揭示水土保持型生态农业系统结构、功能及调控原理；探索流域健康诊断与管理理论及研究方法。在此基础上，探索合理开发与高效利用农业资源，恢复与重建退化生态系统，提高系统整体功能的途径和措施，为黄土丘陵区资源优化配置、区域综合开发以及环境综合治理等提供决策依据。建成生态环境长期定位监测、研究、试验示范和人才培训基地。

1.3 研究成果

1.3.1 获奖情况

1998—2007年期间安塞站共获得各项科技成果12项。其中，由安塞站主持完成的课题“中国黄土高原生态农业”获1999年度国家新闻出版署科技进步三等奖，“安塞丘陵沟壑区提高水土保持型生态农业系统总体功能的研究”获2001年度国家科技进步二等奖，“黄土高原水土保持与生态环境建设重大问题研究”获2003年度陕西省科学技术一等奖，“黄土高原设施蔬菜持续高产的机理与技术”、

“干旱多风环境下苗木成活机理与造林关键技术”分获2005年、2007年度陕西省科学技术二等奖，安塞站人员作为骨干成员参与完成的项目分别获得国家自然科学二等奖、陕西省科学技术一等奖、中国科学院自然科学一等奖、陕西省科学技术二等奖、教育部科技进步二等奖等奖项。

1.3.2 论著论文情况

1998—2007年期间，安塞站固定人员出版专著和参编论著13部，在国际三大检索系统收录期刊共计发表论文46篇，其中在《Catena》、《Agricultural Water Management》、《Colloids Surfaces B: Biointerfaces》、《Restoration Ecology》等SCI收录期刊发表论文及摘要26篇，ISTP收录论文23篇，EI收录期刊论文15篇。国内核心期刊论文（CSCD收录）262篇，其他期刊及会议论文集论文66篇。

1.4 合作交流

作为一个开放的科研基地，安塞站与国内外多家单位长期保持着良好的合作关系。1998—2007年期间，到安塞站开展合作研究有中国科学院生态环境研究中心、中国科学院植物研究所、地理科学与资源研究所，中国水利水电科学研究院、黄河水利科学研究院、北京师范大学、中国农业大学、西北农林科技大学、长安大学等30多个科研单位、流域机构与院校。每年有20多名所外科研人员、研究生来站进行科学研究工作，近100人到安塞站进行参观、考察活动。

安塞站与美国、日本、澳大利亚、俄罗斯及欧盟等国家开展了合作研究与学术交流，每年来站参观及合作研究的外宾人数超过20人次。期间执行的项目：中欧合作研究项目“中国城乡交错区可持续农业生态系统管理与发展”（2001—2006年），主要开展不同作物系统水土管理效率评价，建立可持续农业生态系统管理的区域综合模型；中美合作项目“土壤侵蚀及其环境效应评价模型”（2004—2006年），中日合作项目“中国内陆地区土壤退化与沙漠化防治技术研究”（2000—2005年），中美合作项目“黄土高原陡坡地水土流失及其防治”（2003—2006年）等。通过这些项目的合作研究与学术交流，不仅为安塞站培养一批高素质、把握国际前沿动态的高水平人才，而且提升了安塞站在相关领域的研究水平与国际影响。

1.5 台站观测研究数据对外开放和共享服务

自1973年建站以来，安塞站积累了30多年的试验研究数据。其中安塞站的气象数据、长期监测数据及社会经济数据完全无条件共享。在一定的共享政策下，元数据对所有用户共享，数据文件根据不同数据类型对使用人员进行限制约束，共享需相关人员授权。部分数据已上网发布，这些数据可通过Http://www.ansai.cern.ac.cn网站访问。

第二章 数据资源目录

2.1 生物数据资源目录

数据集名称：农田作物种类与产值
数据集摘要：该数据集收录了安塞站各样地农田作物种类、品种、产量、产值、播种量及面积等数据
数据集时间范围：2003—2007 年

数据集名称：农田复种指数与典型地块作物轮作体系
数据集摘要：该数据集收录了安塞站各样地的复种指数、轮作方式等数据
数据集时间范围：1998—2007 年

数据集名称：农田主要作物肥料投入情况
数据集摘要：该数据集收录了安塞站各样地不同作物的施肥情况，包括施肥时间、方式、用量等数据
数据集时间范围：2003—2007 年

数据集名称：农田主要作物农药除草剂生长剂等投入情况
数据集摘要：该数据集收录了安塞站各样地施用除草剂、生长剂、农药施用量、使用时间、使用方式等数据
数据集时间范围：2003—2007 年

数据集名称：玉米生育动态观测
数据集摘要：该数据集收录了安塞站各样地玉米的生育期数据
数据集时间范围：1998—2007 年

数据集名称：大豆生育动态观测
数据集摘要：该数据集收录了安塞站各样地大豆的生育期数据
数据集时间范围：1998—2007 年

数据集名称：作物叶面积与生物量动态
数据集摘要：该数据集收录了安塞站各样地作物的种植密度、群体高度、叶面积指数、分蘖情况、生物学产量等数据
数据集时间范围：2003—2007 年

数据集名称：耕作层作物根系生物量
数据集摘要：该数据集收录了安塞站各样地作物耕层的根系生物量数据
数据集时间范围：2004—2007 年

数据集名称：作物根系分布数据
数据集摘要：该数据集收录了安塞站各样地作物根系生长的段面分布数据
数据集时间范围：2004—2006 年

数据集名称：玉米收获期植株性状与产量
数据集摘要：该数据集收录了玉米收获期，安塞站各样地玉米的生物学性状考种数据，如株高、茎粗、果穗长度、百粒重等
数据集时间范围：1998—2007 年

数据集名称：大豆收获期植株性状与产量
数据集摘要：该数据集收录了大豆收获期，安塞站各样地大豆的生物学性状考种数据，包括株高、茎粗、单株结荚数、每荚粒数、百粒重等
数据集时间范围：2004—2007 年

数据集名称：农田作物矿质元素含量与能值
数据集摘要：该数据集收录了安塞站各样地作物不同部位的矿质元素含量及能值数据
数据集时间范围：2003—2007 年

数据集名称：农田土壤微生物生物量碳季节动态
数据集摘要：该数据集收录了安塞站各样地微生物碳含量数据
数据集时间范围：2004—2006 年

2.2 土壤数据资源目录

数据集名称：土壤交换量
数据集摘要：该数据集收录了安塞站各样地土壤阳离子交换量数据，包括交换性钾、钠、钙、镁、铝和阳离子交换总量等
数据集时间范围：2005 年

数据集名称：土壤养分
数据集摘要：该数据集收录了安塞站各样地土壤养分含量数据，项目包括有机质、全氮、全磷、全钾、速效氮、速效磷、速效钾、缓效钾、pH 等
数据集时间范围：1999—2007 年

数据集名称：土壤矿质全量
数据集摘要：该数据集收录了安塞站各样地土壤矿质全量数据，项目包括土壤硅、铁、锰、钛、铝、硫、钙、镁、钾、钠等元素
数据集时间范围：1999、2005 年

数据集名称：土壤微量元素和重金属
数据集摘要：该数据集收录了安塞站各样地土壤微量元素和重金属含量的测定数据，项目包括全硼、全钼、全锰、全锌、全铜、全铁、硒、钴、镉、铅、铬、镍、汞、砷等
数据集时间范围：2005 年

数据集名称：土壤速效微量元素
数据集摘要：该数据集收录了安塞站各样地土壤微量元素速效成分含量数据，包括有效铁、有效铜、有效钼、有效硼、有效锌、有效硫等项目
数据集时间范围：1999—2005 年

数据集名称：土壤机械组成
数据集摘要：该数据集收录了安塞站各样地土壤的机械组成数据
数据集时间范围：1998、2005 年

数据集名称：土壤容重
数据集摘要：该数据集收录了安塞站各样地土壤的容重数据
数据集时间范围：1999、2005 年

2.3　水分数据资源目录

数据集名称：农田生态系统土壤水分（中子仪）含量数据
数据集摘要：该数据集收录了安塞站各样地使用中子仪法测定的土壤水分含量数据
数据集时间范围：2005—2007 年

数据集名称：农田生态系统土壤水分（烘干法）含量数据
数据集摘要：该数据集收录了安塞站各样地使用烘干法测定的土壤水分含量数据
数据集时间范围：2004—2007 年

数据集名称：农田生态系统地表水、地下水水质状况数据
数据集摘要：该数据集收录了安塞站自 2004 年开始，对综合观测场地下水、延河水的水质监测数据，包括水中的钙、镁、钾、钠、碳酸根、硫酸根、磷酸根、硝酸根、矿化度等
数据集时间范围：2004—2007 年

数据集名称：农田生态系统地下水位数据
数据集摘要：该数据集收录了安塞站综合观测场地下水水位监测数据
数据集时间范围：2004—2007 年

数据集名称：农田生态系统农田蒸散量数据
数据集摘要：该数据集收录了安塞站各观测场监测的农田作物蒸散量数据
数据集时间范围：2004—2006 年

数据集名称：农田生态系统土壤水分常数

数据集摘要：该数据集收录了安塞站土壤水分常数数据，土壤水分常数每5年测定一次，包括土壤类型、质地、田间持水量、凋萎湿度、土壤空隙度、土壤容重、土壤水分特征曲线等

数据集时间范围：2001、2005年

数据集名称：雨水水质数据

数据集摘要：该数据集收录了安塞站雨水水质测定数据，包括水温、pH、矿化度、硫酸根、非溶性物质总量等

数据集时间范围：2004—2006年

数据集名称：水面蒸发量数据

数据集摘要：该数据集收录了安塞站川地气象观测场E601蒸发皿测量的日蒸发量数据

数据集时间范围：2005—2007年

数据集名称：农田生态系统农田蒸散量月统计数据（大型蒸渗仪）

数据集摘要：该数据集收录了安塞站农田大型蒸渗仪观测的农田蒸散量月统计数据，包括白天和夜间蒸散量、总蒸散量、降雨量等

数据集时间范围：2005—2007年

2.4 自动气象观测数据资源目录

数据集名称：自动站逐月海平面气压

数据集摘要：本数据集收录了安塞站川地气象观测场自动气象观测站逐月海平面气压数据

数据集时间范围：2004—2006年

数据集名称：自动站逐月大气压

数据集摘要：本数据集收录了安塞站川地气象观测场自动气象观测站逐月大气压数据

数据集时间范围：2004—2006年

数据集名称：自动站逐月水汽压

数据集摘要：本数据集收录了安塞站川地气象观测场自动气象观测站逐月水汽压数据

数据集时间范围：2004—2006年

数据集名称：自动站逐月相对湿度

数据集摘要：本数据集收录了安塞站川地气象观测场自动气象观测站逐月相对湿度数据

数据集时间范围：2004—2006年

数据集名称：自动站逐月降水

数据集摘要：本数据集收录了安塞站川地气象观测场自动气象观测站逐月降水量数据

数据集时间范围：2004—2006年

数据集名称：自动站逐月气温

数据集摘要：本数据集收录了安塞站川地气象观测场自动气象观测站逐月气温数据

数据集时间范围： 2004—2006 年

数据集名称： 自动站逐月露点温度
数据集摘要： 本数据集收录了安塞站川地气象观测场自动气象观测站逐月露点温度数据
数据集时间范围： 2004—2006 年

数据集名称： 自动站逐月太阳辐射总量及其累计值
数据集摘要： 本数据集收录了安塞站川地气象观测场自动气象观测站逐月太阳辐射总量数据
数据集时间范围： 2004—2006 年

数据集名称： 自动站逐月太阳辐射极值及其出现时间
数据集摘要： 本数据集收录了安塞站川地气象观测场自动气象观测站逐月太阳辐射极值及其出现时间数据
数据集时间范围： 2004—2006 年

数据集名称： 自动站逐月 0cm 地温
数据集摘要： 本数据集收录了安塞站川地气象观测场自动气象观测站逐月地表温度数据
数据集时间范围： 2004—2006 年

数据集名称： 自动站逐月 5cm 地温
数据集摘要： 本数据集收录了安塞站川地气象观测场自动气象观测站逐月 5cm 地温数据
数据集时间范围： 2004—2006 年

数据集名称： 自动站逐月 10cm 地温
数据集摘要： 本数据集收录了安塞站川地气象观测场自动气象观测站逐月 10cm 地温数据
数据集时间范围： 2004—2006 年

数据集名称： 自动站逐月 15cm 地温
数据集摘要： 本数据集收录了安塞站川地气象观测场自动气象观测站逐月 15cm 地温数据
数据集时间范围： 2004—2006 年

数据集名称： 自动站逐月 20cm 地温
数据集摘要： 本数据集收录了安塞站川地气象观测场自动气象观测站逐月 20cm 地温数据
数据集时间范围： 2004—2006 年

数据集名称： 自动站逐月 40cm 地温
数据集摘要： 本数据集收录了安塞站川地气象观测场自动气象观测站逐月 40cm 地温数据
数据集时间范围： 2004—2006 年

数据集名称： 自动站逐月 60cm 地温
数据集摘要： 本数据集收录了安塞站川地气象观测场自动气象观测站逐月 60cm 地温数据
数据集时间范围： 2004—2006 年

数据集名称：自动站逐月 2min 平均风速
数据集摘要：本数据集收录了安塞站川地气象观测场自动气象观测站逐月 2min 平均风速数据
数据集时间范围：2004—2006 年

数据集名称：自动站逐月 10min 平均风速
数据集摘要：本数据集收录了安塞站川地气象观测场自动气象观测站逐月 10min 平均风速数据
数据集时间范围：2004—2006 年

数据集名称：自动站逐月 10min 极大风速
数据集摘要：本数据集收录了安塞站川地气象观测场自动气象观测站逐月 10min 极大风速数据
数据集时间范围：2004—2006 年

数据集名称：自动站逐月 1h 极大风速
数据集摘要：本数据集收录了安塞站川地气象观测场自动气象观测站逐月 1h 极大风速数据
数据集时间范围：2004—2006 年

第三章

观测场和采样地

3.1 概述

安塞站共设置野外试验观测场 14 个，34 个采样地（表 3－1）。其中包括 1 个综合观测场、8 个辅助观测场、2 个气象观测点和 3 个站区调查点。综合观测场主要是进行农田生态系统水、土、气、生等规定要素的观测。辅助观测场是对综合观测场的一个补充，站区调查点是在生态站所在区域选的代表性观测点，以了解该区的生态和环境的整体变化。

表 3－1 安塞站观测场、采样地一览表

序号	观测场名称	观测场代码	采样地名称	采样地代码
1	川地综合观测场	ASAZH01	川地综合观测场土壤生物采样地	ASAZH01ABC_01
			川地综合观测场土壤水分（中子管法）采样地	ASAZH01CTS_01
			川地综合观测场土壤水分（烘干法）采样地	ASAZH01CHG_01
			川地综合观测场水井水质采样点	ASAZH01CDX_01
2	土壤监测辅助观测场（空白）	ASAFZ01	土壤监测辅助观测场（空白）土壤采样地	ASAFZ01BOO_01
			土壤监测辅助观测场（空白）土壤水分（中子管法）采样地	ASAFZ01CTS_01
			土壤监测辅助观测场（空白）土壤水分（烘干法）采样地	ASAFZ01CHG_01
3	土壤监测辅助观测场（秸秆还田）	ASAFZ02	土壤监测辅助观测场（秸秆还田）土壤采样地	ASAFZ02BOO_01
			土壤监测辅助观测场（秸秆还田）土壤水分（中子管法）采样地	ASAFZ02CTS_01
			土壤监测辅助观测场（秸秆还田）土壤水分（烘干法）采样地	ASAFZ02CHG_01
4	山地辅助观测场	ASAFZ03	山地辅助观测场土壤生物采样地	ASAFZ03ABC_01
			山地辅助观测场土壤水分（中子管法）采样地	ASAFZ03CTS_01
			山地辅助观测场土壤水分（烘干法）采样地	ASAFZ03CHG_01
			山地辅助观测场蒸渗仪观测样地	ASAFZ03CZS_01
5	墩滩川地养分长期定位试验场	ASAFZ04	墩滩川地养分长期定位试验场土壤生物采样地	ASAFZ04ABC_01
			墩滩川地养分长期定位试验场土壤水分（烘干法）采样地	ASAFZ04CHG_01
6	墩山坡地养分长期定位试验场	ASAFZ05	墩山坡地养分长期定位试验场土壤生物采样地	ASAFZ05ABC_01
			墩山坡地养分长期定位试验场土壤水分（烘干法）采样地	ASAFZ05CHG_01
			墩山坡地养分长期定位试验场径流场采样地	ASAFZ05CRJ_01
7	墩山梯田养分长期定位试验场	ASAFZ06	墩山梯田养分长期定位试验场土壤生物采样地	ASAFZ06ABC_01
			墩山梯田养分长期定位试验场土壤水分（烘干法）采样地	ASAFZ06CHG_01
8	寺崾岘坡地连续施肥试验场	ASAFZ07	寺崾岘坡地连续施肥试验场土壤生物采样地	ASAFZ07ABO_01
9	墩滩延河水观测点	ASAFZ10	墩滩延河水水质采样点	ASAFZ10CLB_01
10	寺崾岘梯田观测点	ASAZQ01	寺崾岘梯田土壤生物长期采样地	ASAZQ01ABO_01
11	纸坊沟流域观测点	ASAZQ02	纸坊沟流域生物长期调查点	ASAZQ02AOO_01
12	寺崾岘塌地梯田观测点	ASAZQ03	寺崾岘塌地梯田土壤生物采样地	ASAZQ03ABO_01

（续）

序号	观测场名称	观测场代码	采样地名称	采样地代码
13	川地气象观测场	ASAQX01	川地气象观测场人工气象观测样地	ASAQX01DRG _ 01
			川地气象观测场自动气象观测样地	ASAQX01DZD _ 01
			川地气象观测场土壤水分（中子管法）采样地	ASAQX01CTS _ 01
			川地气象观测场土壤水分（烘干法）采样地	ASAQX01CHG _ 01
			川地气象观测场 E601 蒸发皿	ASAQX01CZF _ 01
			川地气象观测场雨水采集器	ASAQX01CYS _ 01
14	山地气象观测场	ASAQX02	山地气象观测场土壤水分（中子管法）采样地	ASAQX02CTS _ 01
			山地气象观测场土壤水分（烘干法）采样地	ASAQX02CHG _ 01

3.2 观测场介绍

3.2.1 川地综合观测场（ASAZH01）

该观测场位于陕西省安塞县，地理位置：东经 109°19′24.15″至 109°19′24.95″，北纬 36°51′25.64″至 36°51′27.54″，属川台地。年平均气温 8.8℃，年均降水量 541mm，大于 10℃有效积温3 114℃，干燥度 1.48，年日照时数 2 416h，无霜期 160d。根据全国第二次土壤普查，土类为黄绵土，亚类为黄绵土；按照中国土壤系统分类属于黄绵土，土壤母质为黄土。观测场代表土壤是黄绵土，养分比较贫瘠，氮、磷缺乏，钾富足，无灌溉条件，属雨养农业地区，一年一熟制的黄土丘陵沟壑区。

该试验场观测年限为永久。面积为 1 449m^2（23m×63m）的长方形，共 16 个小区，小区面积 70m^2（7m×10m）（图 3-2），保护区宽度为 1.8m。其中 1～16 区为表层土壤采样区。15 区和 4 区为剖面样品采集区。

图 3-1　川地综合观测场

16 区	15 区	14 区	13 区	12 区	11 区	10 区	9 区
8 区	7 区	6 区	5 区	4 区	3 区	2 区	1 区

图 3-2　川地综合观测场小区布设图

观测场采样地包括：（1）川地综合观测场土壤生物采样地（ASAZH01ABC _ 01）；（2）川地综合观测场土壤水分（中子管法）采样地（ASAZH01CTS _ 01）；（3）川地综合观测场土壤水分（烘干法）采样地（ASAZH01CHG _ 01）；（4）川地综合观测场水井水质采样点（ASAZH01CDX _ 01）。

3.2.1.1　川地综合观测场土壤生物采样地（ASAZH01ABC _ 01）

生物采样方法：在作物收获时，以小区为单位，在六个小区各选 $1m^2$ 面积，进行考种，并测定植株生物量和养分含量。根系采样：采样深度 30cm，面积为 40cm×50cm，将植物根挖出，用水冲洗干净、烘干、称重。

生物观测内容：农作物种类与产值，农田复种指数，肥料投入，作物物候期，生物量，叶面积，根系，植株性状与产量，植株养分含量等。

土壤采样方法：以小区为单位，采用 S 形方式，选 6 个点，进行土壤采样，混合后用四分法取样。采样深度：0～20cm，20～40cm。

土壤分析项目：表层土壤速效养分，碱解氮、速效磷、速效钾（1 次/年）；表层土壤养分有机质、全氮、pH、缓效钾（1 次/2～3 年）；表层土壤速效微量元素，有效钼、有效锌、有效锰、有效铁、有效硫、阳离子交换量（1 次/5 年）；表层土壤阳离子交换量和交换性阳离子，交换性钙、镁、钾、钠（1 次/5 年）；表层土壤容重，（1 次/5 年）；土壤养分全量。剖面有机质、全氮、全磷、全钾；微量元素全量，剖面钼、锌、锰、铜、铁、硼（1 次/5 年）；剖面铬、铅、镍、镉、硒、砷、汞（1 次/5 年）；矿质全量、机械组成、容重（1 次/10 年）。

3.2.1.2　川地综合观测场土壤水分（中子管法）采样地（ASAZH01CTS _ 01）

观测方法：在 2、7、10、15 小区各布设中子管一个；1 次/5 天，全年观测；测定步长：10cm；测定深度：0～200cm。

采样点编码：样地编码＋中子管编码。

3.2.1.3　川地综合观测场土壤水分（烘干法）采样地（ASAZH01CHG _ 01）

采样方法：从中子管 1 到中子管 4，每年只在一个中子管周围测水分，以中子管为中心，在 0.5～1m 的扇形范围内采用土钻法取三个点采样。测定步长：10cm；测定深度 0～200cm。

观测时间：4～10 月作物整个生育期，1 次/2 月。

采样点编码：样地编码＋小区号。

3.2.1.4　川地综合观测场水井水质采样点（ASAZH01CDX _ 01）

观测项目及方法：地下水水质、地下水水位。每月月底采样，1 次/月，全年共采样 12 次。

3.2.2　山地辅助观测场（ASAFZ03）

该观测场位于陕西延安安塞丘陵沟壑区的坡地梯田，东径 109°18′58.13″至 109°18′58.56″，北纬 36°51′22.24″至 36°51′22.89″。

观测场代表性土壤是黄绵土，养分比较贫瘠，氮、磷缺乏，钾富足，无灌溉条件，属雨养农业地区，一般牲畜耕地，一年一熟制的黄土丘陵沟壑区。

观测场面积 $720m^2$（20m×36m），内设 4 个区组，采样区内划分 16 个小区（图 3-4），小区面积 $16m^2$（4m×4m），每个小区的施肥处理均为化肥＋羊粪，施肥量：有机肥 800kg/亩*，纯氮（N）6.5kg/亩，P_2O_5 5kg/亩，有机肥和磷肥在播种时一次性施入，尿素分二次施入，作种肥时 59g/区，其余在拔节期或开花期作追肥。

---

* 亩为非法定计量单位，1 亩＝667 m^2

图 3-3　山地辅助观测场

<table>
<tr><td rowspan="6">17
管
2
5×20m
管
3</td><td rowspan="6">18

5×20m</td><td rowspan="3">19

8×15m</td><td colspan="4">保　护　区</td></tr>
<tr><td>13</td><td>14</td><td>15
管 1</td><td>16</td></tr>
<tr><td>9</td><td>10</td><td>11</td><td>12</td></tr>
<tr><td>蒸渗仪</td><td>5</td><td>6</td><td>7</td><td>8</td></tr>
<tr><td rowspan="2"></td><td>1</td><td>2</td><td>3
管 4</td><td>4</td></tr>
<tr><td colspan="4">保　护　区</td></tr>
</table>

图 3-4　山地辅助观测场小区布设图

该观测场土壤类型为堆积型黄绵土。作物种植制度大豆→谷子轮作，一年一熟。无灌溉条件。作物收获后，用人力翻耕土壤，冬季休闲。春季人工整地，施肥播种。

观测场采样地包括：（1）山地辅助观测场土壤生物采样地（ASAFZ03ABC _ 01）；（2）山地辅助观测场土壤水分（中子管法）采样地（ASAFZ03CTS _ 01）；（3）山地辅助观测场土壤水分（烘干法）采样地（ASAFZ03CHG _ 01）；（4）山地辅助观测场蒸渗仪观测样地（ASAFZ03CZS _ 01）。

3.2.2.1　山地辅助观测场土壤生物采样地（ASAFZ03ABC _ 01）

生物采样方法：在观测场内选 6 个区为采样小区，以小区为单位，选择代表性的样方 $1m^2$，考种，测定植株生物量和养分含量。地下部分：采样深度 30cm，面积为 40cm×50cm，将植物根挖出，用水冲洗干净、烘干、称重。

生物观测项目：农作物种类，复种指数，肥料投入，作物物候期，生物量，叶面积，根系，植株性状与产量，植株养分含量等。

土壤采样方法：在观测场内选 6 个区为采样小区，以小区为单位，采用 S 形方式选 6 个样点，采集土壤样品，混合后四分法取样。采样深度：0～20cm，20～40cm。

土壤分析项目：表层土壤速效养分、碱解氮、速效磷、速效钾（1 次/年）；表层土壤养分有机质、全氮、pH、缓效钾（1 次/2～3 年）；表层土壤速效微量元素、有效钼、有效锌、有效锰、有效铁、有效硫、阳离子交换量（1 次/5 年）；表层土壤阳离子交换量和交换性阳离子、交换性钙、镁、钾、钠（1 次/5 年）；表层土壤容重，（1 次/5 年）；土壤养分全量；剖面有机质、全氮、全磷、全钾、微量元素全量；剖面钼、锌、锰、铜、铁、硼（1 次/5 年）；剖面铬、铅、镍、镉、硒、砷、汞（1

次/5 年）矿质全量；机械组成、容重、剖面（1 次/10 年）。

3.2.2.2　山地辅助观测场土壤水分（中子管法）采样地（ASAFZ03CTS _ 01）

观测方法：在 2、7、10、15 小区各布设中子管一个，观测周期：1 次/5 天，全年观测。测定步长：10cm，测定深度 0～200cm。

采样点编码：样地编码＋中子管编码。

3.2.2.3　山地辅助观测场土壤水分（烘干法）采样地（ASAFZ03CHG _ 01）

采样方法：从中子管 1 到中子管 4，每年只在一个中子管周围测定水分，以中子管为中心，在 0.5～1m 的扇形范围内采用土钻法取三个点采样。测定步长：10cm，测定深度 0～200cm。

观测时间：4～10 月作物整个生育期，频度为：1 次/2 月。

采样点编码：样地编码＋小区号。

3.2.2.4　山地辅助观测场蒸渗仪观测样地（ASAFZ03CZS _ 01）

位于山地辅助观测场的中部，观测面积为 1.5m×2m 的长方形，土柱深 2.3m，土柱重量约 2.1 万 kg。大豆与谷子轮作。

观测方法：每小时测定土壤蒸发、渗漏量，全年观测。

白天蒸散总量指 8～20 点的蒸散量，夜间蒸散总量指当 20 点～次日 8 点的蒸散量。

3.2.3　土壤监测辅助观测场（空白）（ASAFZ01）

2005 年在安塞试验站川地试验场建立土壤监测辅助观测场（空白）（东径 109°19′3.07″至 109°19′3.97″，北纬 36°51′25.48″至 36°51′25.81），空白样地形状为长方形（7m×26m）（图 3－6）。

图 3－5　土壤监测辅助观测场（空白）

1 区	2 区	3 区	4 区

图 3－6　土壤监测辅助观测场（空白）小区布设图

该观测场土壤类型为堆积黄绵土，空白试验不施任何化肥与有机肥。其他管理措施与综合观测场一致，以观测不施肥对土壤肥力、作物产量和品质以及农田生态环境的长期效应。轮作方式：玉米→玉米→大豆。一年一熟，无灌溉条件。作物收获后，畜力翻耕土壤，冬季休闲。每年春季人工整地播种，不施肥。其中 1 区到 4 区为植物采样区。

观测场采样地包括：（1）土壤监测辅助（空白）观测场土壤采样地（ASAFZ01BOO _ 01），（2）

土壤监测辅助观测场（空白）土壤水分（中子管法）采样地（ASAFZ01CTS _ 01），（3）土壤监测辅助观测场（空白）土壤水分（烘干法）采样地（ASAFZ01CHG _ 01）。

3.2.3.1 土壤监测辅助观测场（空白）土壤采样地（ASAFZ01BOO _ 01）

土壤采样方法：以小区为单位，S形方式随机取6个点采样，土样混合后用四分法取样，重复4次。采样深度：0～20cm，20～40cm。

土壤分析项目：表层土壤速效养分、碱解氮、速效磷、速效钾（1次/年）；表层土壤养分有机质、全氮、pH、缓效钾（1次/2～3年）；表层土壤速效微量元素、有效钼、有效锌、有效锰、有效铁、有效硫、阳离子交换量，（1次/5年）；表层土壤阳离子交换量和交换性阳离子、交换性钙、镁、钾、钠（1次/5年）；表层土壤容重，（1次/5年）；土壤养分全量，剖面有机质、全氮、全磷、全钾、微量元素全量；剖面钼、锌、锰、铜、铁、硼（1次/5年）；剖面铬、铅、镍、镉、硒、砷、汞（1次/5年）；矿质全量、机械组成、容重，剖面（1次/10年）。

生物观测项目：作物生物量、物候期、室内考种，测定作物各器官全碳、全氮、全磷、全钾含量。

3.2.3.2 土壤监测辅助观测场（空白）土壤水分（中子管法）采样地（ASAFZ01CTS _ 01）

观测方法：布设中子管三个，观测周期：1次/5天，全年观测。测定步长：10cm，测定深度0～200cm。

采样点编码：样地编码＋中子管编码。

3.2.3.3 土壤监测辅助观测场（空白）土壤水分（烘干法）采样地（ASAFZ01CHG _ 01）

采样方法：中子管1到中子管3，每年在一个中子管周围测水分，以中子管为中心，在0.5～1m的扇形范围内采用土钻法取三个采样点。测定步长：10cm，测定深度0～200cm。

水分观测时间：4～10月，频度：1次/2月。

采样点编码：样地编码＋小区号。

3.2.4 土壤监测辅助观测场（秸秆还田）（ASAFZ02）

土壤监测辅助观测场（秸秆还田）样地建于2005年（东径109°19′24.52″至109°19′25.38″，北纬36°51′27.43″至36°51′27.80″），样地面积：184m^2（8m×23m），（图3-8）。作物种植制度：玉米→玉米→大豆，一年一熟，无灌溉条件。施肥处理：化肥＋秸秆，施纯N：6kg/亩，施P：P_2O_5 3kg/亩，10月份玉米或大豆收获后，将秸秆切碎，均匀撒播于地表，然后人工翻耕，将秸秆还入土壤中。

图3-7 土壤监测辅助观测场（秸秆还田）

1区	2区	3区	4区

图 3－8　土壤监测辅助观测场（秸秆还田）小区布设图

观测场采样地包括：(1) 土壤监测辅助观测场（秸秆还田）土壤采样地（ASAFZ02BOO _ 01），(2) 土壤监测辅助观测场（秸秆还田）土壤水分（中子管法）采样地（ASAFZ02CTS _ 01），(3) 土壤监测辅助观测场（秸秆还田）土壤水分（烘干法）采样地（ASAFZ02CHG _ 01）。

3.2.4.1　土壤监测辅助观测场（秸秆还田）土壤采样地（ASAFZ02BOO _ 01）

土壤采样方法：以小区为单位，采用 S 形方式随机取 6 个点采样，土样混合后用四分法取样，重复 4 次。采样深度：0～20cm，20～40cm。

土壤分析项目：表层土壤速效养分，碱解氮、速效磷、速效钾（1 次/年）；表层土壤养分有机质、全氮、pH、缓效钾（1 次/2～3 年）；表层土壤速效微量元素，有效钼、有效锌、有效锰、有效铁、有效硫、阳离子交换量（1 次/5 年）；表层土壤阳离子交换量和交换性阳离子、交换性钙、镁、钾、钠（1 次/5 年）；表层土壤容重（1 次/5 年）；土壤养分全量，剖面有机质、全氮、全磷、全钾、微量元素全量；剖面钼、锌、锰、铜、铁、硼（1 次/5 年）；剖面铬、铅、镍、镉、硒、砷、汞（1 次/5 年）；矿质全量、机械组成、容重（1 次/10 年）。

生物监测项目：作物生物量、物候期、室内考种，测定作物各器官全碳、全氮、全磷、全钾含量。

3.2.4.2　土壤监测辅助观测场（秸秆还田）土壤水分（中子管法）采样地（ASAFZ02CTS _ 01）

观测方法：布设中子管三个，观测周期：1 次/5 天，全年观测。观测步长：10cm，测定深度土壤表层至 200cm。

采样点编码：样地编码＋中子管编码。

3.2.4.3　土壤监测辅助观测场（秸秆还田）土壤水分（烘干法）采样地（ASAFZ02CHG _ 01）

采样方法：中子管 1 到中子管 3，每年在一个中子管周围测水分，以中子管为中心，在 0.5～1m 的扇形范围内采用土钻法取三个点采样。每 10cm 取一个样，测定深度从土壤表层至 200cm。

水分观测时间：4～10 月作物生育期，频度：1 次/2 月。

采样点编码：样地编码＋小区号。

3.2.5　墩滩川地养分长期定位试验场（ASAFZ04）

1995 年建立的墩滩川地养分长期定位试验场（东经 109°19′23.99″至 109°19′24.95″，北纬 36°51′24.74″至 36°51′25.46″），为长方形地块（20m×25m）。小区为（2.33m×6.0m）长方形，设 9 个施肥处理，重复 3 次，27 个小区（图 3－10）。施肥处理随机排列。保护行宽 1m，10～18 号小区为土壤样品采集小区。

川地养分长期试验场土壤类型为堆积型黄绵土，作物为玉米→玉米→大豆轮作，一年一熟。无灌溉。作物收获后，人力翻耕土壤，冬季休闲，春季整地，人工播种作物。施肥：有机肥（M）500kg/亩，纯氮（N）6.5kg/亩，P_2O_5（P）施 5kg/亩，有机肥和磷肥在播种时一次性施入，尿素分二次施入，作种肥时 59g/区，其余在拔节期或开花期作追肥。BL 为裸地，CK 为对照（不施肥）。

该观测场包括二个采样地：(1) 墩滩川地养分长期定位试验场土壤生物采样地（ASAFZ04ABC _ 01）；(2) 墩滩川地养分长期定位试验场土壤水分（烘干法）采样地（ASAFZ04CHG _ 01）。

3.2.5.1　墩滩川地养分长期定位试验场土壤生物采样地（ASAFZ04ABC _ 01）

生物采样方法：作物收获时，以小区为单位，每区采样 20 株，考种，测定植物生物量和养分含量，每年一次。

生物监测项目：作物生物量、物候期、室内考种，测定作物各器官全碳、全氮、全磷、全钾含量。

图 3-9　墩滩川地养分长期定位试验场

9 MP	8 MNP	7 CK	6 NP	5 N	4 P	3 M	2 MN	1 BL
18 BL	17 M	16 MN	15 P	14 CK	13 N	12 NP	11 MNP	10 MP
27 MNP	26 MN	25 NP	24 N	23 BL	22 CK	21 P	20 MP	19 M

图 3-10　墩滩川地养分长期定位试验场小区布设图

土壤采样方法：每年作物收获后，10 月中、下旬采样，10～18 号小区为土壤样品采集小区，以试验小区为单位，每小区采用 S 形随机选 7～8 个点，混合后四分法取样。测定项目有：表层土壤速效养分、碱解氮、速效磷、速效钾、有机质、全氮、全磷、全钾等（1 次/年）。

3.2.5.2　墩滩川地养分长期定位试验场土壤水分（烘干法）采样地（ASAFZ04CHG _ 01）

土壤含水量测定方法：测定小区 10～18 号，在每小区的中部土钻法采样，重复三次。步长为 10cm，深度 0～200m。

3.2.6　墩山坡地养分长期定位试验场（ASAFZ05）

于 1995 年设置了的墩山坡地养分长期定位试验场（东经 109°18′51.47″至 109°18′52.89″，北纬 36°51′20.14″至 36°51′21.46″），试验场面积 740m^2（37m×20m），分 2 个区组，每区组 10 个小区。小区为长方形（3m×7m），小区投影面积：20m^2。设 10 个施肥处理，重复 2 次，小区随机排列（图 3-12）。其中 11～20 号小区为土壤样品采集区。

试验场土壤类型为侵蚀型黄绵土。作物种植制度为谷子→糜子→谷子→大豆轮作，一年一熟。无灌溉。作物收获后，人力翻耕土壤，冬季休闲，春季人工整地。施肥处理为（N2P2、N2P1、N2P0、N1P2、N1P1、N1P0、N0P2、N0P1、N0P0），施纯（N）：N1—3.68kg/亩、N2—7.36kg/亩、P1（P_2O_5）—3kg/亩、P2（P_2O_5）—6kg/亩，No、Po 表示不施肥。

观测场包括的采样地：（1）墩山坡地养分长期定位试验场土壤生物采样地（ASAFZ05ABC _ 01）；（2）墩山坡地养分长期定位试验场土壤水分（烘干法）采样地 ASAFZ05CHG _ 01；（3）墩山坡地养分长期定位试验场径流场采样地 ASAFZ05CRJ _ 01。

图 3-11 墩山坡地养分长期定位试验场

1 裸地	2 N0P0	3 N0P1	4 N0P2	5 N1P0	6 N1P1	7 N1P2	8 N2P0	9 N2P1	10 N2P2
11 N2P2	12 N2P1	13 N2P0	14 N1P2	15 N1P1	16 N1P0	17 N0P2	18 N0P1	19 N0P0	20 裸地

图 3-12 墩山坡地养分长期定位试验小区布设图

3.2.6.1 墩山坡地养分长期定位试验场土壤生物采样地（ASAFZ05ABC _ 01）

生物采样方法：作物收获时，以小区为单位，采样 20 株考种。测定植物生物量和养分含量。

生物观测项目：作物生物量、物候期、室内考种，测定作物各器官全碳、全氮、全磷、全钾含量。

土壤采样方法：作物收获后，以小区为单位，采用 S 形方式随机选 7～8 个点，混合后四分法取样。采样深度：0～15cm，15～30cm。

土壤测定项目：表层土壤速效养分、碱解氮、速效磷、速效钾、有机质、全氮、全磷、全钾等（1 次/年）。

3.2.6.2 墩山坡地养分长期定位试验场土壤水分（烘干法）采样地 ASAFZ05CHG _ 01

播前和收获后分别测定土壤水分含量：0～200cm，测定步长：10cm。每小区的中部，土钻法采样。

3.2.6.3 墩山坡地养分长期定位试验场径流场采样地 ASAFZ05CRJ _ 01

径流观测方法：雨后观测径流，取样并测定径流中的泥沙含量、径流量及养分含量。

3.2.7 墩山梯田养分长期定位试验场（ASAFZ06）

1992 年设置的墩山梯田长期定位试验场（东径 109°18′57.99″至 109°18′59.42″，北纬 36°51′24.23″至 36°51′25.95″），试验场为长方地块，总面积为 2 000m²。分 4 个区组，每区组设 9 个小区，共计 36 个小区，小区为长方形（3.5m×8.57m）。施肥处理：9 个，重复 4 次，随机排列（图 3-14），其中 10～18 号小区为土壤采样区。

图 3-13　墩山梯田养分长期定位试验场

9 MP	8 MNP	7 CK	6 NP	5 NK	4 PK	3 NPK	2 M	1 MN
18 MNP	17 M	16 NK	15 NPK	14 CK	13 NK	12 PK	11 MN	10 MP
27 M	26 MN	25 NPK	24 PK	23 NP	22 NK	21 CK	20 MP	19 MNP
36 MN	35 MP	34 PK	33 NK	32 NPK	31 CK	30 NP	29 MNP	28 M

图 3-14　墩山梯田养分长期定位试验小区布设图

试验场土壤类型为堆积型黄绵土。作物种植制度：谷子→糜子→谷子→大豆，一年一熟。无灌溉。作物收获后，畜力翻耕土壤，冬季休闲，春季人工整地。施肥制度：有机肥（M）500kg/亩，纯氮（N）6.5kg/亩，P_2O_5（P）5kg/亩，K_2O（K）4kg/亩，有机肥和磷肥在播种时一次性施入，尿素分二次施入，作种肥时每区 127g/区，其余在拔节期（开花期）作追肥。以不同的施肥方式试验为主，（如 NP、MP、PK、MNP、MN、M、NK、NPK、CK 等），CK 表示不施肥。

该观测场包括的采样地：（1）墩山梯田养分长期定位试验场土壤生物采样地（ASAFZ06ABC_01）；（2）墩山梯田养分长期定位试验场土壤水分（烘干法）采样地（ASAFZ06CHG_01）。

3.2.7.1　墩山梯田养分长期定位试验场土壤生物采样地（ASAFZ06ABC_01）

生物采样方法：作物收获时，以小区为单位，采样 20 株考种。测定植物生物量和养分含量。

生物观测项目：作物生物量、物候期、室内考种，作物各器官全碳、全氮、全磷、全钾含量。

土壤采样方法：以小区为单位，用 S 形方式随机选 7～8 个点，混合后四分法取样。采样深度0～20cm、20～40cm。

测定项目：表层土壤速效养分、碱解氮、速效磷、速效钾、有机质、全氮、全磷、全钾等（1 次/年）。

3.2.7.2　墩山梯田养分长期定位试验场土壤水分（烘干法）采样地（ASAFZ06CHG_01）

水分监测：土钻法采样，在每小区的中部取样，重复 3 次，表层至 200cm，步长：10cm；频度：

每年两次（分为播种前和收获后）。

3.2.8　纸坊沟寺崾岘坡地连续施肥试验场（ASAFZ07）

1983年在安塞纸坊沟流域内建立的寺崾岘坡地长期施肥试验场，地理坐标：东径109°15′12.2″至109°15′13.1″，北纬36°44′17.1″至36°44′17.7″。试验场面积为625m²（25m×25m），设置地为典型坡面，场内设3个区组，每个区组划分7个小区，小区面积为18m²（3m×6m）。施肥处理7个，重复3次，处理在区组内随机排列，区组控制（图3-16）。其中8～14区为土壤采样区。

图3-15　寺崾岘坡地连续施肥试验场

1 N	2 CK	3 P	4 NP	5 M	6 MN	7 MNP
8 M	9 MNP	10 MN	11 N	12 CK	13 NP	14 P
15 NP	16 P	17 M	18 MNP	19 MN	20 N	21 CK

图3-16　寺崾岘坡地连续施肥试验小区布设图

试验场土壤类型为侵蚀型黄绵土，作物种植制度为谷子→荞麦→谷子→糜子，一年一熟，无灌溉条件。作物收获后，人力翻耕土壤，冬季休闲。每年春季人工整地，施肥播种。施肥制度：有机肥（M）500kg/亩，纯氮（N）施3.5kg/亩，P_2O_5（P）施1.75kg/亩，有机肥和磷肥在播种时一次性施入，尿素分二次施入，作种肥时41g/区，其余在拔节期或开花期作追肥，CK为对照，不施肥。

该观测场只设土壤生物采样地（ASAFZ07ABC_01）。

寺崾岘坡地连续施肥试验场土壤生物采样地（ASAFZ07ABC_01）

生物采样方法：在作物收获时，以小区为单位，采样20株考种，测定生物量和养分含量。

生物观测项目：作物生物量、物候期、测定作物各器官全碳、全氮、全磷、全钾含量。

土壤采样方法：以试验小区为单位，用S形方式随机选点7～8个，混合后四分法取样。采样深度：0～15cm、15～30cm。

土壤测定项目：土壤速效养分、碱解氮、速效磷、速效钾、有机质、全氮、全磷、全钾等（1次/年）。

3.2.9 墩滩延河水观测点（ASAFZ10）

延河为流经安塞站的唯一河流，距安塞站北约500m。

墩滩延河水水质采样点（ASAFZ10CLB _ 01）

观测方法：1次/月，全年观测，水质实地观测；

实验室测定项目：水中溶解氧、化学需氧量、电导率、pH、钙、镁、钾、钠、碳酸根、硝酸根、硫酸根、磷酸根、氯化物等；

3.2.10 寺崾岘梯田观测点（ASAZQ01）

寺崾岘坡地梯田观测点于2004年建立，观测场在安塞纸坊沟流域内，地理坐标：东径109°15′8.7″至109°15′12.0″，北纬36°44′17.4″至36°44′19.8″。样地面积4.6亩，大体形状为长方形（图3-17）。

图3-17 安塞纸坊沟寺崾岘梯田观测点

该调查样地土壤类型为堆积型黄绵土。作物种植制度为玉米→土豆→大豆轮作，无灌溉条件，一年一熟。于作物收获后，进行机耕或者畜力翻耕土壤，春季整地施肥播种。

该调查点主要进行土壤养分测定及生物要素的调查，设有寺崾岘坡地梯田土壤生物采样地（ASAZQ01ABO _ 01）。

寺崾岘梯田土壤生物采样地（ASAZQ01ABO _ 01）

土壤采样方法：用S形方式随机选点7～8个，混合后用四分法取样，6次重复。采样深度0～20cm、20～40cm。测定表层土壤养分全量，表层土壤速效养分含量。

生物调查项目：作物品种、播种量、播种面积、占总播比率、单产、直接成本、产值、化肥施用方式、施用量、肥料折合纯氮量、肥料折合纯磷量、肥料折合纯钾量等。

3.2.11 纸坊沟流域观测点（ASAZQ02）

在安塞纸坊沟小流域进行定位调查，每年调查该流域的作物品种、播种量、播种面积、占总播比率、单产、直接成本、产值、化肥施用方式、施用量、肥料折合纯氮量、肥料折合纯磷量、肥料折合纯钾量等项目。

3.2.12　纸坊沟寺崾岘塌地梯田观测点（ASAZQ03）

于2005年，在安塞纸坊流域内，选择代表性塌地梯田作为站区调查样地建立的寺崾岘塌地梯田观测点（东径109°15′4.0″至109°15′5.8″，北纬36°44′19.1″至36°44′20.5″）。定位调查地块面积：1.4亩，大体形状为长条形。

该调查样地土壤类型为堆积型黄绵土，作物种植制度为玉米连作，无灌溉条件，一年一熟。作物收获后，进行机耕或者畜力翻耕土壤，春季整地施肥播种。

该调查点主要进行土壤养分测定及生物要素的调查，包括一个采样地，安塞纸坊沟寺崾岘塌地梯田土壤生物采样地（ASAZQ03ABO_01）。

纸坊沟寺崾岘塌地梯田土壤生物采样地（ASAZQ03ABO_01）

土壤采样方法：用S形方式随机选点7～8个，采样深度0～20cm、20～40cm，混合后用四分法取样。测定表层土壤养分全量，表层土壤速效养分含量。

生物调查项目：作物品种、播种量、播种面积、占总播比率、单产、直接成本、产值、化肥施用方式、施用量、肥料折合纯氮量、肥料折合纯磷量、肥料折合纯钾量等。

3.2.13　川地气象观测场（ASAQX01）

该观测场位于陕西延安安塞县墩滩，观测场地貌：川台地。观测场面积：35m×25m，地理坐标：东经：109°19′23.6″，北纬：36°51′26.4″；海拔：1 033.35m。

图3-18　川地气象观测场

川地气象观测场包括6个观测样地：

（1）川地气象观测场人工气象观测样地（ASAQX01DRG_01）

（2）川地气象观测场自动气象观测样地（ASAQX01DZD_01）

（3）川地气象观测场土壤水分（中子管法）采样地（ASAQX01CTS_01）

（4）川地气象观测场土壤水分（烘干法）采样地（ASAQX01CHG_01）

（5）川地气象观测场E601蒸发皿（ASAQX01CZF_01）

（6）川地气象观测场雨水采集器（ASAQX01CYS_01）

3.2.13.1 川地气象观测场人工气象观测样地（ASAQX01DRG_01）

人工观测：人工观测采用“上海长望气象科技有限公司”提供的人工观测仪器，观测仪器布设在安塞站川地试验场，和自动仪器同时观测。观测仪器有：干湿球温度表、最高温度表、最低温度表、毛发湿度表（计）、EL 型电接风向风速仪、暗筒式日照计、地面温度表、DYM3 型空盒气压表等，观测项目见表 3-2。

表 3-2　定时人工观测项目表

时间	北京时			真太阳时
	8、14、20 时	8 时	20 时	日落后
观测项目	云、气压、气温 相对湿度、风向 风速、地面温度	降水量 冻土、雪深	降水量、蒸发 最高、最低气温 最高、最低地面温度	日日照时数

3.2.13.2 川地气象观测场自动气象观测样地（ASAQX01DZD_01）

自动观测项目：采用芬兰产的“自动气象站 Milos 520”系统进行观测，作为气象数据的直接来源，仪器设定直接观测要素 23 项，间接观测要素 3 项，计算统计值 46 项，作成气象报表后观测数据合计数据值 72 项，其中露点温度、水汽压、海平面气压、2min 平均风、10min 最大风、10min 平均风、1h 极大风和各辐射量的极（大）值是技术处理得出的结果。观测项目如表 3-3，测定参数见表 3-4。

表 3-3　定时自动观测项目表

时　间	北京时	地平时	
	每小时	每小时	24 时
观测项目	气压、气温、湿度、风向、风速、地表温度、地温及各要素极值和出现时间。降水、土壤热通量	总辐射、反射辐射、净辐射、光合有效辐射、紫外辐射（UV）、辐射时曝辐量；辐射辐照度及其极值、出现时间、时日照时数	辐射日曝辐量、辐射日最大辐照度及出现时间、日日照时数

表 3-4　MILOS 520 自动气象站测定参数

DMI50（接口板 1）：	风速（WS1）	WAA151	0...75 m/s	1 s
	风向（WD1）	WAV151	1...360 deg	1 s
	温度（TA1）	HMP45D	−50...+50℃	10 s
	相对湿度（RH1）	HMP45D	0....100 %	10 s
	雨量（PR1）	RG13	0...200 mm	10 s
	总辐射（SR1）	CM11	0...1 500 W/m²	10 s
	紫外辐射（SR2）	CUV3	0...500 W/m²	10 s
	日照时数（SO1）	CSD2	ON/OFF	60 s
DMI50（接口板 3）	反射辐射（SR3）	CM6B	0...1 500 W/m²	10 s
	光合有效辐射（SR4）	LI-190SZ	0...3 000 ymol/sm²	10 s
	净辐射（SR5）	QMN101	−1 500..1 500 W/m²	10 s
	土壤热通量板		−500...500 W/m²	10 s
DPA501（接口板 8）：	气压（PA1）	DPA501	500...1 100 hPa	10 s
串口 4：	（地表及 7 层土壤温度）	QLI50	QLI50 采集器	10 s

3.2.13.3　川地气象观测场土壤水分（中子管法）采样地（ASAQX01CTS _ 01）

川地气象场中子管编码及布设图见图 3-19：

编码：管 1：ASAQX01CTS _ 01 _ 01；管 2：ASAQX01CTS _ 01 _ 02；管 3：ASAQX01CTS _ 01 _ 03

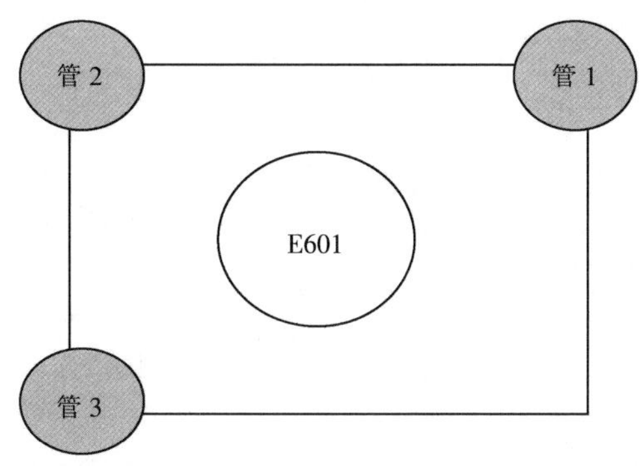

图 3-19　川地气象场中子管编码及布设图

中子法测定土壤水分：测定时间 4～10 月，频度：1 次/5 天；测定步长：10cm，深度：0～200cm。

3.2.13.4　川地气象观测场土壤水分（烘干法）采样地（ASAQX01CHG _ 01）

土钻法测定土壤水分：测定时间 4～10 月，频度：1 次/月，测定步长：10cm，深度：0～200cm。

3.2.13.5　川地气象观测场 E601 蒸发皿（ASAQX01CZF _ 01）

E601 蒸发皿形状为园形，面积 0.3m^2。见图 3-20。

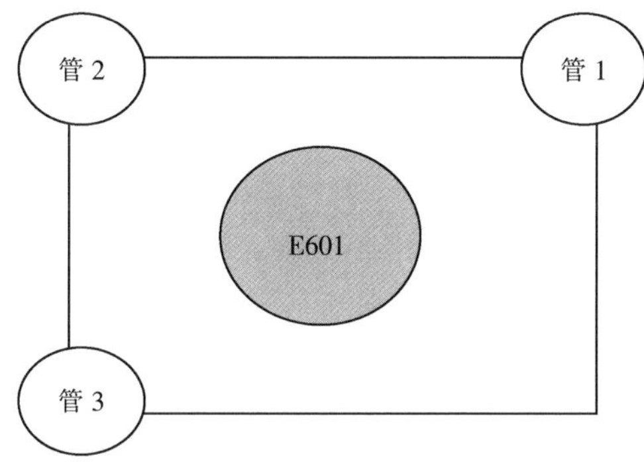

图 3-20　川地气象观测场 E601 蒸发皿

E601 测水面蒸发量：测定时间：4～10 月（冬季结冰停止观测）。

3.2.13.6　川地气象观测场雨水采集器（ASAQX01CYS _ 01）

该设备主要是测雨水水质的，雨水采样方法：每次降雨采样，取当月各次降雨的混合样进行分析，全年观测。采集器形状为直径 20cm 的雨量桶。

3.2.14　山地气象观测场（ASAQX02）

山地气象观测场位于陕西延安安塞县墩山上，观测场地貌：山地梯田。观测场面积：25m×25m，东经 109°18′58.6″，北纬：36°51′23.2″；海拔：1 206.9m。安塞山地气象观测场见图 3-21。

观测设施：WS 自动气象站、人工气象站、自计雨量计、水分中子仪观测管（3 根）。

图 3-21　安塞山地气象观测场

大气观测项目：气压、风向、风速、气温、相对湿度、降雨量、地表温度、总辐射、光合有效辐射、反射辐射、净辐射、紫外辐射（UV）、日照时数等。

山地气象场包括二个采样地：(1) 山地气象观测场土壤水分（中子管法）采样地（ASAQX02CTS_01）；(2) 山地气象观测场土壤水分（烘干法）采样地（ASAQX02CHG_01）。

3.2.14.1　山地气象观测场土壤水分（中子管法）采样地（ASAQX02CTS_01）

山地气象观测场土壤水分（中子管法）采样地中子管编码：ASAQX02CTS_01_01；ASAQX02CTS_01_02；ASAQX02CTS_01_03。见图 3-22。

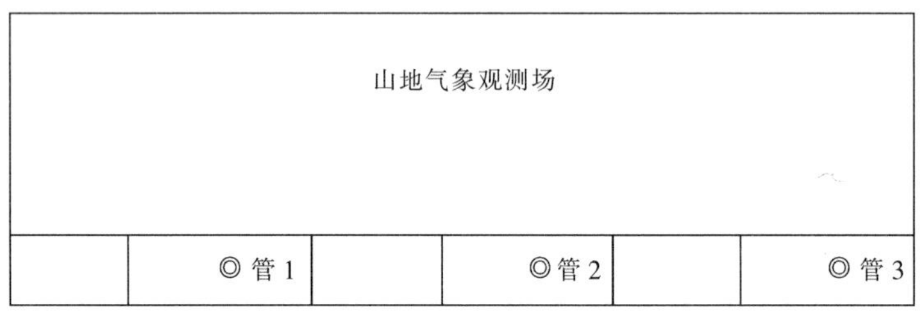

图 3-22　山地气象观测场中子管采样地布设图

采用中子法测定土壤水分：时间 4～10 月，频度：1 次/5 天；深度从土壤表层至 200cm。测点 3 个。

3.2.14.2　山地气象观测场土壤水分（烘干法）采样地（ASAQX02CHG_01）

土钻法测定土壤水分：测定时间 4～10 月，频度：1 次/2 月，测定步长 10cm，深度：0～200cm。测点在每个中子管附近取样。

第四章

长期监测数据

4.1 生物监测数据

4.1.1 农田作物种类与产值

表 4-1 农田作物种类与产值

年份	样地代码	作物名称	作物品种	播种量(kg/hm²)	播种面积(hm²)	占总播比率(%)	单产(kg/hm²)	直接成本(元/hm²)	产值(元/hm²)
2005	ASAFZ01BOO_01	玉米	沈单 10 号	60.00	0.02	100.00	1 0966.00	3 250.00	12 063.15
2006	ASAFZ01BOO_01	玉米	沈玉 17 号	60.00	0.02	100.00	5 093.00	4 260.00	6 621.29
2007	ASAFZ01BOO_01	大豆	中黄 13	52.50	0.02	100.00	2 166.00	2 250.00	8 013.09
2005	ASAFZ02BOO_01	玉米	沈单 10 号	60.00	0.02	100.00	11 409.00	4 500.00	12 549.90
2006	ASAFZ02BOO_01	玉米	沈玉 17 号	60.00	0.02	100.00	9 183.00	10 500.00	11 938.42
2007	ASAFZ02BOO_01	大豆	中黄 13	52.50	0.02	100.00	2 459.00	2 700.00	9 098.67
2003	ASAFZ03ABC_01	谷子	晋汾 7 号	23.00	0.14	33.00	2 310.00		3 696.00
2004	ASAFZ03ABC_01	大豆	晋遗 19	45.00	0.10	100.00	2 055.00	3 119.50	7 398.00
2005	ASAFZ03ABC_01	谷子	晋汾 7 号	22.50	0.10	100.00	2 586.00	5 600.00	6 208.32
2006	ASAFZ03ABC_01	大豆	晋豆 20 号	52.50	0.10	100.00	3 758.00	7 560.00	11 273.10
2007	ASAFZ03ABC_01	谷子	沁洲黄	22.50	0.10	100.00	4 578.00	7 650.00	12 818.40
2003	ASAZH01ABC_01	玉米	沈单十号	55.00	0.16	16.00	5 843.00		6 544.16
2004	ASAZH01ABC_01	大豆	晋遗 19	45.00	0.14	100.00	2 169.00	2 449.50	7 808.40
2005	ASAZH01ABC_01	玉米	沈单 10 号	60.00	0.14	100.00	9 978.00	5 000.00	10 975.80
2006	ASAZH01ABC_01	玉米	沈玉 17 号	60.00	0.14	100.00	7 840.00	4 980.00	10 192.39
2007	ASAZH01ABC_01	大豆	中黄 13	52.50	0.14	100.00	2 713.00	8 800.00	10 036.62
2004	ASAZQ01ABO_01	玉米	中单 2 号	52.50	0.20	42.80	6 750.00	3 050.00	7 425.00
2005	ASAZQ01ABO_01	玉米	中单 2 号	52.50	0.27	25.00	7 500.00	2 025.00	8 250.00
2006	ASAZQ01ABO_01	玉米	中单 2 号	52.50	0.31	30.70	5 363.00	3 255.00	6 971.90
2007	ASAZQ01ABO_01	玉米	三丰	52.50	0.31	30.70	8 183.00	6 000.00	12 274.81
2003	ASAZQ02AOO_01	玉米	沈单十号	54.00	24.33	46.20	6 395.55		7 159.93
2003	ASAZQ02AOO_01	谷子	晋汾 7 号	23.00	8.13	15.40	3 000.00		4 829.51
2003	ASAZQ02AOO_01	糜子	当地品种	25.00	4.27	8.20	1 851.56		3 077.34
2003	ASAZQ02AOO_01	豆类	晋豆 20	50.00	7.40	14.10	1 655.41		4 966.22
2003	ASAZQ02AOO_01	薯类	虎头		7.96	15.20	15 477.39		9 286.43
2003	ASAZQ02AOO_01	荞麦	北海道	45.00	0.47	1.00	3 267.86		5 678.57
2003	ASAZQ02AOO_01	瓜类	西农 8 号		0.64	19.80	37 500.00		15 000.00
2005	ASAZQ02AOO_01	玉米	中单 2 号	52.50	24.47	45.98	7 296.00	1 027.50	8 025.60
2005	ASAZQ02AOO_01	谷子	晋汾 7 号	22.50	5.87	11.02	2 618.00	617.10	6 283.80
2005	ASAZQ02AOO_01	糜子	农家品种	26.00	3.67	6.89	2 556.00	630.00	5 113.50
2005	ASAZQ02AOO_01	黑豆	农家品种	45.00	9.00	16.91	1 266.00	726.00	4 560.30
2005	ASAZQ02AOO_01	洋芋	农家品种	1 500.00	4.00	7.52	12 000.00	672.50	6 000.00
2005	ASAZQ02AOO_01	黄瓜	津优 3 号	6.00	0.61	6.08	120 000.00	44 282.61	144 000.00

（续）

年份	样地代码	作物名称	作物品种	播种量（kg/hm²）	播种面积（hm²）	占总播比率（%）	单产（kg/hm²）	直接成本（元/hm²）	产值（元/hm²）
2005	ASAZQ02AOO_01	白菜	正农夏阳	2.50	0.67	1.25	11 250.00	1 200.00	4 500.00
2005	ASAZQ02AOO_01	西瓜	P2	13.00	2.47	4.64	45 000.00	4 260.00	36 000.00
2005	ASAZQ02AOO_01	萝卜	宝萝一号	15.00	2.47	4.64	18 750.00	1 200.00	7 500.00
2006	ASAZQ02AOO_01	玉米	中单2号	52.50	25.33	42.40	6 819.00	1 061.64	8 182.89
2006	ASAZQ02AOO_01	谷子	晋汾7号	22.50	8.67	14.50	3 808.00	510.92	9 138.46
2006	ASAZQ02AOO_01	糜子	农家品种	25.50	6.13	10.20	2 993.00	390.16	5 986.96
2006	ASAZQ02AOO_01	黑豆	农家品种	45.00	9.53	15.90	1 849.00	597.38	6 655.59
2006	ASAZQ02AOO_01	洋芋	农家品种	1 500.00	7.00	11.70	1 5000.00	1 170.00	8 785.71
2006	ASAZQ02AOO_01	黄瓜	津优3号	6.00	0.47	0.80	120 000.00	31 047.50	184 285.71
2006	ASAZQ02AOO_01	白菜	正农夏阳	2.50	0.33	0.60	37 500.00	720.00	30 000.00
2006	ASAZQ02AOO_01	西瓜	P2	12.00	2.35	3.90	45 000.00	4 271.59	27 000.00
2007	ASAZQ02AOO_01	玉米	中单2号	52.50	27.40	42.30	7 553.00	4 500.00	11 329.35
2007	ASAZQ02AOO_01	谷子	晋汾7号	22.50	8.00	12.40	3 000.00	1 500.00	8 400.00
2007	ASAZQ02AOO_01	糜子	农家品种	25.50	6.70	10.40	3 375.00	1 500.00	9 450.00
2007	ASAZQ02AOO_01	豆类	农家品种	45.00	11.30	17.50	1 716.00	1 650.00	6 349.20
2007	ASAZQ02AOO_01	薯类	农家品种	1 500.00	7.10	11.00	1 4576.00	1 800.00	11 660.80
2007	ASAZQ02AOO_01	西瓜	P2	12.00	3.30	5.10	37 500.00	4 500.00	37 500.00
2005	ASAZQ03ABO_01	玉米	中单2号	52.50	0.09	17.07	8 035.00	3 000.00	8 839.27
2006	ASAZQ03ABO_01	玉米	中单2号	52.50	0.09	14.00	5 838.00	3 450.00	7 589.79
2007	ASAZQ03ABO_01	玉米	中单2号	52.50	0.09	14.00	5 417.00	3 750.00	8 125.54

4.1.2 农田复种指数与典型地块作物轮作体系

表 4-2 农田复种指数与典型地块作物轮作体系

年份	样地代码	农田类型	复种指数（%）	轮作体系	当年作物
2005	ASAFZ01BOO_01	旱地	100	玉米→玉米→大豆	玉米
2006	ASAFZ01BOO_01	旱地	100	玉米→玉米→大豆	玉米
2007	ASAFZ01BOO_01	旱地	100	玉米→玉米→大豆	大豆
2005	ASAFZ02BOO_01	旱地	100	玉米→玉米→大豆	玉米
2006	ASAFZ02BOO_01	旱地	100	玉米→玉米→大豆	玉米
2007	ASAFZ02BOO_01	旱地	100	玉米→玉米→大豆	大豆
2003	ASAFZ03ABC_01	旱地	100	大豆→谷子	谷子
2004	ASAFZ03ABC_01	旱地	100	大豆→谷子	大豆
2005	ASAFZ03ABC_01	旱地	100	大豆→谷子	谷子
2006	ASAFZ03ABC_01	旱地	100	大豆→谷子	大豆
2007	ASAFZ03ABC_01	旱地	100	大豆→谷子	谷子
1998	ASAFZ04ABC_01	旱地	100	玉米→玉米→大豆	大豆
1999	ASAFZ04ABC_01	旱地	100	玉米→玉米→大豆	玉米
2000	ASAFZ04ABC_01	旱地	100	玉米→玉米→大豆	玉米
2001	ASAFZ04ABC_01	旱地	100	玉米→玉米→大豆	大豆
2002	ASAFZ04ABC_01	旱地	100	玉米→玉米→大豆	玉米
2004	ASAFZ04ABC_01	旱地	100	玉米→玉米→大豆	大豆
2005	ASAFZ04ABC_01	旱地	100	玉米→玉米→大豆	玉米
2006	ASAFZ04ABC_01	旱地	100	玉米→玉米→大豆	玉米
2007	ASAFZ04ABC_01	旱地	100	玉米→玉米→大豆	大豆

（续）

年份	样地代码	农田类型	复种指数（%）	轮作体系	当年作物
1998	ASAFZ05ABC_01	旱地	100	谷子→糜子→谷子→大豆	大豆
1999	ASAFZ05ABC_01	旱地	100	谷子→糜子→谷子→大豆	谷子
2000	ASAFZ05ABC_01	旱地	100	谷子→糜子→谷子→大豆	糜子
2001	ASAFZ05ABC_01	旱地	100	谷子→糜子→谷子→大豆	谷子
2002	ASAFZ05ABC_01	旱地	100	谷子→糜子→谷子→大豆	大豆
2004	ASAFZ05ABC_01	旱地	100	糜子→谷子→大豆→谷子	糜子
2005	ASAFZ05ABC_01	旱地	100	糜子→谷子→大豆→谷子	谷子
2006	ASAFZ05ABC_01	旱地	100	糜子→谷子→大豆→谷子	大豆
2007	ASAFZ05ABC_01	旱地	100	糜子→谷子→大豆→谷子	谷子
1998	ASAFZ06ABC_01	旱地	100	谷子→糜子→谷子→大豆	大豆
1999	ASAFZ06ABC_01	旱地	100	谷子→糜子→谷子→大豆	谷子
2000	ASAFZ06ABC_01	旱地	100	谷子→糜子→谷子→大豆	大豆
2001	ASAFZ06ABC_01	旱地	100	谷子→糜子→谷子→大豆	谷子
2002	ASAFZ06ABC_01	旱地	100	谷子→糜子→谷子→大豆	大豆
2004	ASAFZ06ABC_01	旱地	100	糜子→谷子→大豆→谷子	糜子
2005	ASAFZ06ABC_01	旱地	100	糜子→谷子→大豆→谷子	谷子
2006	ASAFZ06ABC_01	旱地	100	糜子→谷子→大豆→谷子	大豆
2007	ASAFZ06ABC_01	旱地	100	糜子→谷子→大豆→谷子	谷子
1998	ASAFZ07ABO_01	旱地	100	谷子→荞麦→谷子→糜子	糜子
1999	ASAFZ07ABO_01	旱地	100	谷子→荞麦→谷子→糜子	谷子
2000	ASAFZ07ABO_01	旱地	100	谷子→荞麦→谷子→糜子	荞麦
2001	ASAFZ07ABO_01	旱地	100	谷子→荞麦→谷子→糜子	谷子
2002	ASAFZ07ABO_01	旱地	100	谷子→荞麦→谷子→糜子	糜子
2004	ASAFZ07ABO_01	旱地	100	荞麦→谷子→糜子→谷子	荞麦
2005	ASAFZ07ABO_01	旱地	100	荞麦→谷子→糜子→谷子	谷子
2006	ASAFZ07ABO_01	旱地	100	荞麦→谷子→糜子→谷子	糜子
2007	ASAFZ07ABO_01	旱地	100	荞麦→谷子→糜子→谷子	谷子
2003	ASAZH01ABC_01	旱地	100	玉米→玉米→大豆	玉米
2004	ASAZH01ABC_01	旱地	100	玉米→玉米→大豆	大豆
2005	ASAZH01ABC_01	旱地	100	玉米→玉米→大豆	玉米
2006	ASAZH01ABC_01	旱地	100	玉米→玉米→大豆	玉米
2007	ASAZH01ABC_01	旱地	100	玉米→玉米→大豆	大豆
2004	ASAZQ01ABO_01	旱地	100	玉米	玉米
2005	ASAZQ01ABO_01	旱地	100	玉米	玉米
2006	ASAZQ01ABO_01	旱地	100	玉米	玉米
2007	ASAZQ01ABO_01	旱地	100	玉米	玉米
2003	ASAZQ02AOO_01	旱地	100	玉米—谷子	玉米
2003	ASAZQ02AOO_01	旱地	100	谷子—洋芋	谷子
2003	ASAZQ02AOO_01	旱地	100	谷子—洋芋	洋芋
2005	ASAZQ03ABO_01	旱地	100	玉米→玉米	玉米
2006	ASAZQ03ABO_01	旱地	100	玉米→玉米	玉米
2007	ASAZQ03ABO_01	旱地	100	玉米→玉米	玉米

4.1.3 农田主要作物肥料投入情况

表 4-3 农田主要作物肥料投入情况

年份	样地代码	作物名称	肥料名称	施用时间	作物生育期	施用方式	施用量（kg/hm²）	肥料折合纯氮量（kg/hm²）	肥料折合纯磷量（kg/hm²）	肥料折合纯钾量（kg/hm²）
2005	ASAFZ02BOO_01	玉米	重过磷酸钙	2005-04-23	播种期	沟施	97.80		19.60	
2005	ASAFZ02BOO_01	玉米	尿素	2005-04-23	播种期	沟施	39.00	17.90		
2005	ASAFZ02BOO_01	玉米	尿素	2005-06-23	拔节期	穴施	156.00	71.76		
2006	ASAFZ02BOO_01	玉米	重过磷酸钙	2006-04-21	播种期	沟施	102.25		19.64	
2006	ASAFZ02BOO_01	玉米	尿素	2006-04-21	播种期	沟施	39.00	17.94		
2006	ASAFZ02BOO_01	玉米	尿素	2006-06-22	拔节期	穴施	156.00	71.76		
2003	ASAFZ03ABC_01	谷子	尿素	2003-05-13		种肥	39.20	18.00	0.00	0.00
2003	ASAFZ03ABC_01	谷子	尿素	2003-07-02		追肥	156.80	72.00	0.00	0.00
2003	ASAFZ03ABC_01	谷子	过磷酸钙	2003-05-13		种肥	375.00	0.00	45.00	0.00
2004	ASAFZ03ABC_01	大豆	冬羊粪	2004-04-28	播种期	沟施	12 000.00	63.84	17.04	37.85
2004	ASAFZ03ABC_01	大豆	重过磷酸钙	2004-04-28	播种期	沟施	97.80		19.64	
2004	ASAFZ03ABC_01	大豆	尿素	2004-04-28	播种期	沟施	39.10	18.00		
2004	ASAFZ03ABC_01	大豆	尿素	2004-07-16	开花期	沟施	156.50	72.00		
2005	ASAFZ03ABC_01	谷子	冬羊粪	2005-05-17	播种期	沟施	12 000.00	46.68	7.44	278.76
2005	ASAFZ03ABC_01	谷子	重过磷酸钙	2005-05-17	播种期	沟施	97.80		19.64	
2005	ASAFZ03ABC_01	谷子	尿素	2005-05-17	播种期	沟施	39.00	17.90		
2005	ASAFZ03ABC_01	谷子	尿素	2005-07-12	拔节期	沟施	156.00	71.80		
2006	ASAFZ03ABC_01	大豆	冬羊粪	2006-04-22	播种期	沟施	12 000.00	55.00	12.38	186.26
2006	ASAFZ03ABC_01	大豆	重过磷酸钙	2006-04-22	播种期	沟施	102.25		19.64	
2006	ASAFZ03ABC_01	大豆	尿素	2006-04-22	播种期	沟施	39.00	17.90		
2006	ASAFZ03ABC_01	大豆	尿素	2006-07-14	开花期	沟施	156.00	71.80		
2003	ASAZH01ABC_01	玉米	尿素	2003-04-20		种肥	39.20	18.00	0.00	0.00
2003	ASAZH01ABC_01	玉米	尿素	2003-07-01		追肥	156.80	72.00	0.00	0.00
2003	ASAZH01ABC_01	玉米	过磷酸钙	2003-04-20		种肥	376.00	0.00	45.00	0.00
2004	ASAZH01ABC_01	大豆	冬羊粪	2004-04-26	播种期	沟施	7 500.00	29.70	9.45	19.92
2004	ASAZH01ABC_01	大豆	重过磷酸钙	2004-04-26	播种期	沟施	97.80		19.64	
2004	ASAZH01ABC_01	大豆	尿素	2004-04-26	播种期	沟施	39.10	18.00		
2004	ASAZH01ABC_01	大豆	尿素	2004-07-16	开花期	沟施	156.50	72.00		
2005	ASAZH01ABC_01	玉米	重过磷酸钙	2005-04-23	播种期	沟施	97.80		19.64	
2005	ASAZH01ABC_01	玉米	尿素	2005-04-23	播种期	沟施	39.00	17.94		
2005	ASAZH01ABC_01	玉米	尿素	2005-06-23	拔节期	穴施	156.00	71.76		
2006	ASAZH01ABC_01	玉米	重过磷酸钙	2006-04-21	播种期	沟施	102.25		19.64	
2006	ASAZH01ABC_01	玉米	尿素	2006-04-21	播种期	沟施	39.00	17.94		
2006	ASAZH01ABC_01	玉米	尿素	2006-06-22	拔节期	穴施	156.00	71.76		
2004	ASAZQ01ABO_01	玉米	牛粪	2004-05-10	播种期	沟施	9 000.00	25.20	7.83	8.97
2004	ASAZQ01ABO_01	玉米	碳酸氢铵	2004-05-10	播种期	沟施	750.00	127.50		
2004	ASAZQ01ABO_01	玉米	碳酸氢铵	2004-07-28	拔节期	穴施	750.00	127.50		
2005	ASAZQ01ABO_01	玉米	牛粪	2005-05-01	播种期	沟施	9 000.00	67.50	20.40	18.68
2005	ASAZQ01ABO_01	玉米	磷酸二氨	2005-05-01	播种期	沟施	375.00	67.50	75.28	
2005	ASAZQ01ABO_01	玉米	碳酸氢铵	2005-07-17	拔节期	穴施	450.00	76.50		
2006	ASAZQ01ABO_01	玉米	牛粪	2006-05-08	播种期	沟施	8 550.00	57.71	10.86	116.90
2006	ASAZQ01ABO_01	玉米	碳酸氢铵	2006-05-08	播种期	沟施	428.57	72.86		
2006	ASAZQ01ABO_01	玉米	尿素	2006-05-08	播种期	沟施	21.43	9.86		

（续）

年份	样地代码	作物名称	肥料名称	施用时间	作物生育期	施用方式	施用量（kg/hm²）	肥料折合纯氮量（kg/hm²）	肥料折合纯磷量（kg/hm²）	肥料折合纯钾量（kg/hm²）
2006	ASAZQ01ABO _ 01	玉米	碳酸氢铵	2006 - 07 - 12	拔节期	穴施	428.57	72.86		
2007	ASAZQ01ABO _ 01	玉米	牛粪	2007 - 05 - 13	播种期	沟施	7 500.00	67.96	7.57	34.50
2007	ASAZQ01ABO _ 01	玉米	碳酸氢铵	2007 - 05 - 13	播种期	沟施	300.00	51.00		
2007	ASAZQ01ABO _ 01	玉米	碳酸氢铵	2007 - 07 - 10	拔节期	穴施	75.00	34.50		
2007	ASAZQ01ABO _ 01	玉米	尿素	2007 - 07 - 10	喇叭口	穴施	150.00	25.50		
2005	ASAZQ02AOO _ 01	玉米	有机肥	2005 - 05	播种期	沟施	5 235.69			
2005	ASAZQ02AOO _ 01	玉米	碳酸氢铵	2005 - 05	播种期	沟施	345.00	58.65		
2005	ASAZQ02AOO _ 01	玉米	重过磷酸钙	2005 - 05	播种期	沟施	242.17		12.68	
2005	ASAZQ02AOO _ 01	玉米	尿素	2005 - 07	拔节期	穴施	250.50	115.25		
2005	ASAZQ02AOO _ 01	谷子	有机肥	2005 - 05	播种期	沟施	2 335.22			
2005	ASAZQ02AOO _ 01	谷子	过磷酸钙	2005 - 05	播种期	沟施	17.04		0.89	
2005	ASAZQ02AOO _ 01	谷子	尿素	2005 - 07	拔节期	沟施	158.52	72.90		
2005	ASAZQ02AOO _ 01	糜子	有机肥	2005 - 05	播种期	沟施	2 386.36			
2005	ASAZQ02AOO _ 01	糜子	过磷酸钙	2005 - 05	播种期	沟施	27.27		1.40	
2005	ASAZQ02AOO _ 01	糜子	尿素	2005 - 07	拔节期	沟施	163.64	75.27		
2005	ASAZQ02AOO _ 01	豆类	有机肥	2005 - 04	播种期	沟施	277.77			
2005	ASAZQ02AOO _ 01	豆类	过磷酸钙	2005 - 04	播种期	沟施	300.00		15.71	
2005	ASAZQ02AOO _ 01	豆类	尿素	2005 - 07	开花期	穴施	126.67	58.26		
2005	ASAZQ02AOO _ 01	西瓜	有机肥		播种期	沟施	750.00			
2005	ASAZQ02AOO _ 01	西瓜	尿素		幼果期	穴施	375.00	172.50		
2005	ASAZQ02AOO _ 01	西瓜	过磷酸钙		播种期	穴施	750.00		39.00	
2005	ASAZQ02AOO _ 01	西瓜	碳酸氢铵		幼果期	穴施	750.00	127.50		
2005	ASAZQ02AOO _ 01	西瓜	磷酸二氨		播种期	穴施	600.00	108.00	120.40	
2006	ASAZQ02AOO _ 01	玉米	牛粪	2006 - 05 - 06	播种期	沟施	4 500.00	30.38	5.72	61.53
2006	ASAZQ02AOO _ 01	玉米	碳酸氢铵	2006 - 05 - 06	播种期	沟施	428.57	72.86		
2006	ASAZQ02AOO _ 01	玉米	过磷酸钙	2006 - 05 - 06	播种期	沟施	300.00		36.00	
2006	ASAZQ02AOO _ 01	玉米	尿素	2006 - 07 - 25	拔节期	穴施	428.57	72.86		
2006	ASAZQ02AOO _ 01	谷子	尿素	2006 - 06 - 18	拔节期	沟施	112.50	51.75		
2006	ASAZQ02AOO _ 01	谷子	尿素	2006 - 07 - 24	孕穗期	沟施	112.50	51.75		
2006	ASAZQ02AOO _ 01	糜子	过磷酸钙	2006 - 06 - 05	播种期	沟施	60.00		7.20	
2006	ASAZQ02AOO _ 01	糜子	尿素	2006 - 07 - 21	拔节期	沟施	60.00	27.60		
2006	ASAZQ02AOO _ 01	糜子	碳酸氢铵	2006 - 07 - 21	拔节期	沟施	30.00	5.10		
2006	ASAZQ02AOO _ 01	豆类	过磷酸钙	2006 - 04 - 30	播种期	沟施	50.00		6.00	
2006	ASAZQ02AOO _ 01	豆类	尿素	2006 - 07 - 06	开花期	沟施	100.00	46.00		
2006	ASAZQ02AOO _ 01	薯类	碳酸氢铵	2006 - 05 - 15	开花期	穴施	500.00	85.00		
2006	ASAZQ02AOO _ 01	大棚菜	有机肥		播种期	沟施	15 000.00			
2006	ASAZQ02AOO _ 01	大棚菜	尿素		开花期	沟施	600.00	276.00		
2006	ASAZQ02AOO _ 01	大棚菜	过磷酸钙		播种期	沟施	1 800.00		216.00	
2006	ASAZQ02AOO _ 01	大棚菜	碳酸氢铵		幼果期	沟施	1 500.00	255.00		
2006	ASAZQ02AOO _ 01	西瓜	磷酸二氨	2006 - 04 - 02	播种期	沟施	500.00	90.00	230.00	
2006	ASAZQ02AOO _ 01	西瓜	尿素	2006 - 05 - 18	开花期	穴施	100.00	46.00		
2006	ASAZQ02AOO _ 01	西瓜	高效微肥	2006 - 05 - 18	开花期	穴施	250.00			
2006	ASAZQ02AOO _ 01	西瓜	尿素	2006 - 05 - 30	幼果期	穴施	125.00	57.50		
2006	ASAZQ02AOO _ 01	西瓜	尿素	2006 - 06 - 02	膨大期	穴施	125.00	57.50		
2006	ASAZQ02AOO _ 01	西瓜	美国钾宝	2006 - 06 - 02	膨大期	穴施	180.00			
2006	ASAZQ02AOO _ 01	蔬菜	磷酸二氨	2006 - 08 - 02	播种期	沟施	125.00	21.25	57.50	
2007	ASAZQ02AOO _ 01	玉米	牛粪	2007 - 05 - 06	播种期	沟施	4 500.00	40.77	4.54	17.91

（续）

年份	样地代码	作物名称	肥料名称	施用时间	作物生育期	施用方式	施用量（kg/hm²）	肥料折合纯氮量（kg/hm²）	肥料折合纯磷量（kg/hm²）	肥料折合纯钾量（kg/hm²）
2007	ASAZQ02AOO _ 01	玉米	碳酸氢铵	2007-05-06	播种期	沟施	450.00	76.50		
2007	ASAZQ02AOO _ 01	玉米	过磷酸钙	2007-05-06	播种期	沟施	300.00		36.00	
2007	ASAZQ02AOO _ 01	玉米	尿素	2007-07-22	拔节期	穴施	375.00	172.50		
2007	ASAZQ02AOO _ 01	谷子	尿素	2007-06-20	拔节期	沟施	120.00	55.20		
2007	ASAZQ02AOO _ 01	谷子	尿素	2007-07-25	孕穗期	沟施	120.00	55.20		
2007	ASAZQ02AOO _ 01	糜子	过磷酸钙	2007-06-05	播种期	沟施	150.00		18.00	
2007	ASAZQ02AOO _ 01	糜子	尿素	2007-07-23	拔节期	沟施	60.00	27.60		
2007	ASAZQ02AOO _ 01	糜子	碳酸氢铵	2007-07-21	拔节期	沟施	75.00	12.75		
2007	ASAZQ02AOO _ 01	豆类	过磷酸钙	2007-04-30	播种期	沟施	150.00		18.00	
2007	ASAZQ02AOO _ 01	豆类	尿素	2007-07-06	开花期	沟施	75.00	34.50		
2007	ASAZQ02AOO _ 01	薯类	碳酸氢铵	2007-05-20	开花期	穴施	600.00	102.00		
2007	ASAZQ02AOO _ 01	西瓜	磷酸二铵	2007-04-05	播种期	沟施	500.00	90.00	230.00	
2007	ASAZQ02AOO _ 01	西瓜	尿素	2007-05-20	开花期	穴施	100.00	46.00		
2007	ASAZQ02AOO _ 01	西瓜	高效微肥	2007-05-20	开花期	穴施	250.00			
2007	ASAZQ02AOO _ 01	西瓜	尿素	2007-06-03	幼果期	穴施	125.00	57.50		
2007	ASAZQ02AOO _ 01	西瓜	尿素	2007-06-08	膨大期	穴施	125.00	57.50		
2007	ASAZQ02AOO _ 01	西瓜	美国钾宝	2007-06-10	膨大期	穴施	180.00			
2007	ASAZQ02AOO _ 01	西瓜	尿素	2007-06-14	膨大期	穴施	125.00	57.50		
2005	ASAZQ03ABO _ 01	玉米	牛粪	2005-05-02	播种期	沟施	10 500.00	65.10	21.99	19.17
2005	ASAZQ03ABO _ 01	玉米	碳酸氢铵	2005-05-02	播种期	沟施	107.14	18.20		
2005	ASAZQ03ABO _ 01	玉米	尿素	2005-07-17	拔节期	穴施	53.57	24.66		
2006	ASAZQ03ABO _ 01	玉米	猪粪	2006-05-06	播种期	沟施	6 666.67	26.12	11.15	112.94
2006	ASAZQ03ABO _ 01	玉米	碳酸氢铵	2006-05-06	播种期	沟施	333.33	56.67		
2006	ASAZQ03ABO _ 01	玉米	尿素	2006-06-22	拔节期	穴施	100.00	46.00		
2006	ASAZQ03ABO _ 01	玉米	碳酸氢铵	2006-07-19	拔节期	穴施	333.33	56.67		
2007	ASAZQ03ABO _ 01	玉米	猪粪	2007-05-12	播种期	沟施	5 625.00	80.22	37.42	111.09
2007	ASAZQ03ABO _ 01	玉米	碳酸氢铵	2007-05-12	播种期	沟施	375.00	63.75		
2007	ASAZQ03ABO _ 01	玉米	尿素	2007-07-02	拔节期	穴施	243.75	112.13		

4.1.4 农田主要作物农药、生长剂、除草剂等投入情况

表 4-4 农田主要作物农药、生长剂、除草剂等投入情况

年份	样地代码	作物名称	药剂名称	主要有效成分	施用时间	作物生育期	施用方式	施用量（g/hm²）
2007	ASAFZ01BOO _ 01	大豆	安爽	高效氯氰菊酯	2007-06-14	苗期	喷施	563.00
2007	ASAFZ01BOO _ 01	大豆	安爽	高效氯氰菊酯	2007-07-31	开花期	喷施	1 126.00
2007	ASAFZ01BOO _ 01	大豆	安爽	高效氯氰菊酯	2007-08-22	鼓粒期	喷施	563.00
2007	ASAFZ02BOO _ 01	大豆	安爽	高效氯氰菊酯	2007-06-14	苗期	喷施	563.00
2007	ASAFZ02BOO _ 01	大豆	安爽	高效氯氰菊酯	2007-07-31	开花期	喷施	1 126.00
2007	ASAFZ02BOO _ 01	大豆	安爽	高效氯氰菊酯	2007-08-22	鼓粒期	喷施	563.00
2003	ASAFZ03ABC _ 01	谷子	敌百虫	有机磷	2003-06-30		农药喷洒	0.94
2003	ASAFZ03ABC _ 01	谷子	敌百虫	有机磷	2003-07-05		农药喷洒	0.94
2006	ASAFZ03ABC _ 01	大豆	1605	有机磷	2006-07-15	开花期	喷施	150.00
2007	ASAFZ03ABC _ 01	谷子	安爽	高效氯氰菊酯	2007-07-15	拔节期	喷施	375.00

（续）

年份	样地代码	作物名称	药剂名称	主要有效成分	施用时间	作物生育期	施用方式	施用量 (g/hm²)
2007	ASAFZ03ABC_01	谷子	安爽	高效氯氰菊酯	2007-08-05	孕穗期	喷施	375.00
2007	ASAFZ04ABC_01	大豆	安爽	高效氯氰菊酯	2007-06-14	苗期	喷施	563.00
2007	ASAFZ04ABC_01	大豆	安爽	高效氯氰菊酯	2007-07-31	开花期	喷施	1 126.00
2007	ASAFZ04ABC_01	大豆	安爽	高效氯氰菊酯	2007-08-22	鼓粒期	喷施	563.00
2006	ASAFZ05ABC_01	大豆	1605	有机磷	2006-07-15	开花期	喷施	150.00
2007	ASAFZ05ABC_01	谷子	安爽	高效氯氰菊酯	2007-07-15	拔节期	喷施	375.00
2006	ASAFZ06ABC_01	大豆	1605	有机磷	2006-07-15	开花期	喷施	150.00
2007	ASAFZ06ABC_01	谷子	安爽	高效氯氰菊酯	2007-07-15	拔节期	喷施	375.00
2007	ASAFZ06ABC_01	谷子	安爽	高效氯氰菊酯	2007-08-05	孕穗期	喷施	375.00
2007	ASAZH01ABC_01	大豆	安爽	高效氯氰菊酯	2007-06-14	苗期	喷施	563.00
2007	ASAZH01ABC_01	大豆	安爽	高效氯氰菊酯	2007-07-31	开花期	喷施	1 126.00
2007	ASAZH01ABC_01	大豆	安爽	高效氯氰菊酯	2007-08-22	鼓粒期	喷施	563.00
2005	ASAZQ02AOO_01	谷子	敌百虫	有机磷	2005-05-10	播种期	毒饵撒施	1 000.00
2005	ASAZQ02AOO_01	谷子	灭扫利	菊脂类	2005-07-09	拔节期	喷施	2 000.00
2005	ASAZQ02AOO_01	谷子	灭扫利	菊脂类	2005-08-08	抽穗期	喷施	2 000.00
2005	ASAZQ02AOO_01	糜子	敌百虫	有机磷	2005-06-08	播种期	毒饵撒施	1 000.00
2005	ASAZQ02AOO_01	糜子	灭扫利	菊脂类	2005-07-24	拔节期	喷施	2 000.00
2005	ASAZQ02AOO_01	糜子	灭扫利	菊脂类	2005-08-11	抽穗期	喷施	2 000.00
2005	ASAZQ02AOO_01	大豆	敌百虫	有机磷	2005-04-28	播种期	毒饵撒施	1 000.00
2005	ASAZQ02AOO_01	大豆	灭扫利	菊脂类	2005-07-16	结荚期	喷施	2 000.00
2005	ASAZQ02AOO_01	黄瓜	雷多米尔	甲霜+代森锰锌	2004-12-07	苗期	喷施	2 250.00
2005	ASAZQ02AOO_01	黄瓜	杀毒矾	口恶霜灵+代森锰锌	2004-12-14	苗期	喷施	2 250.00
2005	ASAZQ02AOO_01	黄瓜	雷多米尔	甲霜+代森锰锌	2004-12-21	苗期	喷施	2 250.00
2005	ASAZQ02AOO_01	黄瓜	杀毒矾	口恶霜灵+代森锰锌	2004-12-28	苗期	喷施	2 250.00
2005	ASAZQ02AOO_01	黄瓜	雷多米尔	甲霜+代森锰锌	2005-03-03	结瓜盛期	喷施	4 500.00
2005	ASAZQ02AOO_01	黄瓜	杀毒矾	口恶霜灵+代森锰锌	2005-03-10	结瓜盛期	喷施	6 750.00
2005	ASAZQ02AOO_01	黄瓜	雷多米尔	甲霜+代森锰锌	2005-03-17	结瓜盛期	喷施	4 500.00
2005	ASAZQ02AOO_01	黄瓜	杀毒矾	口恶霜灵+代森锰锌	2005-03-25	结瓜盛期	喷施	6 750.00
2005	ASAZQ02AOO_01	黄瓜	杀毒矾	口恶霜灵+代森锰锌	2005-04-03	结瓜盛期	喷施	6 750.00
2005	ASAZQ02AOO_01	黄瓜	雷多米尔	甲霜+代森锰锌	2005-04-10	结瓜盛期	喷施	4 500.00
2005	ASAZQ02AOO_01	黄瓜	杀毒矾	口恶霜灵+代森锰锌	2005-04-17	结瓜盛期	喷施	6 750.00
2005	ASAZQ02AOO_01	黄瓜	雷多米尔	甲霜+代森锰锌	2005-04-25	结瓜盛期	喷施	4 500.00
2005	ASAZQ02AOO_01	西红柿	杀毒矾	口恶霜灵+代森锰锌	2005-06-15	苗期	喷施	2 250.00
2005	ASAZQ02AOO_01	西红柿	甲基托布津	甲基硫菌灵	2005-06-25	苗期	喷施	2 250.00
2005	ASAZQ02AOO_01	西红柿	甲基托布津	甲基硫菌灵	2005-07-10	结果期	喷施	6 750.00
2005	ASAZQ02AOO_01	白菜	8010 菌粉	2 爱比菌素	2005-08-15	苗期	喷施	750.00
2005	ASAZQ02AOO_01	白菜	青虫菌 6 号	细菌	2005-08-26	苗期	喷施	375.00
2005	ASAZQ02AOO_01	白菜	青虫菌 6 号	细菌	2005-09-10	莲座期	喷施	1 125.00
2006	ASAZQ02AOO_01	谷子	敌百虫	有机磷	2006-05-10	播种期	毒饵撒施	1.20
2006	ASAZQ02AOO_01	谷子	灭扫利	菊脂类	2006-07-09	拔节期	喷施	2 000.00
2006	ASAZQ02AOO_01	谷子	灭扫利	菊脂类	2006-08-08	抽穗期	喷施	2 000.00
2006	ASAZQ02AOO_01	糜子	敌百虫	有机磷	2006-06-08	播种期	毒饵撒施	1.00
2006	ASAZQ02AOO_01	糜子	灭扫利	菊脂类	2006-07-24	拔节期	喷施	2 000.00
2006	ASAZQ02AOO_01	糜子	灭扫利	菊脂类	2006-08-11	抽穗期	喷施	2 000.00
2006	ASAZQ02AOO_01	大豆	敌百虫	有机磷	2006-04-28	播种期	毒饵撒施	1.00
2006	ASAZQ02AOO_01	大豆	灭扫利	菊脂类	2006-07-16	结荚期	喷施	2 000.00
2006	ASAZQ02AOO_01	黄瓜	雷多米尔	甲霜+代森锰锌	2006-12-05	苗期	喷施	2.05
2006	ASAZQ02AOO_01	黄瓜	杀毒矾	口恶霜灵+代森锰锌	2005-12-16	苗期	喷施	2.05

（续）

年份	样地代码	作物名称	药剂名称	主要有效成分	施用时间	作物生育期	施用方式	施用量（g/hm²）
2006	ASAZQ02AOO _ 01	黄瓜	雷多米尔	甲霜+代森锰锌	2005-12-25	苗期	喷施	2.05
2006	ASAZQ02AOO _ 01	黄瓜	杀毒矾	口恶霜灵+代森锰锌	2005-12-29	苗期	喷施	2.05
2006	ASAZQ02AOO _ 01	黄瓜	雷多米尔	甲霜+代森锰锌	2006-03-05	结瓜盛期	喷施	4.20
2006	ASAZQ02AOO _ 01	黄瓜	杀毒矾	口恶霜灵+代森锰锌	2006-03-12	结瓜盛期	喷施	5.75
2006	ASAZQ02AOO _ 01	黄瓜	雷多米尔	甲霜+代森锰锌	2006-03-19	结瓜盛期	喷施	4.25
2006	ASAZQ02AOO _ 01	黄瓜	杀毒矾	口恶霜灵+代森锰锌	2006-03-28	结瓜盛期	喷施	5.60
2006	ASAZQ02AOO _ 01	黄瓜	杀毒矾	口恶霜灵+代森锰锌	2006-04-05	结瓜盛期	喷施	6.25
2006	ASAZQ02AOO _ 01	黄瓜	雷多米尔	甲霜+代森锰锌	2006-04-12	结瓜盛期	喷施	4.20
2006	ASAZQ02AOO _ 01	黄瓜	杀毒矾	口恶霜灵+代森锰锌	2006-04-19	结瓜盛期	喷施	6.25
2006	ASAZQ02AOO _ 01	黄瓜	雷多米尔	甲霜+代森锰锌	2006-04-28	结瓜盛期	喷施	4.20
2006	ASAZQ02AOO _ 01	西红柿	杀毒矾	口恶霜灵+代森锰锌	2006-06-14	苗期	喷施	2.05
2006	ASAZQ02AOO _ 01	西红柿	甲基托布津	甲基硫菌灵	2006-06-23	苗期	喷施	2.05
2006	ASAZQ02AOO _ 01	西红柿	甲基托布津	甲基硫菌灵	2006-07-09	结果期	喷施	6.25
2006	ASAZQ02AOO _ 01	西瓜	菌虫净		2006-04-23	苗期	穴施	8.00
2006	ASAZQ02AOO _ 01	西瓜	瓜疽疫		2006-06-30	苗期	喷施	2.40
2006	ASAZQ02AOO _ 01	西瓜	代森锰锌	代森锰锌	2006-07-05	结果期	喷施	1.80
2006	ASAZQ02AOO _ 01	白菜	8010 菌粉	2 爱比菌素	2006-08-10	苗期	喷施	0.75
2006	ASAZQ02AOO _ 01	白菜	青虫菌 6 号	细菌	2006-08-22	苗期	喷施	0.38
2006	ASAZQ02AOO _ 01	白菜	青虫菌 6 号	细菌	2006-09-18	莲座期	喷施	1 130.00
2007	ASAZQ02AOO _ 01	谷子	敌百虫	有机磷	2007-05-10	播种期	毒饵撒施	1 500.00
2007	ASAZQ02AOO _ 01	谷子	灭扫利	菊脂类	2007-07-10	拔节期	喷施	800.00
2007	ASAZQ02AOO _ 01	谷子	安爽	高效氯氰菊酯	2007-08-08	抽穗期	喷施	400.00
2007	ASAZQ02AOO _ 01	糜子	敌百虫	有机磷	2007-06-08	播种期	毒饵撒施	1 200.00
2007	ASAZQ02AOO _ 01	糜子	灭扫利	菊脂类	2007-07-22	拔节期	喷施	800.00
2007	ASAZQ02AOO _ 01	糜子	灭扫利	菊脂类	2007-08-15	抽穗期	喷施	350.00

4.1.5 玉米生育动态观测

表 4-5 玉米生育动态观测

年份	样地代码	作物品种	播种期	出苗期	五叶期	拔节期	抽雄期	吐丝期	成熟期	收获期
2005	ASAFZ01BOO _ 01	沈单 10 号	2005-04-23	2005-05-05	2005-05-29	2005-06-14	2005-07-14	2005-07-16	2005-09-13	2005-10-04
2006	ASAFZ01BOO _ 01	沈玉 17 号	2006-04-21	2006-05-03	2006-06-03	2006-06-17	2006-07-20	2006-07-25	2006-09-09	2006-09-25
2005	ASAFZ02BOO _ 01	沈单 10 号	2005-04-23	2005-05-05	2005-05-29	2005-06-14	2005-07-14	2005-07-16	2005-09-13	2005-10-05
2006	ASAFZ02BOO _ 01	沈玉 17 号	2006-04-21	2006-05-03	2006-06-03	2006-06-17	2006-07-15	2006-07-19	2006-09-06	2006-09-25
2000	ASAFZ04ABC _ 01	中单 2 号	2000-04-25	2000-05-05		2000-05-30	2000-07-22	2000-09-09	2000-09-25	2000-10-11
2002	ASAFZ04ABC _ 01	沈单 10 号	2002-04-16	2002-05-06		2002-06-02	2002-07-15	2002-09-12	2002-09-24	2002-10-11
2005	ASAFZ04ABC _ 01	沈单 10 号	2005-04-23	2005-05-05	2005-05-29	2005-06-14	2005-07-14	2005-07-16	2005-09-13	2005-10-05
2006	ASAFZ04ABC _ 01	沈玉 17 号	2006-04-20	2006-05-03	2006-06-03	2006-06-17	2006-07-15	2006-07-19	2006-09-06	2006-09-25
2003	ASAZH01ABC _ 01	沈单十号	2003-04-20	2003-05-15		2003-07-01	2003-07-25	2003-07-27	2003-10-09	2003-10-22
2005	ASAZH01ABC _ 01	沈单 10 号	2005-04-23	2005-05-05	2005-05-29	2005-06-14	2005-07-14	2005-07-16	2005-09-13	2005-10-05
2006	ASAZH01ABC _ 01	沈玉 17 号	2006-04-21	2006-05-03	2006-06-03	2006-06-17	2006-07-15	2006-07-19	2006-09-08	2006-09-25
2004	ASAZQ01ABO _ 01	中单 2 号	2004-04-25	2004-05-04	2004-06-08	2004-06-25	2004-07-25	2004-08-06	2004-10-15	2004-10-20
2005	ASAZQ01ABO _ 01	中单 2 号	2005-05-01	2005-05-13	2005-06-09	2005-06-23	2005-07-20	2005-07-22	2005-09-25	2005-10-10
2006	ASAZQ01ABO _ 01	中单 2 号	2006-05-08	2006-05-22	2006-06-18	2006-07-2	2006-07-20	2006-07-28	2006-09-29	2006-10-13
2007	ASAZQ01ABO _ 01	三丰	2007-05-13	2007-05-26	2007-06-20	2007-07-05	2007-07-25	2007-07-29	2007-10-19	2007-11-05

（续）

年份	样地代码	作物品种	播种期	出苗期	五叶期	拔节期	抽雄期	吐丝期	成熟期	收获期
1998	ASAZQ02AOO_01	中单2号	1998-04-10	1998-04-23		1998-05-24	1998-07-03	1998-09-05	1998-09-20	1998-10-05
1998	ASAZQ02AOO_01	中单2号	1998-04-10	1998-04-23		1998-05-24	1998-07-24	1998-09-06	1998-09-21	1998-10-05
1999	ASAZQ02AOO_01	中单2号	1999-04-12	1999-04-26		1999-05-29	1999-07-12	1999-09-08	1999-09-20	1999-10-10
2001	ASAZQ02AOO_01	中单2号	2001-04-10	2001-04-23		2001-05-24	2001-07-07	2001-09-09	2001-09-21	2001-10-05
2005	ASAZQ03ABO_01	中单2号	2005-05-02	2005-05-14	2005-06-09	2005-06-23	2005-07-20	2005-07-22	2005-09-25	2005-10-10
2006	ASAZQ03ABO_01	中单2号	2006-05-06	2006-05-21	2006-06-17	2006-07-01	2006-07-23	2006-07-26	2006-09-26	2006-10-17
2007	ASAZQ03ABO_01	中单2号	2007-05-12	2007-05-26	2007-06-18	2007-07-03	2007-07-23	2007-07-26	2007-10-02	2007-11-07

4.1.6 大豆生育动态观测

表 4-6 大豆生育动态观测

年份	样地代码	作物品种	播种期	出苗期	开花期	结荚期	鼓粒期	成熟期	收获期
2007	ASAFZ01BOO_01	中黄13	2007-04-26	2007-05-26	2007-07-30	2007-08-10	2007-08-22	2007-10-15	2007-10-21
2007	ASAFZ02BOO_01	中黄13	2007-04-26	2007-05-26	2007-07-30	2007-08-10	2007-08-22	2007-10-15	2007-10-21
2004	ASAFZ03ABC_01	晋遗19	2004-04-28	2004-05-06	2004-07-12	2004-07-16	2004-09-03	2004-09-26	2004-10-10
2006	ASAFZ03ABC_01	晋豆20	2006-04-22	2006-05-12	2006-07-11	2006-07-22	2006-08-08	2006-09-20	2006-09-28
1998	ASAFZ04ABC_01	晋遗19	1998-05-03	1998-05-24	1998-07-27			1998-09-25	1998-10-02
2000	ASAFZ04ABC_01	晋遗19	2000-05-03	2000-05-24	2000-07-27			2000-09-25	2000-10-02
2001	ASAFZ04ABC_01	晋豆20	2001-04-25	2001-05-15	2001-07-18			2001-10-10	2001-10-22
2004	ASAFZ04ABC_01	晋遗19	2004-04-27	2004-05-05	2004-07-10	2004-07-16	2004-09-01	2004-09-22	2004-10-05
2007	ASAFZ04ABC_01	中黄13	2007-04-26	2007-05-26	2007-07-30	2007-08-10	2007-08-22	2007-10-15	2007-10-21
2006	ASAFZ05ABC_01	晋豆20	2006-04-22	2006-05-12	2006-07-11	2006-07-22	2006-08-08	2006-09-20	2006-09-28
2002	ASAFZ06ABC_01	晋豆20	2002-04-17	2002-05-08	2002-07-02			2002-09-24	2002-10-05
2006	ASAFZ06ABC_01	晋豆20	2006-04-22	2006-05-12	2006-07-11	2006-07-22	2006-08-08	2006-09-20	2006-09-28
2004	ASAZH01ABC_01	晋遗19	2004-04-26	2004-05-05	2004-07-10	2004-07-16	2004-09-01	2004-09-20	2004-10-05
2007	ASAZH01ABC_01	中黄13	2007-04-26	2007-05-26	2007-07-30	2007-08-10	2007-08-22	2007-10-15	2007-10-21
1999	ASAZQ02AOO_01	晋豆20	1999-04-17	1999-05-08	1999-06-30			1999-09-30	1999-10-03
2005	ASAZQ02AOO_01	晋豆20	2005-04-17	2005-05-08	2005-06-30	2005-07-22	2005-08-28	2005-09-30	2005-10-07
2005	ASAZQ02AOO_01	青豆	2005-04-25	2005-05-10	2005-06-28	2005-07-20	2005-08-30	2005-09-28	2005-10-10
2006	ASAZQ02AOO_01	晋豆20	2006-05-16	2006-05-26	2006-07-10	2006-08-01	2006-08-14	2006-10-08	2006-10-16
2006	ASAZQ02AOO_01	黑豆	2006-05-14	2006-05-20	2006-08-03	2006-08-18	2006-09-02	2006-10-01	2006-10-13

4.1.7 作物叶面积与生物量动态

表 4-7 作物叶面积与生物量动态

年份	样地代码	作物名称	作物品种	作物生育期	样方号	密度（株/m^2）	群体高度（cm）	叶面积指数	调查株（穴）数	地上部总鲜重（g/m^2）	茎干重（g/m^2）	叶干重（g/m^2）	地上部总干重（g/m^2）
2005	ASAFZ01BOO_01	玉米	沈单10号	五叶期	1	5.0	28.0	0.07	10	36.20	0.00	6.20	6.20
2005	ASAFZ01BOO_01	玉米	沈单10号	五叶期	2	5.0	28.4	0.07	10	34.50	0.00	5.80	5.80
2005	ASAFZ01BOO_01	玉米	沈单10号	五叶期	3	5.0	29.5	0.07	10	46.50	0.00	7.70	7.70
2005	ASAFZ01BOO_01	玉米	沈单10号	五叶期	4	5.0		0.08	10	35.00	0.00	5.80	5.80
2005	ASAFZ01BOO_01	玉米	沈单10号	拔节期	1	5.0	106.8	0.76	10	930.30	0.00	112.30	112.30
2005	ASAFZ01BOO_01	玉米	沈单10号	拔节期	2	5.0	108.8	0.75	10	1 003.00	0.00	112.20	112.20

（续）

年份	样地代码	作物名称	作物品种	作物生育期	样方号	密度（株/m²）	群体高度（cm）	叶面积指数	调查株（穴）数	地上部总鲜重（g/m²）	茎干重（g/m²）	叶干重（g/m²）	地上部总干重（g/m²）
2005	ASAFZ01BOO_01	玉米	沈单10号	拔节期	3	5.0	110.0	0.80	10	976.30	0.00	132.30	132.30
2005	ASAFZ01BOO_01	玉米	沈单10号	拔节期	4	5.0	102.5	0.72	10	969.83	0.00	119.00	119.00
2005	ASAFZ01BOO_01	玉米	沈单10号	抽雄期	1	5.0	268.5	4.59	10	5 676.67	575.17	277.33	852.50
2005	ASAFZ01BOO_01	玉米	沈单10号	抽雄期	2	5.0	239.6	4.05	10	5 187.33	482.83	214.00	696.80
2005	ASAFZ01BOO_01	玉米	沈单10号	抽雄期	3	5.0	239.4	4.03	10	4 450.50	436.00	217.00	653.00
2005	ASAFZ01BOO_01	玉米	沈单10号	抽雄期	4	5.0	241.6	4.22	10	5 104.80	498.00	237.50	735.50
2005	ASAFZ01BOO_01	玉米	沈单10号	成熟期	1	5.0	262.9	4.18	10	5 756.90	378.80	244.60	2 195.00
2005	ASAFZ01BOO_01	玉米	沈单10号	成熟期	2	5.0	253.8	3.99	10	5 511.50	321.50	253.10	2 426.90
2005	ASAFZ01BOO_01	玉米	沈单10号	成熟期	3	5.0	238.5	4.33	10	7 192.80	430.10	301.50	2 983.30
2005	ASAFZ01BOO_01	玉米	沈单10号	成熟期	4	5.0	239.9	3.95	10	5 869.40	348.00	226.30	2 277.00
2006	ASAFZ01BOO_01	玉米	沈玉17号	五叶期	1	4.5	41.8	0.15	10	188.34		38.60	38.60
2006	ASAFZ01BOO_01	玉米	沈玉17号	五叶期	2	4.5	47.6	0.18	10	320.42		48.24	48.24
2006	ASAFZ01BOO_01	玉米	沈玉17号	五叶期	3	4.5	50.4	0.18	10	377.53		78.49	78.49
2006	ASAFZ01BOO_01	玉米	沈玉17号	五叶期	4	4.5	43.7	0.14	10	306.61		51.51	51.51
2006	ASAFZ01BOO_01	玉米	沈玉17号	拔节期	1	4.5	90.8	1.37	10	814.80	11.85	97.80	109.65
2006	ASAFZ01BOO_01	玉米	沈玉17号	拔节期	2	4.5	83.1	1.29	10	983.25	18.30	115.35	133.65
2006	ASAFZ01BOO_01	玉米	沈玉17号	拔节期	3	4.5	84.6	1.39	10	1 054.80	17.10	128.40	144.75
2006	ASAFZ01BOO_01	玉米	沈玉17号	拔节期	4	4.5	83.7	1.31	10	832.05	11.85	104.70	116.55
2006	ASAFZ01BOO_01	玉米	沈玉17号	抽雄期	1	4.5	236.0	3.09	10	3 124.50	321.45	207.30	528.75
2006	ASAFZ01BOO_01	玉米	沈玉17号	抽雄期	2	4.5	243.7	3.16	10	2 882.70	298.80	187.80	486.60
2006	ASAFZ01BOO_01	玉米	沈玉17号	抽雄期	3	4.5	266.5	3.59	10	2 780.55	291.75	193.95	485.70
2006	ASAFZ01BOO_01	玉米	沈玉17号	抽雄期	4	4.5	213.1	2.59	10	2 912.55	293.25	192.00	485.25
2006	ASAFZ01BOO_01	玉米	沈玉17号	成熟期	1	4.5	241.5	2.54	10	2 941.95	284.55	163.35	997.20
2006	ASAFZ01BOO_01	玉米	沈玉17号	成熟期	2	4.5	241.3	2.86	10	2 908.65	297.15	180.00	931.65
2006	ASAFZ01BOO_01	玉米	沈玉17号	成熟期	3	4.5	242.3	2.82	10	2 517.90	268.20	162.30	785.10
2006	ASAFZ01BOO_01	玉米	沈玉17号	成熟期	4	4.5	237.0	2.31	10	2 889.00	284.25	171.50	975.00
2007	ASAFZ01BOO_01	大豆	中黄13	苗期	1	12.0	14.8	0.14	10	40.20	2.40	6.65	9.04
2007	ASAFZ01BOO_01	大豆	中黄13	苗期	2	12.0	14.4	0.14	10	42.00	2.40	6.90	9.31
2007	ASAFZ01BOO_01	大豆	中黄13	苗期	3	12.0	13.8	0.14	10	40.80	2.40	6.72	9.11
2007	ASAFZ01BOO_01	大豆	中黄13	苗期	4	12.0	14.7	0.18	10	52.80	3.20	8.65	11.87
2007	ASAFZ01BOO_01	大豆	中黄13	开花期	1	12.0	50.5	4.27	5	1 554.24	141.77	185.11	326.88
2007	ASAFZ01BOO_01	大豆	中黄13	开花期	2	12.0	52.8	4.47	5	1 444.56	149.45	193.56	343.01
2007	ASAFZ01BOO_01	大豆	中黄13	开花期	3	12.0	56.5	4.23	5	1 432.32	149.45	183.53	332.98
2007	ASAFZ01BOO_01	大豆	中黄13	开花期	4	12.0	54.5	3.02	5	962.64	91.78	130.85	222.62
2007	ASAFZ01BOO_01	大豆	中黄13	结荚期	1	12.0	69.9	7.36	5	2 387.76	236.47	269.59	506.06
2007	ASAFZ01BOO_01	大豆	中黄13	结荚期	2	12.0	61.6	5.84	5	1 763.52	168.70	213.77	382.46
2007	ASAFZ01BOO_01	大豆	中黄13	结荚期	3	12.0	63.3	6.36	5	1 924.80	189.86	232.80	422.66
2007	ASAFZ01BOO_01	大豆	中黄13	结荚期	4	12.0	60.5	5.53	5	1 513.92	158.95	202.37	361.32
2007	ASAFZ01BOO_01	大豆	中黄13	鼓粒期	1	12.0	68.0	5.87	5	2 197.68	212.93	214.20	491.28
2007	ASAFZ01BOO_01	大豆	中黄13	鼓粒期	2	12.0	65.9	7.24	5	2 938.08	269.23	264.29	661.75
2007	ASAFZ01BOO_01	大豆	中黄13	鼓粒期	3	12.0	68.5	6.60	5	2 464.32	231.41	240.98	558.24
2007	ASAFZ01BOO_01	大豆	中黄13	鼓粒期	4	12.0	66.9	7.13	5	2 613.84	238.32	260.40	624.79
2007	ASAFZ01BOO_01	大豆	中黄13	成熟期	1	12.0	63.0		6	725.80	111.00	104.00	498.60
2007	ASAFZ01BOO_01	大豆	中黄13	成熟期	2	12.0	55.9		6	672.40	87.00	122.80	446.80
2007	ASAFZ01BOO_01	大豆	中黄13	成熟期	3	12.0	60.0		6	723.80	136.00	110.20	588.20
2007	ASAFZ01BOO_01	大豆	中黄13	成熟期	4	12.0	61.0		6	647.80	98.40	95.00	407.60
2005	ASAFZ02BOO_01	玉米	沈单10号	五叶期	1	5.0	28.0	0.07	10	52.70	0.00	9.50	9.50

（续）

年份	样地代码	作物名称	作物品种	作物生育期	样方号	密度（株/m²）	群体高度（cm）	叶面积指数	调查株（穴）数	地上部总鲜重（g/m²）	茎干重（g/m²）	叶干重（g/m²）	地上部总干重（g/m²）
2005	ASAFZ02BOO_01	玉米	沈单10号	五叶期	2	5.0	27.6	0.07	10	55.00	0.00	10.20	10.20
2005	ASAFZ02BOO_01	玉米	沈单10号	五叶期	3	5.0	28.9	0.07	10	46.70	0.00	8.30	8.30
2005	ASAFZ02BOO_01	玉米	沈单10号	五叶期	4	5.1	31.6	0.08	10	45.00	0.00	8.20	8.20
2005	ASAFZ02BOO_01	玉米	沈单10号	拔节期	1	5.1	108.5	0.75	10	930.70	0.00	124.70	124.70
2005	ASAFZ02BOO_01	玉米	沈单10号	拔节期	2	5.0	105.3	0.78	10	822.50	0.00	109.00	109.00
2005	ASAFZ02BOO_01	玉米	沈单10号	拔节期	3	5.0	102.8	0.76	10	799.50	0.00	105.10	105.10
2005	ASAFZ02BOO_01	玉米	沈单10号	拔节期	4	5.0	101.8	0.71	10	645.50	0.00	81.50	81.50
2005	ASAFZ02BOO_01	玉米	沈单10号	抽雄期	1	5.0	238.6	3.89	10	4 661.17	479.83	230.50	710.33
2005	ASAFZ02BOO_01	玉米	沈单10号	抽雄期	2	5.0	229.7	3.74	10	4 577.33	465.50	226.83	692.33
2005	ASAFZ02BOO_01	玉米	沈单10号	抽雄期	3	5.0	227.9	3.97	10	5 095.17	465.67	236.83	702.50
2005	ASAFZ02BOO_01	玉米	沈单10号	抽雄期	4	5.0	230.5	3.87	10	4 744.50	470.30	233.70	701.70
2005	ASAFZ02BOO_01	玉米	沈单10号	成熟期	1	5.0	232.7	3.47	10	6 646.50	355.20	261.70	2 615.20
2005	ASAFZ02BOO_01	玉米	沈单10号	成熟期	2	5.0	229.6	3.74	10	6 749.20	337.50	239.70	2 668.20
2005	ASAFZ02BOO_01	玉米	沈单10号	成熟期	3	5.0	229.4	3.97	10	5 683.30	294.50	230.50	2 227.50
2005	ASAFZ02BOO_01	玉米	沈单10号	成熟期	4	5.0	234.2	4.20	10	5 722.70	301.00	217.00	2 385.70
2006	ASAFZ02BOO_01	玉米	沈玉17号	五叶期	1	4.5	42.5	0.16	10	227.41		44.29	44.29
2006	ASAFZ02BOO_01	玉米	沈玉17号	五叶期	2	4.5	36.3	0.13	10	294.30		66.78	66.78
2006	ASAFZ02BOO_01	玉米	沈玉17号	五叶期	3	4.5	33.7	0.13	10	334.05		58.82	58.82
2006	ASAFZ02BOO_01	玉米	沈玉17号	五叶期	4	4.5	52.1	0.24	10	306.52		52.43	52.43
2006	ASAFZ02BOO_01	玉米	沈玉17号	拔节期	1	4.5	95.6	1.45	10	812.55	9.90	95.70	105.60
2006	ASAFZ02BOO_01	玉米	沈玉17号	拔节期	2	4.5	79.5	1.15	10	841.35	10.50	102.00	112.50
2006	ASAFZ02BOO_01	玉米	沈玉17号	拔节期	3	4.5	81.8	1.14	10	657.30	8.40	87.00	95.40
2006	ASAFZ02BOO_01	玉米	沈玉17号	拔节期	4	4.5	75.3	1.19	10	673.95	6.00	75.75	81.75
2006	ASAFZ02BOO_01	玉米	沈玉17号	抽雄期	1	4.5	266.5	3.59	10	4 864.80	535.40	283.50	818.90
2006	ASAFZ02BOO_01	玉米	沈玉17号	抽雄期	2	4.5	242.3	3.44	10	4 197.45	436.50	250.65	687.15
2006	ASAFZ02BOO_01	玉米	沈玉17号	抽雄期	3	4.5	257.2	3.65	10	4 033.95	408.00	249.60	657.60
2006	ASAFZ02BOO_01	玉米	沈玉17号	抽雄期	4	4.5	246.0	3.55	10	4 240.65	439.65	251.85	691.50
2006	ASAFZ02BOO_01	玉米	沈玉17号	成熟期	1	4.5	281.5	3.67	10	4 802.40	432.90	261.30	1 718.10
2006	ASAFZ02BOO_01	玉米	沈玉17号	成熟期	2	4.5	280.8	3.87	10	4 369.20	380.25	236.85	1 584.90
2006	ASAFZ02BOO_01	玉米	沈玉17号	成熟期	3	4.5	279.5	3.83	10	4 080.15	353.70	199.65	1 472.25
2006	ASAFZ02BOO_01	玉米	沈玉17号	成熟期	4	4.5	262.2	3.32	10	3 976.35	375.15	219.90	1 417.35
2007	ASAFZ02BOO_01	大豆	中黄13	苗期	1	12.0	11.0	0.15	10	43.26	2.33	7.58	9.91
2007	ASAFZ02BOO_01	大豆	中黄13	苗期	2	12.0	13.0	0.16	10	46.99	2.65	8.23	10.88
2007	ASAFZ02BOO_01	大豆	中黄13	苗期	3	12.0	12.0	0.15	10	45.29	2.69	7.67	10.36
2007	ASAFZ02BOO_01	大豆	中黄13	苗期	4	12.0	13.0	0.16	10	51.50	3.07	8.39	11.46
2007	ASAFZ02BOO_01	大豆	中黄13	开花期	1	12.0	54.0	4.45	5	1 523.28	154.42	199.46	353.88
2007	ASAFZ02BOO_01	大豆	中黄13	开花期	2	12.0	50.0	4.30	5	756.96	159.36	193.54	352.90
2007	ASAFZ02BOO_01	大豆	中黄13	开花期	3	12.0	53.0	3.40	5	1 118.16	115.13	151.94	267.07
2007	ASAFZ02BOO_01	大豆	中黄13	开花期	4	12.0	53.0	3.80	5	1 338.00	163.39	169.20	332.59
2007	ASAFZ02BOO_01	大豆	中黄13	结荚期	1	12.0	57.0	6.20	5	2 167.44	233.57	254.47	488.04
2007	ASAFZ02BOO_01	大豆	中黄13	结荚期	2	12.0	53.0	4.80	5	1 496.40	158.35	197.40	355.75
2007	ASAFZ02BOO_01	大豆	中黄13	结荚期	3	12.0	56.0	5.70	5	1 866.48	202.20	235.01	437.21
2007	ASAFZ02BOO_01	大豆	中黄13	结荚期	4	12.0	54.0	3.90	5	1 282.08	146.66	159.31	305.98
2007	ASAFZ02BOO_01	大豆	中黄13	鼓粒期	1	12.0	63.0	6.00	5	2 164.56	204.10	226.27	503.86
2007	ASAFZ02BOO_01	大豆	中黄13	鼓粒期	2	12.0	62.0	5.90	5	2 196.00	213.91	221.98	498.02
2007	ASAFZ02BOO_01	大豆	中黄13	鼓粒期	3	12.0	66.0	5.60	5	2 112.72	205.08	210.26	515.54
2007	ASAFZ02BOO_01	大豆	中黄13	鼓粒期	4	12.0	66.0	4.70	5	1 744.80	171.67	175.27	410.59

（续）

年份	样地代码	作物名称	作物品种	作物生育期	样方号	密度（株/m²）	群体高度（cm）	叶面积指数	调查株（穴）数	地上部总鲜重（g/m²）	茎干重（g/m²）	叶干重（g/m²）	地上部总干重（g/m²）
2007	ASAFZ02BOO _ 01	大豆	中黄 13	成熟期	1	12.0	59.0		6	941.60	121.20	101.20	477.60
2007	ASAFZ02BOO _ 01	大豆	中黄 13	成熟期	2	12.0	58.0		6	821.60	99.60	94.00	441.80
2007	ASAFZ02BOO _ 01	大豆	中黄 13	成熟期	3	12.0	55.0		6	816.00	112.80	91.80	468.60
2007	ASAFZ02BOO _ 01	大豆	中黄 13	成熟期	4	12.0	55.0		6	997.40	91.00	130.40	495.60
2004	ASAFZ03ABC _ 01	大豆	晋遗 19	结荚期	3	7.0	46.0	3.00	10	775.60	205.10	101.56	306.66
2004	ASAFZ03ABC _ 01	大豆	晋遗 19	结荚期	11	7.0	47.1	2.90	10	788.40	207.80	101.34	309.14
2004	ASAFZ03ABC _ 01	大豆	晋遗 19	结荚期	13	7.0	48.3	3.40	10	779.89	206.56	100.78	307.34
2004	ASAFZ03ABC _ 01	大豆	晋遗 19	结荚期	5	7.0	47.8	3.20	10	792.80	207.20	102.00	309.20
2005	ASAFZ03ABC _ 01	谷子	晋谷 7 号	拔节期	1	17.0	53.7	0.42	20	344.80	0.00	54.80	54.80
2005	ASAFZ03ABC _ 01	谷子	晋谷 7 号	拔节期	2	16.9	51.7	0.42	20	322.00	0.00	56.80	56.80
2005	ASAFZ03ABC _ 01	谷子	晋谷 7 号	拔节期	3	17.2	52.0	0.40	20	353.00	0.00	60.30	60.30
2005	ASAFZ03ABC _ 01	谷子	晋谷 7 号	拔节期	4	17.0	52.5	0.41	20	340.00	0.00	57.30	57.30
2005	ASAFZ03ABC _ 01	谷子	晋谷 7 号	抽穗期	1	16.7	117.6	2.16	20	1 589.40	155.00	108.90	355.80
2005	ASAFZ03ABC _ 01	谷子	晋谷 7 号	抽穗期	2	16.7	119.8	2.31	20	1 594.20	153.00	112.20	358.00
2005	ASAFZ03ABC _ 01	谷子	晋谷 7 号	抽穗期	3	16.5	121.8	2.38	20	2 578.00	250.60	168.70	569.80
2005	ASAFZ03ABC _ 01	谷子	晋谷 7 号	抽穗期	4	16.4	117.2	2.82	20	2 007.00	192.90	136.50	447.60
2005	ASAFZ03ABC _ 01	谷子	晋谷 7 号	成熟期	1	16.0	123.4	1.96	20	2 126.40	249.40	114.20	934.90
2005	ASAFZ03ABC _ 01	谷了	晋谷 7 号	成熟期	2	16.7	122.2	1.79	20	1 868.73	213.90	104.20	820.50
2005	ASAFZ03ABC _ 01	谷子	晋谷 7 号	成熟期	3	16.0	119.2	2.07	20	2 543.36	254.70	126.10	1 052.30
2005	ASAFZ03ABC _ 01	谷子	晋谷 7 号	成熟期	4	16.7	120.1	2.23	20	2 327.14	261.90	136.40	973.60
2006	ASAFZ03ABC _ 01	大豆	晋豆 20 号	苗期	3	16.0	12.6	0.14	10	41.01	1.84	5.73	7.57
2006	ASAFZ03ABC _ 01	大豆	晋豆 20 号	苗期	4	16.0	13.5	0.11	10	33.62	1.63	4.64	6.27
2006	ASAFZ03ABC _ 01	大豆	晋豆 20 号	苗期	6	16.0	14.3	0.11	10	32.88	1.82	4.72	6.54
2006	ASAFZ03ABC _ 01	大豆	晋豆 20 号	苗期	11	16.0	13.8	0.16	10	48.35	2.11	6.82	8.93
2006	ASAFZ03ABC _ 01	大豆	晋豆 20 号	苗期	13	16.0	13.9	0.13	10	41.17	1.86	5.39	7.25
2006	ASAFZ03ABC _ 01	大豆	晋豆 20 号	苗期	14	16.0	14.0	0.14	10	40.83	1.90	5.63	7.54
2006	ASAFZ03ABC _ 01	大豆	晋豆 20 号	开花期	3	15.0	41.6	2.56	10	747.75	61.92	78.24	140.16
2006	ASAFZ03ABC _ 01	大豆	晋豆 20 号	开花期	4	15.0	39.1	2.85	10	772.05	63.95	92.90	147.05
2006	ASAFZ03ABC _ 01	大豆	晋豆 20 号	开花期	6	15.0	38.7	2.01	10	581.25	54.13	65.54	112.19
2006	ASAFZ03ABC _ 01	大豆	晋豆 20 号	开花期	11	15.0	35.1	2.63	10	800.85	72.40	85.63	148.16
2006	ASAFZ03ABC _ 01	大豆	晋豆 20 号	开花期	13	15.0	44.3	2.52	10	726.30	67.79	82.08	140.51
2006	ASAFZ03ABC _ 01	大豆	晋豆 20 号	开花期	14	15.0	45.6	2.67	10	775.65	73.79	87.06	150.80
2006	ASAFZ03ABC _ 01	大豆	晋豆 20 号	结荚期	3	15.0	61.2	2.84	10	1 053.45	97.20	86.70	183.90
2006	ASAFZ03ABC _ 01	大豆	晋豆 20 号	结荚期	4	15.0	61.0	3.21	10	1 217.85	119.98	104.75	224.74
2006	ASAFZ03ABC _ 01	大豆	晋豆 20 号	结荚期	6	15.0	61.0	2.89	10	1 110.90	107.28	94.08	201.36
2006	ASAFZ03ABC _ 01	大豆	晋豆 20 号	结荚期	11	15.0	58.9	3.54	10	1 311.00	135.38	115.39	250.77
2006	ASAFZ03ABC _ 01	大豆	晋豆 20 号	结荚期	13	15.0	61.0	3.52	10	1 286.25	130.58	114.86	245.44
2006	ASAFZ03ABC _ 01	大豆	晋豆 20 号	结荚期	14	15.0	63.6	4.00	10	1 518.15	151.94	130.58	282.51
2006	ASAFZ03ABC _ 01	大豆	晋豆 20 号	鼓粒期	3	15.0	84.8	3.80	10	2 261.55	212.10	165.45	487.35
2006	ASAFZ03ABC _ 01	大豆	晋豆 20 号	鼓粒期	4	15.0	80.0	3.60	10	2 311.80	208.35	156.60	482.70
2006	ASAFZ03ABC _ 01	大豆	晋豆 20 号	鼓粒期	6	15.0	81.1	3.94	10	2 404.80	221.70	171.60	511.95
2006	ASAFZ03ABC _ 01	大豆	晋豆 20 号	鼓粒期	11	15.0	86.2	3.93	10	2 418.90	217.95	171.00	504.90
2006	ASAFZ03ABC _ 01	大豆	晋豆 20 号	鼓粒期	13	15.0	87.5	4.16	10	2 695.80	250.50	181.05	569.55
2006	ASAFZ03ABC _ 01	大豆	晋豆 20 号	鼓粒期	14	15.0	85.7	4.79	10	2 828.25	280.50	208.50	579.30
2006	ASAFZ03ABC _ 01	大豆	晋豆 20 号	成熟期	3	15.0	60.8	2.40	10	1 210.06	175.38	80.00	695.13
2006	ASAFZ03ABC _ 01	大豆	晋豆 20 号	成熟期	4	15.0	73.7	2.59	10	1 219.11	203.75	86.25	751.88
2006	ASAFZ03ABC _ 01	大豆	晋豆 20 号	成熟期	6	15.0	71.7	3.05	10	1 164.18	169.25	101.75	733.13

（续）

年份	样地代码	作物名称	作物品种	作物生育期	样方号	密度（株/m²）	群体高度（cm）	叶面积指数	调查株（穴）数	地上部总鲜重（g/m²）	茎干重（g/m²）	叶干重（g/m²）	地上部总干重（g/m²）
2006	ASAFZ03ABC_01	大豆	晋豆 20 号	成熟期	11	15.0	64.5	2.33	10	1 182.61	165.38	77.75	673.13
2006	ASAFZ03ABC_01	大豆	晋豆 20 号	成熟期	13	15.0	73.8	3.72	10	1 571.25	202.63	124.13	870.13
2006	ASAFZ03ABC_01	大豆	晋豆 20 号	成熟期	14	15.0	72.1	3.93	10	1 111.35	157.50	131.25	664.00
2007	ASAFZ03ABC_01	谷子	沁洲黄	拔节期	1	15.0	55.0	0.70	10	544.95	53.57	48.02	101.58
2007	ASAFZ03ABC_01	谷子	沁洲黄	拔节期	5	15.0	58.0	0.90	10	601.20	54.03	48.95	102.98
2007	ASAFZ03ABC_01	谷子	沁洲黄	拔节期	7	15.0	59.0	0.80	10	739.20	71.30	60.09	131.39
2007	ASAFZ03ABC_01	谷子	沁洲黄	拔节期	10	15.0	58.0	0.80	10	562.20	46.14	44.61	90.75
2007	ASAFZ03ABC_01	谷子	沁洲黄	拔节期	12	15.0	52.0	0.80	10	613.80	53.91	50.28	104.19
2007	ASAFZ03ABC_01	谷子	沁洲黄	拔节期	16	15.0	65.0	1.10	10	620.40	55.80	52.25	108.05
2007	ASAFZ03ABC_01	谷子	沁洲黄	抽穗期	1	15.0	121.0	2.50	10	1 648.65	277.43	139.95	417.38
2007	ASAFZ03ABC_01	谷子	沁洲黄	抽穗期	5	15.0	117.0	2.20	10	1 962.15	321.89	169.76	491.64
2007	ASAFZ03ABC_01	谷子	沁洲黄	抽穗期	7	15.0	124.0	2.20	10	1 590.15	262.65	140.97	403.62
2007	ASAFZ03ABC_01	谷子	沁洲黄	抽穗期	10	15.0	114.0	2.60	10				
2007	ASAFZ03ABC_01	谷子	沁洲黄	抽穗期	12	15.0	118.0	2.30	10				
2007	ASAFZ03ABC_01	谷子	沁洲黄	抽穗期	16	15.0	117.0	2.40	10				
2007	ASAFZ03ABC_01	谷子	沁洲黄	成熟期	1	15.0	119.0	1.00	10	2 713.35	373.50	137.70	1 154.10
2007	ASAFZ03ABC_01	谷子	沁洲黄	成熟期	5	15.0	119.0	1.20	10	2 329.80	316.50	117.60	976.80
2007	ASAFZ03ABC_01	谷子	沁洲黄	成熟期	7	15.0	121.0	1.10	10	2 302.80	324.60	123.30	957.30
2007	ASAFZ03ABC_01	谷子	沁洲黄	成熟期	10	15.0	114.0	1.30	10	2 253.00	297.90	116.10	916.05
2007	ASAFZ03ABC_01	谷子	沁洲黄	成熟期	12	15.0	116.0	1.50	10	2 453.10	333.00	118.35	1 031.70
2007	ASAFZ03ABC_01	谷子	沁洲黄	成熟期	16	15.0	111.0	0.90	10	2 116.50	285.90	98.55	922.35
2003	ASAFZ04ABC_01	玉米	沈单 10 号	散粉期	10	5.0	199.0	4.30	5	3 011.00	399.66	193.72	1 851.15
2003	ASAFZ04ABC_01	玉米	沈单 10 号	散粉期	11	5.0	206.4	4.50	5	3552.00	453.70	223.46	2 158.16
2003	ASAFZ04ABC_01	玉米	沈单 10 号	散粉期	12	5.0	187.0	4.20	5	3 480.00	530.57	167.33	2 108.64
2003	ASAFZ04ABC_01	玉米	沈单 10 号	散粉期	13	5.0	176.6	3.90	5	2 597.00	279.97	150.75	1 536.95
2003	ASAFZ04ABC_01	玉米	沈单 10 号	散粉期	14	5.0	170.0	3.80	5	1 625.00	202.47	109.02	922.17
2003	ASAFZ04ABC_01	玉米	沈单 10 号	散粉期	15	5.0	174.4	3.90	5	1 881.00	281.85	151.76	1 092.46
2003	ASAFZ04ABC_01	玉米	沈单 10 号	散粉期	16	5.0	178.0	4.00	5	2 825.00	380.41	204.84	1 680.75
2003	ASAFZ04ABC_01	玉米	沈单 10 号	散粉期	17	5.0	171.4	4.10	5	2 148.00	241.51	130.05	1 268.99
2004	ASAZH01ABC_01	大豆	晋遗 19	结荚期	8	9.0	48.3	3.80	10	707.00	172.80	110.00	282.80
2004	ASAZH01ABC_01	大豆	晋遗 19	结荚期	2	9.0	47.6	3.60	10	703.00	168.30	107.20	275.50
2004	ASAZH01ABC_01	大豆	晋遗 19	结荚期	14	9.0	48.0	3.81	10	707.11	173.50	109.86	283.36
2004	ASAZH01ABC_01	大豆	晋遗 19	结荚期	12	9.0	47.1	3.78	10	708.00	172.90	112.00	284.90
2005	ASAZH01ABC_01	玉米	沈单 10 号	五叶期	2	5.0	27.8	0.08	10	52.60	0.00	9.40	9.40
2005	ASAZH01ABC_01	玉米	沈单 10 号	五叶期	4	5.0	25.4	0.06	10	67.70	0.00	11.20	11.20
2005	ASAZH01ABC_01	玉米	沈单 10 号	五叶期	6	5.1	32.2	0.07	10	84.80	0.00	14.80	14.80
2005	ASAZH01ABC_01	玉米	沈单 10 号	五叶期	11	5.0	32.0	0.07	10	46.60	0.00	8.40	8.40
2005	ASAZH01ABC_01	玉米	沈单 10 号	五叶期	13	5.0	31.0	0.09	10	32.40	0.00	5.90	5.90
2005	ASAZH01ABC_01	玉米	沈单 10 号	五叶期	15	5.0	33.2	0.08	10	85.30	0.00	13.10	13.10
2005	ASAZH01ABC_01	玉米	沈单 10 号	拔节期	2	5.0	108.0	0.74	10	827.80	0.00	111.50	111.50
2005	ASAZH01ABC_01	玉米	沈单 10 号	拔节期	4	5.0	104.4	0.74	10	596.80	0.00	75.00	75.00
2005	ASAZH01ABC_01	玉米	沈单 10 号	拔节期	6	5.1	112.0	0.71	10	1 223.80	0.00	156.50	156.50
2005	ASAZH01ABC_01	玉米	沈单 10 号	拔节期	11	5.0	102.2	0.74	10	925.50	0.00	128.70	128.70
2005	ASAZH01ABC_01	玉米	沈单 10 号	拔节期	13	5.0	107.2	0.62	10	999.80	0.00	135.80	135.80
2005	ASAZH01ABC_01	玉米	沈单 10 号	拔节期	15	5.0	104.5	0.72	10	980.00	0.00	133.20	133.20
2005	ASAZH01ABC_01	玉米	沈单 10 号	抽雄期	2	5.0	241.8	3.91	10	5 386.30	534.20	277.70	811.80
2005	ASAZH01ABC_01	玉米	沈单 10 号	抽雄期	4	5.0	237.4	3.76	10	5 051.17	471.33	246.17	717.50

（续）

年份	样地代码	作物名称	作物品种	作物生育期	样方号	密度（株/m²）	群体高度（cm）	叶面积指数	调查株（穴）数	地上部总鲜重（g/m²）	茎干重（g/m²）	叶干重（g/m²）	地上部总干重（g/m²）
2005	ASAZH01ABC_01	玉米	沈单10号	抽雄期	6	5.1	231.5	3.75	10	5 218.83	502.83	261.92	764.75
2005	ASAZH01ABC_01	玉米	沈单10号	抽雄期	11	5.0	237.1	3.92	10	4 323.67	413.00	236.17	649.17
2005	ASAZH01ABC_01	玉米	沈单10号	抽雄期	13	5.0	236.2	3.71	10	4 490.17	446.67	249.33	696.00
2005	ASAZH01ABC_01	玉米	沈单10号	抽雄期	15	5.0	241.0	3.77	10	4 157.17	379.33	223.00	602.30
2005	ASAZH01ABC_01	玉米	沈单10号	成熟期	2	5.1	237.3	4.52	10	6 613.80	394.80	302.20	2 817.00
2005	ASAZH01ABC_01	玉米	沈单10号	成熟期	4	5.0	248.0	4.60	10	6 531.20	433.00	287.80	2 901.20
2005	ASAZH01ABC_01	玉米	沈单10号	成熟期	6	5.0	245.9	4.26	10	5 718.80	342.20	259.70	2 406.50
2005	ASAZH01ABC_01	玉米	沈单10号	成熟期	11	5.0	236.3	4.12	10	5 962.30	334.20	267.80	2 399.70
2005	ASAZH01ABC_01	玉米	沈单10号	成熟期	13	5.0	228.9	4.13	10	6 001.70	384.80	263.20	2 544.30
2005	ASAZH01ABC_01	玉米	沈单10号	成熟期	15	4.9	228.7	3.88	10	5 822.80	350.20	258.00	2 501.30
2006	ASAZH01ABC_01	玉米	沈玉17号	五叶期	3	4.5	39.0	0.13	10	206.87		34.08	34.08
2006	ASAZH01ABC_01	玉米	沈玉17号	五叶期	5	4.5	38.2	0.12	10	221.80		35.80	35.80
2006	ASAZH01ABC_01	玉米	沈玉17号	五叶期	7	4.5	38.8	0.12	10	354.40		48.50	48.50
2006	ASAZH01ABC_01	玉米	沈玉17号	五叶期	10	4.5	40.8	0.14	10	324.70		51.10	51.10
2006	ASAZH01ABC_01	玉米	沈玉17号	五叶期	12	4.5	47.1	0.15	10	230.90		40.14	40.14
2006	ASAZH01ABC_01	玉米	沈玉17号	五叶期	14	4.5	34.1	0.09	10	354.85		48.33	48.33
2006	ASAZH01ABC_01	玉米	沈玉17号	拔节期	3	4.5	88.9	1.23	10	874.35	11.70	112.95	124.65
2006	ASAZH01ABC_01	玉米	沈玉17号	拔节期	5	4.5	87.4	1.37	10	690.75	9.50	101.70	111.15
2006	ASAZH01ABC_01	玉米	沈玉17号	拔节期	7	4.5	90.7	1.47	10	789.75	9.20	101.55	110.70
2006	ASAZH01ABC_01	玉米	沈玉17号	拔节期	10	4.5	84.3	1.07	10	1 010.70	18.50	116.10	134.60
2006	ASAZH01ABC_01	玉米	沈玉17号	拔节期	12	4.5	86.0	1.14	10	777.90	10.20	106.20	116.40
2006	ASAZH01ABC_01	玉米	沈玉17号	拔节期	14	4.5	90.9	1.43	10	812.70	12.90	105.30	118.20
2006	ASAZH01ABC_01	玉米	沈玉17号	抽雄期	3	4.5	275.1	4.14	10	4 800.00	509.10	281.85	790.95
2006	ASAZH01ABC_01	玉米	沈玉17号	抽雄期	5	4.5	253.2	3.65	10	4 364.40	471.15	259.05	730.20
2006	ASAZH01ABC_01	玉米	沈玉17号	抽雄期	7	4.5	268.7	3.89	10	4 129.05	461.40	257.25	718.65
2006	ASAZH01ABC_01	玉米	沈玉17号	抽雄期	10	4.5	274.6	3.62	10	4 725.30	477.00	265.80	742.80
2006	ASAZH01ABC_01	玉米	沈玉17号	抽雄期	12	4.5	260.3	3.41	10	3 805.95	406.65	235.20	641.85
2006	ASAZH01ABC_01	玉米	沈玉17号	抽雄期	14	4.5	257.5	3.52	10	3 606.00	390.60	221.55	612.15
2006	ASAZH01ABC_01	玉米	沈玉17号	成熟期	3	4.5	290.6	3.82	10	4 237.05	360.75	240.20	1 705.20
2006	ASAZH01ABC_01	玉米	沈玉17号	成熟期	5	4.5	280.5	3.10	10	3 960.15	374.85	215.25	1 502.10
2006	ASAZH01ABC_01	玉米	沈玉17号	成熟期	7	4.5	283.8	3.76	10	4 402.65	353.10	232.05	1 597.65
2006	ASAZH01ABC_01	玉米	沈玉17号	成熟期	10	4.5	276.8	3.56	10	4 335.45	360.00	232.80	1 717.50
2006	ASAZH01ABC_01	玉米	沈玉17号	成熟期	12	4.5	274.5	3.33	10	4 082.70	390.00	209.25	1 605.75
2006	ASAZH01ABC_01	玉米	沈玉17号	成熟期	14	4.5	283.8	3.28	10	4 014.90	346.80	210.30	1 567.50
2007	ASAZH01ABC_01	大豆	中黄13	苗期	1	12.0	12.8	0.17	10	44.78	2.63	7.90	10.52
2007	ASAZH01ABC_01	大豆	中黄13	苗期	3	12.0	12.1	0.17	10	45.14	2.64	7.78	10.42
2007	ASAZH01ABC_01	大豆	中黄13	苗期	7	12.0	13.5	0.17	10	43.78	2.56	7.64	10.20
2007	ASAZH01ABC_01	大豆	中黄13	苗期	9	12.0	14.1	0.17	10	46.42	2.70	7.62	10.32
2007	ASAZH01ABC_01	大豆	中黄13	苗期	13	12.0	14.0	0.16	10	37.94	2.76	7.08	9.84
2007	ASAZH01ABC_01	大豆	中黄13	苗期	16	12.0	13.5	0.16	10	44.64	2.78	7.22	10.01
2007	ASAZH01ABC_01	大豆	中黄13	开花期	1	12.0	48.3	4.20	5	1 414.08	149.18	176.64	325.82
2007	ASAZH01ABC_01	大豆	中黄13	开花期	3	12.0	52.4	3.96	5	1 428.00	141.46	166.56	308.02
2007	ASAZH01ABC_01	大豆	中黄13	开花期	7	12.0	53.0	3.96	5	1 362.24	156.96	166.80	323.76
2007	ASAZH01ABC_01	大豆	中黄13	开花期	9	12.0	50.5	3.81	5	1 235.28	141.55	160.10	301.66
2007	ASAZH01ABC_01	大豆	中黄13	开花期	13	12.0	48.8	3.59	5	1 069.44	125.04	150.96	276.00
2007	ASAZH01ABC_01	大豆	中黄13	开花期	16	12.0	54.9	4.29	5	1 423.20	168.79	180.55	349.34
2007	ASAZH01ABC_01	大豆	中黄13	结荚期	1	12.0	56.1	6.79	5	2 326.80	322.46	299.98	622.44

（续）

年份	样地代码	作物名称	作物品种	作物生育期	样方号	密度（株/m²）	群体高度（cm）	叶面积指数	调查株（穴）数	地上部总鲜重（g/m²）	茎干重（g/m²）	叶干重（g/m²）	地上部总干重（g/m²）
2007	ASAZH01ABC_01	大豆	中黄 13	结荚期	3	12.0	60.5	7.24	5	2 813.52	214.03	319.51	533.54
2007	ASAZH01ABC_01	大豆	中黄 13	结荚期	7	12.0	58.9	5.13	5	1 883.76	213.17	226.34	439.51
2007	ASAZH01ABC_01	大豆	中黄 13	结荚期	9	12.0	57.6	5.20	5	1 775.76	192.77	229.66	422.42
2007	ASAZH01ABC_01	大豆	中黄 13	结荚期	13	12.0	59.2	4.64	5	1 505.28	169.78	204.67	374.45
2007	ASAZH01ABC_01	大豆	中黄 13	结荚期	16	12.0	60.8	4.67	5	1 644.24	180.94	206.21	387.14
2007	ASAZH01ABC_01	大豆	中黄 13	鼓粒期	1	12.0	66.2	6.84	5	2 801.76	255.53	270.46	625.01
2007	ASAZH01ABC_01	大豆	中黄 13	鼓粒期	3	12.0	70.4	9.34	5	3 910.56	373.30	369.38	856.18
2007	ASAZH01ABC_01	大豆	中黄 13	鼓粒期	7	12.0	69.0	7.67	5	3 227.28	300.46	303.62	720.50
2007	ASAZH01ABC_01	大豆	中黄 13	鼓粒期	9	12.0	64.5	6.59	5	2 517.84	239.95	260.54	587.06
2007	ASAZH01ABC_01	大豆	中黄 13	鼓粒期	13	12.0	63.6	4.71	5	1 947.84	170.06	186.22	457.30
2007	ASAZH01ABC_01	大豆	中黄 13	鼓粒期	16	12.0	66.1	4.82	5	2 202.24	193.82	190.82	508.22
2007	ASAZH01ABC_01	大豆	中黄 13	成熟期	1	12.0	55.2		6	821.60	112.60	122.00	536.80
2007	ASAZH01ABC_01	大豆	中黄 13	成熟期	3	12.0	60.3		6	1 120.60	133.40	138.20	665.20
2007	ASAZH01ABC_01	大豆	中黄 13	成熟期	7	12.0	59.8		6	846.80	131.00	100.00	539.80
2007	ASAZH01ABC_01	大豆	中黄 13	成熟期	9	12.0	56.5		6	629.00	108.60	103.80	398.40
2007	ASAZH01ABC_01	大豆	中黄 13	成熟期	13	12.0	50.3		6	584.40	76.00	77.40	357.20
2007	ASAZH01ABC_01	大豆	中黄 13	成熟期	16	12.0	58.2		6	923.40	131.20	140.60	586.00

4.1.8 耕作层作物根系生物量

表 4-8 耕作层作物根系生物量

年份	样地代码	作物名称	作物品种	作物物候期	样方号	样方面积（cm×cm）	耕作层深度（cm）	根干重（g/m²）	约占总根干重比例（%）
2005	ASAFZ01BOO_01	玉米	沈单 10 号	抽雄期	1	40×50	0～30	249.00	86.5
2005	ASAFZ01BOO_01	玉米	沈单 10 号	抽雄期	2	40×50	0～30	170.50	86.5
2005	ASAFZ01BOO_01	玉米	沈单 10 号	抽雄期	3	40×50	0～30	177.00	86.5
2005	ASAFZ01BOO_01	玉米	沈单 10 号	收获期	1	40×50	0～30	158.05	90.6
2005	ASAFZ01BOO_01	玉米	沈单 10 号	收获期	2	40×50	0～30	216.10	91.9
2005	ASAFZ01BOO_01	玉米	沈单 10 号	收获期	3	40×50	0～30	116.85	88.8
2006	ASAFZ01BOO_01	玉米	沈玉 17 号	抽雄期	1	40×40	0～30	348.88	88.2
2006	ASAFZ01BOO_01	玉米	沈玉 17 号	抽雄期	2	40×40	0～30	294.00	87.5
2006	ASAFZ01BOO_01	玉米	沈玉 17 号	抽雄期	3	40×40	0～30	197.88	87.1
2006	ASAFZ01BOO_01	玉米	沈玉 17 号	抽雄期	4	40×40	0～30	277.44	87.8
2006	ASAFZ01BOO_01	玉米	沈玉 17 号	收获期	1	40×40	0～30	170.50	89.6
2006	ASAFZ01BOO_01	玉米	沈玉 17 号	收获期	2	40×50	0～30	113.00	90.1
2006	ASAFZ01BOO_01	玉米	沈玉 17 号	收获期	3	40×50	0～30	79.00	89.3
2006	ASAFZ01BOO_01	玉米	沈玉 17 号	收获期	4	40×50	0～30	73.50	90.6
2007	ASAFZ01BOO_01	大豆	中黄 13	结荚期	1	40×50	0～30	59.65	94.7
2007	ASAFZ01BOO_01	大豆	中黄 13	结荚期	2	40×50	0～30	60.60	95.5
2007	ASAFZ01BOO_01	大豆	中黄 13	结荚期	3	40×50	0～30	55.05	94.8
2007	ASAFZ01BOO_01	大豆	中黄 13	收获期	1	50×50	0～30	76.80	92.4
2007	ASAFZ01BOO_01	大豆	中黄 13	收获期	2	50×50	0～30	55.60	93.5
2007	ASAFZ01BOO_01	大豆	中黄 13	收获期	3	50×50	0～30	54.80	94.2
2007	ASAFZ01BOO_01	大豆	中黄 13	收获期	4	50×50	0～30	58.80	94.5

（续）

年份	样地代码	作物名称	作物品种	作物物候期	样方号	样方面积（cm×cm）	耕作层深度（cm）	根干重（g/m²）	约占总根干重比例（%）
2005	ASAFZ02BOO_01	玉米	沈单 10 号	抽雄期	1	40×50	0～30	268.00	88.5
2005	ASAFZ02BOO_01	玉米	沈单 10 号	抽雄期	2	40×50	0～30	290.50	88.5
2005	ASAFZ02BOO_01	玉米	沈单 10 号	抽雄期	3	40×50	0～30	256.50	88.5
2005	ASAFZ02BOO_01	玉米	沈单 10 号	收获期	1	40×50	0～30	219.90	90.8
2005	ASAFZ02BOO_01	玉米	沈单 10 号	收获期	2	40×50	0～30	114.35	84.2
2005	ASAFZ02BOO_01	玉米	沈单 10 号	收获期	3	40×50	0～30	87.50	85.4
2006	ASAFZ02BOO_01	玉米	沈玉 17 号	抽雄期	1	40×40	0～30	393.75	86.7
2006	ASAFZ02BOO_01	玉米	沈玉 17 号	抽雄期	2	40×40	0～30	403.75	88.2
2006	ASAFZ02BOO_01	玉米	沈玉 17 号	抽雄期	3	40×40	0～30	430.00	89.1
2006	ASAFZ02BOO_01	玉米	沈玉 17 号	抽雄期	4	40×40	0～30	421.25	88.5
2006	ASAFZ02BOO_01	玉米	沈玉 17 号	收获期	1	40×50	0～30	173.50	92.4
2006	ASAFZ02BOO_01	玉米	沈玉 17 号	收获期	2	40×50	0～30	156.50	91.8
2006	ASAFZ02BOO_01	玉米	沈玉 17 号	收获期	3	5×7	0～30	165.50	93.5
2006	ASAFZ02BOO_01	玉米	沈玉 17 号	收获期	4	5×7	0～30	168.00	94.2
2007	ASAFZ02BOO_01	大豆	中黄 13	结荚期	1	40×50	0～30	71.45	96.2
2007	ASAFZ02BOO_01	大豆	中黄 13	结荚期	2	40×50	0～30	55.70	94.6
2007	ASAFZ02BOO_01	大豆	中黄 13	结荚期	3	40×50	0～30	63.15	95.3
2007	ASAFZ02BOO_01	大豆	中黄 13	收获期	1	50×50	0～30	62.40	92.4
2007	ASAFZ02BOO_01	大豆	中黄 13	收获期	2	50×50	0～30	82.80	97.2
2007	ASAFZ02BOO_01	大豆	中黄 13	收获期	3	50×50	0～30	56.40	93.5
2007	ASAFZ02BOO_01	大豆	中黄 13	收获期	4	50×50	0～30	63.20	94.2
2004	ASAFZ03ABC_01	大豆	晋遗 19	收获期	1	10×10	0～20	25.50	95.0
2004	ASAFZ03ABC_01	大豆	晋遗 19	收获期	4	10×10	0～20	23.20	93.0
2004	ASAFZ03ABC_01	大豆	晋遗 19	收获期	6	10×10	0～20	23.70	92.5
2004	ASAFZ03ABC_01	大豆	晋遗 19	收获期	11	10×10	0～20	22.40	93.5
2004	ASAFZ03ABC_01	大豆	晋遗 19	收获期	13	10×10	0～20	24.10	94.5
2004	ASAFZ03ABC_01	大豆	晋遗 19	收获期	16	10×10	0～20	22.60	93.6
2005	ASAFZ03ABC_01	谷子	晋粉 7 号	抽穗期	1	5×7	0～30	1 012.85	95.7
2005	ASAFZ03ABC_01	谷子	晋粉 7 号	抽穗期	2	5×7	0～30	918.70	96.7
2005	ASAFZ03ABC_01	谷子	晋粉 7 号	抽穗期	3	5×7	0～30	793.16	94.2
2005	ASAFZ03ABC_01	谷子	晋粉 7 号	抽穗期	4	5×7	0～30	918.70	96.7
2005	ASAFZ03ABC_01	谷子	晋粉 7 号	收获期	1	100×40	0～30	55.43	94.70
2005	ASAFZ03ABC_01	谷子	晋粉 7 号	收获期	2	100×40	0～30	75.40	94.34
2005	ASAFZ03ABC_01	谷子	晋粉 7 号	收获期	3	100×40	0～30	65.68	94.29
2006	ASAFZ03ABC_01	大豆	晋豆 20	开花期	3	40×50	0～30	11.24	93.0
2006	ASAFZ03ABC_01	大豆	晋豆 20	开花期	4	40×50	0～30	9.18	99.5
2006	ASAFZ03ABC_01	大豆	晋豆 20	开花期	6	40×50	0～30	14.83	94.5
2006	ASAFZ03ABC_01	大豆	晋豆 20	开花期	11	40×50	0～30	14.79	97.2
2006	ASAFZ03ABC_01	大豆	晋豆 20	收获期	3	40×50	0～30	54.50	95.3
2006	ASAFZ03ABC_01	大豆	晋豆 20	收获期	4	40×50	0～30	67.50	96.6
2006	ASAFZ03ABC_01	大豆	晋豆 20	收获期	6	40×50	0～30	66.00	96.2
2006	ASAFZ03ABC_01	大豆	晋豆 20	收获期	11	40×50	0～30	86.50	97.3
2006	ASAFZ03ABC_01	大豆	晋豆 20	收获期	13	40×50	0～30	62.50	94.7
2006	ASAFZ03ABC_01	大豆	晋豆 20	收获期	14	40×50	0～30	54.50	93.5
2007	ASAFZ03ABC_01	谷子	沁洲黄	抽穗期	1	40×50	0～30	62.25	88.9

（续）

年份	样地代码	作物名称	作物品种	作物物候期	样方号	样方面积 (cm×cm)	耕作层深度 (cm)	根干重 (g/m^2)	约占总根干重比例（%）
2007	ASAFZ03ABC_01	谷子	沁洲黄	抽穗期	5	40×50	0～30	75.10	89.5
2007	ASAFZ03ABC_01	谷子	沁洲黄	抽穗期	7	40×50	0～30	64.15	89.1
2007	ASAFZ03ABC_01	谷子	沁洲黄	收获期	1	40×50	0～30	85.50	89.3
2007	ASAFZ03ABC_01	谷子	沁洲黄	收获期	5	40×50	0～30	72.00	88.2
2007	ASAFZ03ABC_01	谷子	沁洲黄	收获期	7	40×50	0～30	76.50	88.9
2004	ASAZH01ABC_01	大豆	晋遗 19	收获期	1	10×10	0～20	23.40	95.4
2004	ASAZH01ABC_01	大豆	晋遗 19	收获期	4	10×10	0～20	20.10	94.6
2004	ASAZH01ABC_01	大豆	晋遗 19	收获期	6	10×10	0～20	20.16	93.8
2004	ASAZH01ABC_01	大豆	晋遗 19	收获期	11	10×10	0～20	25.02	95.2
2004	ASAZH01ABC_01	大豆	晋遗 19	收获期	16	10×10	0～20	24.50	94.3
2005	ASAZH01ABC_01	玉米	沈单 10 号	抽雄期	2	40×50	0～30	280.50	86.2
2005	ASAZH01ABC_01	玉米	沈单 10 号	抽雄期	4	40×50	0～30	280.50	86.2
2005	ASAZH01ABC_01	玉米	沈单 10 号	抽雄期	6	40×50	0～30	280.50	86.2
2005	ASAZH01ABC_01	玉米	沈单 10 号	抽雄期	11	40×50	0～30	326.00	86.2
2005	ASAZH01ABC_01	玉米	沈单 10 号	抽雄期	13	40×50	0～30	365.50	86.2
2005	ASAZH01ABC_01	玉米	沈单 10 号	抽雄期	15	40×50	0～30	286.50	86.2
2005	ASAZH01ABC_01	玉米	沈单 10 号	收获期	2	40×50	0～30	189.40	95.7
2005	ASAZH01ABC_01	玉米	沈单 10 号	收获期	4	40×50	0～30	174.00	94.2
2005	ASAZH01ABC_01	玉米	沈单 10 号	收获期	6	40×50	0～30	71.85	86.2
2005	ASAZH01ABC_01	玉米	沈单 10 号	收获期	11	40×50	0～30	129.70	97.0
2005	ASAZH01ABC_01	玉米	沈单 10 号	收获期	13	40×50	0～30	108.95	93.0
2005	ASAZH01ABC_01	玉米	沈单 10 号	收获期	15	40×50	0～30	67.60	90.4
2006	ASAZH01ABC_01	玉米	沈玉 17 号	抽雄期	3	40×40	0～30	310.69	88.1
2006	ASAZH01ABC_01	玉米	沈玉 17 号	抽雄期	5	40×40	0～30	668.69	87.3
2006	ASAZH01ABC_01	玉米	沈玉 17 号	抽雄期	7	40×40	0～30	730.38	87.5
2006	ASAZH01ABC_01	玉米	沈玉 17 号	抽雄期	10	40×40	0～30	473.31	88.9
2006	ASAZH01ABC_01	玉米	沈玉 17 号	抽雄期	12	40×40	0～30	581.19	89.0
2006	ASAZH01ABC_01	玉米	沈玉 17 号	抽雄期	14	40×40	0～30	363.75	86.8
2006	ASAZH01ABC_01	玉米	沈玉 17 号	收获期	3	40×50	0～30	215.50	94.7
2006	ASAZH01ABC_01	玉米	沈玉 17 号	收获期	5	40×50	0～30	249.50	95.2
2006	ASAZH01ABC_01	玉米	沈玉 17 号	收获期	7	40×50	0～30	194.00	92.8
2006	ASAZH01ABC_01	玉米	沈玉 17 号	收获期	10	40×50	0～30	165.00	96.0
2006	ASAZH01ABC_01	玉米	沈单 10 号	收获期	12	40×50	0～30	110.00	90.5
2006	ASAZH01ABC_01	玉米	沈单 10 号	收获期	14	40×50	0～30	141.50	91.3
2007	ASAZH01ABC_01	大豆	中黄 13	结荚期	1	40×50	0～30	80.15	93.0
2007	ASAZH01ABC_01	大豆	中黄 13	结荚期	3	40×50	0～30	78.20	94.5
2007	ASAZH01ABC_01	大豆	中黄 13	结荚期	7	40×50	0～30	75.30	95.3
2007	ASAZH01ABC_01	大豆	中黄 13	收获期	1	50×50	0～30	67.20	94.7
2007	ASAZH01ABC_01	大豆	中黄 13	收获期	3	50×50	0～30	84.00	95.2
2007	ASAZH01ABC_01	大豆	中黄 13	收获期	7	50×50	0～30	76.80	92.8
2007	ASAZH01ABC_01	大豆	中黄 13	收获期	9	50×50	0～30	77.20	96.0
2007	ASAZH01ABC_01	大豆	中黄 13	收获期	13	50×50	0～30	62.80	90.5
2007	ASAZH01ABC_01	大豆	中黄 13	收获期	16	50×50	0～30	66.00	91.3
2006	ASAZQ01ABO_01	玉米	中单 2 号	收获期	1	40×50	0～30	79.36	95.5
2007	ASAZQ01ABO_01	玉米	三丰	收获期	1	140×60	0～30	128.39	93.5
2006	ASAZQ03ABO_01	玉米	中单 2 号	收获期	1	40×50	0～30	64.89	94.8
2007	ASAZQ03ABO_01	玉米	中单 2 号	收获期	1	140×70	0～30	54.70	92.8

4.1.9 作物根系分布

表 4-9 作物根系分布

年份	样地代码	作物名称	作物品种	作物生育期	样方号	样方面积（cm×cm）	0～10cm 根干重（g/m²）	10～20cm 根干重（g/m²）	20～30cm 根干重（g/m²）	30～40cm 根干重（g/m²）	40～60cm 根干重（g/m²）	60～80cm 根干重（g/m²）	80～100cm 根干重（g/m²）
2005	ASAFZ01BOO _ 01	玉米	沈单 10 号	收获期	1	40×50	133.10	17.90	7.05	5.05	3.50	3.45	4.40
2005	ASAFZ01BOO _ 01	玉米	沈单 10 号	收获期	2	40×50	189.65	18.90	7.55	5.60	6.15	3.75	3.60
2005	ASAFZ01BOO _ 01	玉米	沈单 10 号	收获期	3	40×50	100.00	12.10	4.75	4.85	3.30	3.35	3.10
2005	ASAFZ02BOO _ 01	玉米	沈单 10 号	收获期	1	40×50	178.10	33.00	8.80	7.40	5.75	4.65	4.40
2005	ASAFZ02BOO _ 01	玉米	沈单 10 号	收获期	2	40×50	82.30	23.70	8.35	6.00	5.75	5.00	4.65
2005	ASAFZ02BOO _ 01	玉米	沈单 10 号	收获期	3	40×50	70.95	10.50	6.05	5.55	5.20	3.40	0.80
2004	ASAFZ03ABC _ 01	大豆	晋遗 19	收获期	4	10×10	14.92	5.13	0.91	0.15	0.08		
2004	ASAFZ03ABC _ 01	大豆	晋遗 19	收获期	6	10×10	14.75	5.42	1.03	0.19	0.11		
2004	ASAFZ03ABC _ 01	大豆	晋遗 19	收获期	11	10×10	18.28	6.76	0.97	0.21	0.08		
2005	ASAFZ03ABC _ 01	谷子	晋粉 7 号	收获期	1	100×40	48.13	5.90	1.40	1.20	1.80	0.10	0.00
2005	ASAFZ03ABC _ 01	谷子	晋粉 7 号	收获期	2	100×40	60.93	11.30	3.18	1.73	2.70	0.10	0.00
2005	ASAFZ03ABC _ 01	谷子	晋粉 7 号	收获期	3	100×40	54.88	8.55	2.25	1.18	2.60	0.20	0.00
2006	ASAFZ03ABC _ 01	大豆	晋豆 20	开花期	3	40×50	6.68	1.95	2.61	0.85			
2006	ASAFZ03ABC 01	大豆	晋豆 20	开花期	4	40×50	5.12	2.00	2.06	0.04			
2006	ASAFZ03ABC _ 01	大豆	晋豆 20	开花期	6	40×50	8.88	3.18	2.77	0.87			
2006	ASAFZ03ABC _ 01	大豆	晋豆 20	开花期	11	40×50	7.23	5.28	2.28	0.42			
2004	ASAZH01ABC _ 01	大豆	晋遗 19	收获期	4	10×10	17.23	5.92	1.25	0.37	0.12		
2004	ASAZH01ABC _ 01	大豆	晋遗 19	收获期	6	10×10	17.95	5.73	1.38	0.44	0.10		
2004	ASAZH01ABC _ 01	大豆	晋遗 19	收获期	11	10×10	16.42	6.02	1.15	0.29	0.12		
2005	ASAZH01ABC _ 01	玉米	沈单 10 号	收获期	2	40×50	162.70	21.50	5.20	1.95	1.25	2.30	3.00
2005	ASAZH01ABC _ 01	玉米	沈单 10 号	收获期	4	40×50	154.95	13.10	5.95	2.20	1.60	2.70	3.95
2005	ASAZH01ABC _ 01	玉米	沈单 10 号	收获期	6	40×50	58.60	7.80	5.45	4.55	4.05	1.95	0.95
2005	ASAZH01ABC _ 01	玉米	沈单 10 号	收获期	11	40×50	102.25	21.45	6.00	1.10	0.85	0.85	1.20
2005	ASAZH01ABC _ 01	玉米	沈单 10 号	收获期	13	40×50	89.00	13.80	6.15	3.40	2.45	1.30	1.00
2005	ASAZH01ABC _ 01	玉米	沈单 10 号	收获期	15	40×50	48.20	15.95	3.45	2.80	1.20	2.05	1.10

4.1.10 玉米收获期植株性状与产量

表 4-10 玉米收获期植株性状与产量

年份	样地代码	样方号	作物品种	群体株高（cm）	结穗高度（cm）	茎粗（cm）	果穗长度（cm）	果穗结实长度（cm）	穗粗（cm）	穗行数（行）	行粒数（粒）	百粒重（g）	地上部总干重（g/m²）	籽粒干重（g/m²）	产量（kg/hm²）
2005	ASAFZ01BOO _ 01	1	沈单 10 号	253.0	109.3	2.5	24.8	23.2	6.1	17	42	38.28	2 441.70	1 177.92	11 779
2005	ASAFZ01BOO _ 01	2	沈单 10 号	244.3	94.7	2.0	25.5	23.0	5.5	15	41	33.48	1 837.50	1 012.33	10 123
2005	ASAFZ01BOO _ 01	3	沈单 10 号	228.0	93.7	2.2	24.7	22.0	5.8	16	39	35.54	2 277.00	1 088.00	10 880
2005	ASAFZ01BOO _ 01	4	沈单 10 号	228.0	95.0	2.1	25.3	21.0	5.5	15	41	35.30	1 928.20	1 144.67	11 447
2006	ASAFZ01BOO _ 01	1	沈玉 17 号	254.0	105.0		19.8	15.4	4.9	16	28	20.12	1 132.67	405.50	
2006	ASAFZ01BOO _ 01	2	沈玉 17 号	248.0	108.0		19.4	14.9	4.9	16	29	22.96	1 117.67	400.00	
2006	ASAFZ01BOO _ 01	3	沈玉 17 号	239.0	111.0		19.1	15.5	5.1	17	34	22.48	1 257.00	556.33	
2006	ASAFZ01BOO _ 01	4	沈玉 17 号	228.0	106.0		20.6	16.4	5.3	17	34	23.41	1 263.83	579.33	
2005	ASAFZ02BOO _ 01	1	沈单 10 号	238.0	92.3	2.3	26.2	23.7	6.1	17	45	38.80	2 345.00	1 295.80	12 958

（续）

年份	样地代码	样方号	作物品种	群体株高（cm）	结穗高度（cm）	茎粗（cm）	果穗长度（cm）	果穗结实长度（cm）	穗粗（cm）	穗行数（行）	行粒数（粒）	百粒重（g）	地上部总干重（g/m^2）	籽粒干重（g/m^2）	产量（kg/hm^2）
2005	ASAFZ02BOO_01	2	沈单10号	237.3	90.7	2.2	28.3	24.0	5.8	15	42	39.40	2 449.20	1 108.20	11 082
2005	ASAFZ02BOO_01	3	沈单10号	243.7	97.3	2.0	25.2	23.7	5.8	15	44	37.20	2 706.20	1 229.30	12 293
2005	ASAFZ02BOO_01	4	沈单10号	254.0	116.0	2.0	26.3	23.5	5.7	15	42	34.80	2 274.50	1 235.30	12 353
2006	ASAFZ02BOO_01	1	沈玉17号	269.0	132.0		25.0	22.2	5.4	17	44	29.54	1 884.17	913.67	
2006	ASAFZ02BOO_01	2	沈玉17号	274.0	137.0		24.0	21.0	5.7	18	43	28.93	2 112.83	1 001.83	
2006	ASAFZ02BOO_01	3	沈玉17号	279.0	129.0		23.5	19.8	5.7	17	39	29.04	1 801.33	910.33	
2006	ASAFZ02BOO_01	4	沈玉17号	271.0	121.0		22.9	18.4	5.5	16	38	28.91	1 713.67	786.33	
1999	ASAFZ04ABC_01		中单4号	187.0	123.0	4.5	32.0		5.2	16	47				6 605
2000	ASAFZ04ABC_01		戸单4号	144.0	68.0	4.5	18.0		4.6						
2002	ASAFZ04ABC_01		沈单10号	275.0	105.0	4.0	25.0		5.2	16	46	45.00			10 200
2003	ASAFZ04ABC_01	10	沈单10号	199.0	81.4	1.9	21.1		5.2	14	35	37.47	1 851.15	910.00	
2003	ASAFZ04ABC_01	11	沈单10号	206.4	74.4	1.8	22.7		5.3	14	43	35.92	2 158.16	1 130.00	
2003	ASAFZ04ABC_01	12	沈单10号	187.0	90.6	2.2	23.5		5.3	14	42	39.44	2 108.64	1 130.00	
2003	ASAFZ04ABC_01	13	沈单10号	176.6	79.0	1.8	21.3		5.1	14	30	33.73	1 536.95	780.00	
2003	ASAFZ04ABC_01	14	沈单10号	170.0	71.0	1.7	15.2		5.0	12	23	27.37	922.17	400.00	
2003	ASAFZ04ABC_01	15	沈单10号	174.4	67.8	1.7	15.0		4.9	14	27	24.90	1 092.46	450.00	
2003	ASAFZ04ABC_01	16	沈单10号	178.0	92.0	2.0	18.5		5.3	14	29	41.78	1 680.75	780.00	
2003	ASAFZ04ABC_01	17	沈单10号	171.4	78.8	1.7	17.7		5.1	14	32	30.69	1 268.99	630.00	
2003	ASAZH01ABC_01	21	沈单10号	198.6	75.5	1.8	22.6		5.2	14	42	37.35	1 772.82	885.00	
2003	ASAZH01ABC_01	24	沈单10号	195.2	79.3	1.9	23.1		5.3	14	42	39.04	1 795.52	903.00	
2003	ASAZH01ABC_01	25	沈单10号	192.5	76.8	1.8	21.9		5.1	14	41	36.02	1 687.61	816.00	
2005	ASAZH01ABC_01	2	沈单10号	253.7	93.3	2.0	25.5	22.2	5.6	15	42	36.00	2 015.00	919.25	9 193
2005	ASAZH01ABC_01	4	沈单10号	250.3	90.6	1.8	26.0	22.3	5.5	15	38	38.00	1 995.00	1 005.75	10 058
2005	ASAZH01ABC_01	6	沈单10号	250.3	93.2	2.0	27.0	23.5	5.4	16	42	30.90	1 983.00	956.50	9 565
2005	ASAZH01ABC_01	11	沈单10号	251.3	96.7	1.9	25.5	23.0	6.0	17	43	36.20	2 108.00	1 121.58	11 216
2005	ASAZH01ABC_01	13	沈单10号	224.3	91.4	1.9	22.8	17.7	5.4	16	36	31.40	1 839.00	899.75	8 998
2005	ASAZH01ABC_01	15	沈单10号	229.3	92.3	2.1	26.8	22.0	5.9	15	41	39.70	1 986.00	968.33	9 683
2006	ASAZH01ABC_01	3	沈玉17号	287.0	129.0		24.2	22.2	5.8	18	46	28.29	2 191.33	1 122.17	
2006	ASAZH01ABC_01	5	沈玉17号	279.0	122.0		22.5	19.0	5.6	17	39	26.89	1 719.67	815.17	
2006	ASAZH01ABC_01	7	沈玉17号	285.0	125.0		23.1	18.7	5.5	17	38	27.09	1 762.83	757.50	
2006	ASAZH01ABC_01	10	沈玉17号	287.0	123.0		24.6	22.0	5.7	17	45	29.78	2 010.17	987.83	
2006	ASAZH01ABC_01	12	沈玉17号	277.0	122.0		23.6	19.7	5.6	16	42	28.27	1 722.17	829.00	
2006	ASAZH01ABC_01	14	沈玉17号	286.0	125.0		23.3	19.1	5.5	16	40	27.88	1 540.33	792.67	
2004	ASAZQ01ABO_01	2	中单2号	206.0	85.0	2.4	24.0	22.1	5.7	16	35	35.60	1 995.00	953.00	9 530
2004	ASAZQ01ABO_01	3	中单2号	205.0	83.0	2.4	23.6	21.6	5.7	16	36	34.80	1 983.00	948.00	9 480
2004	ASAZQ01ABO_01	4	中单2号	204.0	84.0	2.4	24.1	22.3	5.7	16	38	35.80	2 108.00	998.00	9 980
2004	ASAZQ01ABO_01	5	中单2号	203.0	85.0	2.4	23.9	21.4	5.8	16	16	36.00	1 839.00	896.00	8 960
2004	ASAZQ01ABO_01	6	中单2号	205.0	86.0	2.4	24.3	22.2	5.7	16	35	35.90	1 986.00	958.00	9 580
2005	ASAZQ01ABO_01	1	中单2号	245.0	70.0	2.0	28.1	26.0	5.4	15	47	42.12	1 699.60	1 046.40	10 464
2006	ASAZQ01ABO_01	1	中单2号	277.0	108.0		27.2	26.0	5.0	13	50	30.41	1 855.17	865.00	
2007	ASAZQ01ABO_01	1	三丰	251.5	89.1		25.7	18.9	6.0	17	36	33.16	2 276.35	1 105.83	
1998	ASAZQ02ABO_01		中单4号	187.0	124.0	4.5	31.0		5.2						8 595
2001	ASAZQ02ABO_01		戸单4号	163.0	95.0	4.1	21.0		4.7						
2005	ASAZQ03ABO_01	1	中单2号	255.0	71.2	2.2	27.0	25.3	5.3	15	48	38.64	1 816.50	1 044.00	10 440
2006	ASAZQ03ABO_01	1	中单2号	272.0	99.0		26.4	25.7	5.1	13	48	34.26	1 966.33	941.67	
2007	ASAZQ03ABO_01	1	中单2号	249.4	83.3		26.3	22.7	5.0	13	47	31.74	1 700.65	902.83	

4.1.11 大豆收获期植株性状与产量

表 4-11 大豆收获期植株性状与产量

年份	样地代码	作物品种	样方号	调查株数（株）	密度（株/m²）	群体株高（cm）	茎粗（cm）	单株荚数（个）	每荚粒数（粒）	百粒重（g）	地上部总干重（g/m²）	籽粒干重（g/m²）
2007	ASAFZ01BOO_01	中黄 13	1	20	12	63.4	0.8	52	2	20.5	511.2	268.8
2007	ASAFZ01BOO_01	中黄 13	2	20	12	55.6	0.7	40	2	19.2	372.0	188.4
2007	ASAFZ01BOO_01	中黄 13	3	20	12	57.6	0.8	42	2	20.1	385.2	192.0
2007	ASAFZ01BOO_01	中黄 13	4	20	12	54.4	0.8	52	2	19.7	441.6	218.4
2007	ASAFZ02BOO_01	中黄 13	1	20	12	54.6	0.8	57	2	20.1	547.2	272.4
2007	ASAFZ02BOO_01	中黄 13	2	20	12	52.8	0.8	58	2	19.7	548.4	276.0
2007	ASAFZ02BOO_01	中黄 13	3	20	12	50.3	0.8	42	2	19.9	436.8	218.4
2007	ASAFZ02BOO_01	中黄 13	4	20	12	49.7	0.8	47	2	20.3	446.4	217.2
2004	ASAFZ03ABC_01	晋遗 19	1	5	7	54.0	1.1	104	2	18.4	615.7	233.9
2004	ASAFZ03ABC_01	晋遗 19	4	5	7	45.2	0.9	95	2	18.3	532.6	221.1
2004	ASAFZ03ABC_01	晋遗 19	6	5	7	40.6	1.1	91	2	18.7	581.7	228.5
2004	ASAFZ03ABC_01	晋遗 19	11	5	7	47.8	1.0	95	2	19.1	367.4	145.7
2004	ASAFZ03ABC_01	晋遗 19	13	5	7	48.0	1.0	72	2	19.2	463.3	191.5
2004	ASAFZ03ABC_01	晋遗 19	16	5	7	46.5	0.9	67	2	19.0	419.0	165.2
2006	ASAFZ03ABC_01	晋豆 20	3	10	15	68.8	0.8	49	2	21.6	604.5	355.5
2006	ASAFZ03ABC_01	晋豆 20	4	10	15	72.5	0.7	47	2	21.8	577.5	334.5
2006	ASAFZ03ABC_01	晋豆 20	6	10	15	71.7	0.9	59	2	21.1	702	403.5
2006	ASAFZ03ABC_01	晋豆 20	11	10	15	70.5	0.9	52	2	22.2	642	382.5
2006	ASAFZ03ABC_01	晋豆 20	13	10	15	73.8	0.8	63	2	21.6	781.5	457.5
2006	ASAFZ03ABC_01	晋豆 20	14	10	15	72.1	0.7	40	2	22.1	550.5	321
2004	ASAFZ04ABC_01	晋遗 19	10	20	12	51.8	0.9	48	2	20.5	396.0	226.8
2004	ASAFZ04ABC_01	晋遗 19	11	20	11	52.3	1.0	52	2	20.0	411.4	235.4
2004	ASAFZ04ABC_01	晋遗 19	12	20	11	57.1	0.8	40	2	19.7	324.5	176.0
2004	ASAFZ04ABC_01	晋遗 19	13	20	12	43.2	0.8	26	2	19.6	220.8	124.8
2004	ASAFZ04ABC_01	晋遗 19	14	20	11	46.7	0.8	31	2	20.2	249.7	145.2
2004	ASAFZ04ABC_01	晋遗 19	15	20	12	46.9	0.8	36	2	19.3	295.2	163.2
2004	ASAFZ04ABC_01	晋遗 19	16	20	12	48.6	0.9	57	2	19.8	492.0	288.0
2004	ASAFZ04ABC_01	晋遗 19	17	20	12	51.1	0.8	45	2	20.5	394.8	231.6
2007	ASAFZ04ABC_01	中黄 13	10	20	12	59.9	1.0	86	2	19.1	805.2	415.2
2007	ASAFZ04ABC_01	中黄 13	11	20	12	60.8	1.0	65	2	19.8	674.4	343.2
2007	ASAFZ04ABC_01	中黄 13	12	20	12	54.0	0.9	64	2	20.2	604.8	297.6
2007	ASAFZ04ABC_01	中黄 13	13	20	12	40.5	0.6	31	2	18.9	274.8	141.6
2007	ASAFZ04ABC_01	中黄 13	14	20	12	44.0	0.7	41	2	18.8	387.6	189.6
2007	ASAFZ04ABC_01	中黄 13	15	20	12	55.1	0.8	77	2	20.2	721.2	390.0
2007	ASAFZ04ABC_01	中黄 13	16	20	12	59.1	0.9	80	2	20.7	786.0	421.2
2007	ASAFZ04ABC_01	中黄 13	17	20	12	56.1	1.0	74	2	20.1	751.2	386.4
2004	ASAZH01ABC_01	晋遗 19	1	5	9	48.9	0.7	56	2	18.3	472.0	203.4
2004	ASAZH01ABC_01	晋遗 19	4	5	9	46.4	0.8	58	2	17.7	473.6	204.5
2004	ASAZH01ABC_01	晋遗 19	6	5	9	45.8	0.8	56	2	18.2	482.2	198.9
2004	ASAZH01ABC_01	晋遗 19	11	5	9	47.4	0.8	59	2	19.7	511.4	216.9
2004	ASAZH01ABC_01	晋遗 19	16	5	9	48.2	0.8	62	2	18.9	519.8	228.6
2004	ASAZH01ABC_01	晋遗 19	17	5	9	46.6	0.8	58	2	18.4	516.8	216.9
2007	ASAZH01ABC_01	中黄 13	1	20	12	55.2	0.8	59	2	20.2	552.0	278.4

（续）

年份	样地代码	作物品种	样方号	考种调查株数（株）	密度（株/m^2）	群体株高（cm）	茎粗（cm）	单株荚数（个）	每荚粒数（粒）	百粒重（g）	地上部总干重（g/m^2）	籽粒干重（g/m^2）
2007	ASAZH01ABC_01	中黄 13	3	20	12	58.8	0.9	61	2	19.8	620.4	308.4
2007	ASAZH01ABC_01	中黄 13	7	20	12	59.2	0.9	54	2	19.9	516.0	255.6
2007	ASAZH01ABC_01	中黄 13	9	20	12	53.5	0.9	56	2	19.9	537.6	261.6
2007	ASAZH01ABC_01	中黄 13	13	20	12	53.0	0.8	54	2	20.0	458.4	228.0
2007	ASAZH01ABC_01	中黄 13	16	20	12	51.5	0.9	66	2	19.6	594.0	297.6
2005	ASAZQ02AOO_01	晋豆 20	1	20	15	52.3	0.9	52	2	19.9	787.2	321.0
2005	ASAZQ02AOO_01	青豆	2	20	14	57.1	1.1	40	2	19.7	574.0	264.6

4.1.12 农田作物矿质元素含量与能值

表 4-12 土壤监测辅助观测场（空白）土壤采样地（ASAFZ01BOO_01）

年份	作物名称	作物品种	样方号	采样部位	全碳（g/kg）	全氮（g/kg）	全磷（g/kg）	全钾（g/kg）	全硫（g/kg）	全钙（g/kg）	全镁（g/kg）	全铁（g/kg）	全锰（g/kg）	全铜（g/kg）	全锌（g/kg）	干重热值（MJ/kg）	灰分（%）
2005	玉米	沈单 10 号	1	籽粒	414.38	11.65	2.75	3.84	1.25	0.02	0.22	0.03	5.23	1.63	19.03	17.39	0.89
2005	玉米	沈单 10 号	1	茎叶	398.59	4.70	0.50	15.53	1.82	4.09	2.83	0.32	43.90	2.65	11.70	16.91	3.63
2005	玉米	沈单 10 号	1	根	354.33	3.45	0.41	19.11	1.60	7.58	4.69	3.82	85.90	7.55	18.35	14.73	1.37
2005	玉米	沈单 10 号	2	籽粒	412.77	12.02	2.50	3.34	1.31	0.03	0.30	0.02	4.78	1.65	19.88	17.14	0.59
2005	玉米	沈单 10 号	2	茎叶	389.01	5.94	0.53	12.41	1.69	4.23	2.93	0.42	45.65	3.60	16.45	16.90	2.95
2005	玉米	沈单 10 号	2	根	384.66	4.19	0.39	11.97	1.05	6.32	2.96	3.33	74.40	7.35	16.20	15.77	2.01
2005	玉米	沈单 10 号	3	籽粒	418.35	14.02	2.57	3.31	1.17	0.02	0.26	0.03	6.80	2.08	18.18	17.38	0.66
2005	玉米	沈单 10 号	3	茎叶	391.97	6.42	0.50	11.95	1.66	4.43	2.44	0.51	46.45	5.75	16.50	16.81	1.75
2005	玉米	沈单 10 号	3	根	383.21	6.79	0.38	15.34	1.59	4.57	3.66	1.84	45.95	6.05	11.95	16.19	1.99
2005	玉米	沈单 10 号	4	籽粒	413.69	12.05	2.15	3.16								17.21	0.76
2005	玉米	沈单 10 号	4	茎叶	395.08	5.56	0.43	10.48								16.81	1.18
2005	玉米	沈单 10 号	4	根	427.51	4.29	0.40	15.00								15.54	2.05
2006	玉米	沈玉 17 号	1	籽粒		7.50	3.03	3.84									
2006	玉米	沈玉 17 号	1	茎叶		3.18	1.71	12.23									
2006	玉米	沈玉 17 号	1	根		3.40	0.82	10.19									
2006	玉米	沈玉 17 号	2	籽粒		8.16	3.13	3.76									
2006	玉米	沈玉 17 号	2	茎叶		3.23	1.38	12.08									
2006	玉米	沈玉 17 号	2	根		4.13	0.96	10.87									
2006	玉米	沈玉 17 号	3	籽粒		9.89	2.61	3.45									
2006	玉米	沈玉 17 号	3	茎叶		4.49	0.49	12.37									
2006	玉米	沈玉 17 号	3	根		5.53	0.60	9.20									
2006	玉米	沈玉 17 号	4	籽粒		10.21	2.41	3.22									
2006	玉米	沈玉 17 号	4	茎叶		4.18	0.45	10.40									
2006	玉米	沈玉 17 号	4	根		5.02	1.12	10.88									
2007	大豆	中黄 13	1	籽粒	534.65	61.34	5.55	17.00									
2007	大豆	中黄 13	1	茎荚	435.81	7.70	0.76	9.09									
2007	大豆	中黄 13	1	根	450.98	9.07	1.61	2.85									
2007	大豆	中黄 13	2	籽粒	533.94	63.76	5.23	15.80									
2007	大豆	中黄 13	2	茎荚	437.62	6.98	0.67	8.46									
2007	大豆	中黄 13	2	根	445.83	9.51	1.76	2.41									
2007	大豆	中黄 13	3	籽粒	524.34	62.04	4.99	16.51									

（续）

年份	作物名称	作物品种	样方号	采样部位	全碳 (g/kg)	全氮 (g/kg)	全磷 (g/kg)	全钾 (g/kg)	全硫 (g/kg)	全钙 (g/kg)	全镁 (g/kg)	全铁 (g/kg)	全锰 (g/kg)	全铜 (g/kg)	全锌 (g/kg)	干重热值 (MJ/kg)	灰分 (%)
2007	大豆	中黄13	3	茎荚	434.12	6.91	0.66	8.47									
2007	大豆	中黄13	3	根	449.66	12.26	2.23	3.54									
2007	大豆	中黄13	4	籽粒	555.43	62.29	4.95	16.56									
2007	大豆	中黄13	4	茎荚	432.04	7.91	0.67	7.98									
2007	大豆	中黄13	4	根	448.96	12.22	2.20	3.82									

表4-13 土壤监测辅助观测场（秸秆还田）土壤采样地（ASAFZ02BOO_01）

年份	作物名称	作物品种	样方号	采样部位	全碳 (g/kg)	全氮 (g/kg)	全磷 (g/kg)	全钾 (g/kg)	全硫 (g/kg)	全钙 (g/kg)	全镁 (g/kg)	全铁 (g/kg)	全锰 (g/kg)	全铜 (g/kg)	全锌 (g/kg)	干重热值 (MJ/kg)	灰分 (%)
2005	玉米	沈单10号	1	籽粒	410.71	13.50	2.66	3.46	1.02	0.02	0.26	0.02	6.55	1.58	19.15	17.26	0.75
2005	玉米	沈单10号	1	茎叶	404.19	6.00	0.53	12.65	1.69	4.44	2.72	0.41	31.60	7.25	12.70	16.93	1.22
2005	玉米	沈单10号	1	根	404.34	5.76	0.44	10.63	1.75	4.78	2.54	1.95	49.70	5.65	13.55	16.74	3.30
2005	玉米	沈单10号	2	籽粒	413.27	13.67	2.29	3.40	1.24	0.02	0.22	0.02	5.58	2.03	17.00	17.26	0.58
2005	玉米	沈单10号	2	茎叶	408.15	8.56	1.10	10.56	1.81	4.10	1.98	0.43	40.25	7.15	20.15	17.13	1.70
2005	玉米	沈单10号	2	根	411.30	4.75	0.42	10.61	1.63	5.72	2.14	1.98	46.25	3.05	11.00	16.52	2.44
2005	玉米	沈单10号	3	籽粒	413.01	12.58	2.39	3.24	1.34	0.02	0.23	0.02	5.38	1.53	16.53	17.33	0.64
2005	玉米	沈单10号	3	茎叶	398.08	5.73	0.47	10.60	1.76	4.14	1.99	0.44	41.60	5.05	13.80	16.76	1.67
2005	玉米	沈单10号	3	根	404.42	5.30	0.30	8.68	1.70	5.54	2.92	1.90	45.90	3.00	9.70	17.09	2.59
2005	玉米	沈单10号	4	籽粒	414.09	12.50	2.26	3.54								16.74	0.67
2005	玉米	沈单10号	4	茎叶	408.59	4.94	0.39	11.43								16.98	1.84
2005	玉米	沈单10号	4	根	395.92	4.81	0.34	11.55								16.38	1.98
2006	玉米	沈玉17号	1	籽粒		9.66	2.83	3.61									
2006	玉米	沈玉17号	1	茎叶		4.35	0.48	10.59									
2006	玉米	沈玉17号	1	根		4.22	0.41	3.46									
2006	玉米	沈玉17号	2	籽粒		9.43	2.87	3.64									
2006	玉米	沈玉17号	2	茎叶		4.00	0.68	9.99									
2006	玉米	沈玉17号	2	根		5.31	0.64	6.26									
2006	玉米	沈玉17号	3	籽粒		9.74	2.93	3.59									
2006	玉米	沈玉17号	3	茎叶		4.88	0.56	11.15									
2006	玉米	沈玉17号	3	根		4.43	0.48	11.97									
2006	玉米	沈玉17号	4	籽粒		9.92	2.59	3.28									
2006	玉米	沈玉17号	4	茎叶		4.04	0.42	10.79									
2006	玉米	沈玉17号	4	根		4.48	0.47	3.59									
2007	大豆	中黄13	1	籽粒	541.96	62.83	5.16	15.28									
2007	大豆	中黄13	1	茎荚	425.28	7.03	0.61	7.94									
2007	大豆	中黄13	1	根	436.36	11.18	2.07	4.66									
2007	大豆	中黄13	2	籽粒	536.49	62.48	5.04	15.80									
2007	大豆	中黄13	2	茎荚	420.43	8.39	0.70	6.91									
2007	大豆	中黄13	2	根	447.16	9.97	1.58	2.49									
2007	大豆	中黄13	3	籽粒	532.10	63.93	4.91	15.12									
2007	大豆	中黄13	3	茎荚	424.24	7.85	0.65	6.61									
2007	大豆	中黄13	3	根	436.70	13.38	2.30	3.79									
2007	大豆	中黄13	4	籽粒	541.05	62.27	4.88	16.32									
2007	大豆	中黄13	4	茎荚	437.40	8.85	0.77	8.01									
2007	大豆	中黄13	4	根	443.52	12.31	1.89	4.06									

表 4-14 山地辅助观测场土壤生物采样地（ASAFZ03ABC _ 01）

年份	作物名称	作物品种	样方号	采样部位	全碳 (g/kg)	全氮 (g/kg)	全磷 (g/kg)	全钾 (g/kg)	全硫 (g/kg)	全钙 (g/kg)	全镁 (g/kg)	全铁 (g/kg)	全锰 (g/kg)	全铜 (g/kg)	全锌 (g/kg)	干重热值 (MJ/kg)	灰分 (%)
2004	大豆	晋遗 19	1	籽粒	553.22	56.70	5.62	18.20	2.60	1.26	0.44	0.07	45.61	16.21	40.09	22.09	4.39
2004	大豆	晋遗 19	1	茎秆	438.09	11.00	1.38	17.10	0.79	8.42	0.67	0.16	70.25	9.50	10.89	16.84	1.70
2004	大豆	晋遗 19	2	叶子	423.65	15.40	1.65	7.26	0.77	43.36	0.48	0.83	262.10	7.23	24.53	15.20	1.55
2004	大豆	晋遗 19	3	根	481.87	4.50	0.39	1.63	0.26	6.55	0.05	0.90	47.12	4.93	9.37	17.69	2.25
2004	大豆	晋遗 19	4	籽粒	568.84	55.00	5.60	18.90	2.58	1.40	0.38	0.07	43.77	13.50	38.97	22.30	5.46
2004	大豆	晋遗 19	4	茎秆	449.55	10.20	1.18	18.60	0.72	9.58	0.61	0.18	62.17	7.09	8.68	16.44	2.53
2004	大豆	晋遗 19	4	叶子	413.46	18.00	1.84	6.44	0.98	54.11	0.45	1.45	254.16	8.59	31.67	15.54	2.24
2004	大豆	晋遗 19	4	根	478.04	4.40	0.35	1.26	0.21	6.38	0.07	0.82	38.71	4.70	9.74	17.63	1.96
2004	大豆	晋遗 19	6	籽粒	568.83	54.40	5.39	19.30	2.45	1.49	0.46	0.07	44.10	13.33	42.75	21.95	3.85
2004	大豆	晋遗 19	6	茎秆	450.59	11.90	1.40	19.30	0.76	9.85	0.70	0.17	66.09	6.92	14.03	16.55	2.58
2004	大豆	晋遗 19	6	叶子	412.63	16.50	1.84	7.63	0.84	46.73	0.43	1.16	247.87	6.98	42.02	15.32	2.17
2004	大豆	晋遗 19	6	根	473.72	4.00	0.35	1.39	0.26	5.87	0.05	1.02	47.85	4.97	11.09	17.35	2.05
2004	大豆	晋遗 19	11	籽粒	564.53	54.60	5.52	17.60	2.91	1.35	0.45	0.08	42.13	13.39	37.96	22.64	3.92
2004	大豆	晋遗 19	11	茎秆	449.14	9.90	0.99	15.30	0.54	8.96	0.55	0.16	53.01	6.69	10.13	16.73	1.26
2004	大豆	晋遗 19	11	叶子	441.04	4.10	1.50	8.32	0.88	42.96	0.35	0.78	232.68	6.45	26.04	16.12	2.21
2004	大豆	晋遗 19	11	根	470.68	4.10	0.39	1.39	0.33	4.65	0.07	0.57	26.67	3.89	7.93	17.90	1.87
2004	大豆	晋遗 19	13	籽粒	572.42	56.40	5.83	18.50	2.58	1.26	0.52	0.09	44.73	15.51	37.79	22.02	3.77
2004	大豆	晋遗 19	13	茎秆	447.13	8.80	0.93	16.30	0.72	10.12	0.79	0.15	61.31	8.41	10.90	16.59	1.76
2004	大豆	晋遗 19	13	叶子	427.17	14.40	1.46	6.08	0.75	44.45	0.48	0.89	250.63	7.13	22.42	15.59	3.62
2004	大豆	晋遗 19	13	根	463.79	4.60	0.36	1.35	0.24	6.63	0.06	0.95	46.41	4.51	10.40	17.56	1.95
2004	大豆	晋遗 19	16	籽粒	564.69	54.70	5.52	18.70	2.54	1.40	0.48	0.08	43.42	14.14	37.32	21.95	2.97
2004	大豆	晋遗 19	16	茎秆	456.58	13.00	1.48	18.40	0.74	9.24	0.78	0.21	68.57	7.94	12.58	16.88	2.49
2004	大豆	晋遗 19	16	叶子	434.22	16.40	1.70	8.00	0.88	45.26	0.43	1.00	244.76	7.07	28.10	15.94	2.08
2004	大豆	晋遗 19	16	根	470.28	4.00	0.27	1.04	0.20	5.48	0.04	0.66	30.21	3.74	8.08	17.85	1.47
2005	谷子	晋汾 7 号	9	籽粒	410.56	15.54	2.52	4.86	1.35	0.08	0.27	0.05	18.30	8.05	23.60	17.62	0.65
2005	谷子	晋汾 7 号	9	茎叶	391.59	7.91	0.53	28.55	1.80	4.15	3.63	0.25	46.60	5.50	11.55	16.37	1.61
2005	谷子	晋汾 7 号	9	根	388.94	6.81	0.61	12.99	1.62	3.87	0.87	1.54	46.55	5.40	10.00	16.93	2.02
2005	谷子	晋汾 7 号	10	籽粒	419.85	16.19	2.55	5.09	1.38	0.10	0.27	0.05	18.45	8.93	24.38	17.74	0.72
2005	谷子	晋汾 7 号	10	茎叶	385.43	7.01	0.49	27.46	1.86	4.28	3.55	0.20	37.30	3.70	12.00	16.25	2.47
2005	谷子	晋汾 7 号	10	根	397.10	7.22	0.67	15.59	1.78	4.04	1.19	1.57	42.75	4.40	11.10	16.86	2.77
2005	谷子	晋汾 7 号	11	籽粒	416.53	17.35	2.61	4.64	1.47	0.10	0.29	0.04	18.10	9.00	26.30	17.86	1.28
2005	谷子	晋汾 7 号	11	茎叶	382.79	8.73	0.52	30.37	1.83	4.50	3.99	0.19	41.85	3.95	9.55	16.29	1.78
2005	谷子	晋汾 7 号	11	根	402.66	7.25	0.68	14.46	1.72	3.73	1.07	1.49	44.10	3.20	10.45	16.90	3.53
2005	谷子	晋汾 7 号	12	籽粒	428.49	17.62	2.65	5.22								17.78	2.01
2005	谷子	晋汾 7 号	12	茎叶	389.57	7.45	0.47	26.97								16.49	2.83
2005	谷子	晋汾 7 号	12	根	406.28	6.90	0.53	11.46								16.90	2.53
2005	谷子	晋汾 7 号	13	籽粒	421.05	15.64	2.53	4.94								17.55	2.10
2005	谷子	晋汾 7 号	13	茎叶	397.13	5.92	0.46	25.31								16.70	1.91
2005	谷子	晋汾 7 号	13	根	415.51	7.07	0.60	13.76								17.61	1.76
2005	谷子	晋汾 7 号	14	籽粒	425.30	16.72	2.66	5.18								17.75	1.41
2005	谷子	晋汾 7 号	14	茎叶	393.29	7.77	0.53	28.55								16.67	2.25
2005	谷子	晋汾 7 号	14	根	420.14	7.01	0.61	11.90								17.38	2.91
2006	大豆	晋豆 20 号	3	籽粒	559.10	55.41	5.59	18.44		1.85	2.50	0.08	27.08	10.33	31.00	23.22	3.42
2006	大豆	晋豆 20 号	3	茎荚	424.80	5.95	0.63	15.96		8.70	5.35	0.17	21.45	8.60	4.00	16.90	1.27
2006	大豆	晋豆 20 号	3	根	449.90	5.78	0.41	1.49		7.61	1.58	1.65	43.55	12.70	12.00	17.26	2.95
2006	大豆	晋豆 20 号	4	籽粒	554.93	56.38	5.60	18.56		1.76	2.32	0.07	26.60	11.25	31.23	23.26	3.41
2006	大豆	晋豆 20 号	4	茎荚	434.40	5.45	0.54	12.09		7.50	5.06	0.16	19.90	8.05	5.60	17.14	1.36
2006	大豆	晋豆 20 号	4	根	448.19	7.79	0.59	2.17		9.14	1.76	1.91	52.90	15.35	11.25	17.19	2.66

（续）

年份	作物名称	作物品种	样方号	采样部位	全碳 (g/kg)	全氮 (g/kg)	全磷 (g/kg)	全钾 (g/kg)	全硫 (g/kg)	全钙 (g/kg)	全镁 (g/kg)	全铁 (g/kg)	全锰 (g/kg)	全铜 (g/kg)	全锌 (g/kg)	干重热值 (MJ/kg)	灰分 (%)
2006	大豆	晋豆20号	6	籽粒	559.10	53.25	5.82	19.34		1.96	2.40	0.08	27.98	12.73	34.03	23.39	3.70
2006	大豆	晋豆20号	6	茎荚	429.69	6.45	0.80	15.60		8.33	4.95	0.21	24.85	8.90	7.85	17.06	1.22
2006	大豆	晋豆20号	6	根	465.78	6.32	0.43	2.04		8.24	1.46	1.69	44.90	13.60	11.70	17.32	2.15
2006	大豆	晋豆20号	11	籽粒	563.74	56.06	5.74	19.40		1.95	2.33	0.08	26.43	10.48	32.08	23.34	3.93
2006	大豆	晋豆20号	11	茎荚	424.83	5.26	0.49	15.36		8.22	5.19	0.17	23.40	9.85	8.05	16.65	2.13
2006	大豆	晋豆20号	11	根	378.90	9.28	0.70	2.44		1.77	3.53	4.96	114.45	21.20	20.80	15.06	9.47
2006	大豆	晋豆20号	13	籽粒	561.32	54.26	5.49	18.73		2.00	2.35	0.08	26.65	14.05	35.53	23.39	3.19
2006	大豆	晋豆20号	13	茎荚	434.40	5.40	0.56	15.06		7.82	4.84	0.12	21.00	10.90	2.95	16.90	0.87
2006	大豆	晋豆20号	13	根	463.84	6.63	0.46	1.45		8.41	1.62	2.12	55.05	17.75	13.35	17.11	1.70
2006	大豆	晋豆20号	14	籽粒	553.10	54.64	5.23	19.44		1.91	2.32	0.08	25.80	14.20	31.00	23.30	3.28
2006	大豆	晋豆20号	14	茎荚	431.66	4.60	0.40	12.49		8.16	4.86	0.17	20.40	11.70	1.95	16.90	1.87
2006	大豆	晋豆20号	14	根	463.09	5.06	0.31	1.40		6.52	1.04	1.12	33.05	13.20	8.20	17.90	1.10
2007	谷子	沁洲黄	1	籽粒	459.33	14.47	2.28	3.71								23.22	3.42
2007	谷子	沁洲黄	1	茎叶	425.94	8.29	0.78	21.50								16.90	1.27
2007	谷子	沁洲黄	1	根	455.70	5.39	1.05	7.20								17.26	2.95
2007	谷子	沁洲黄	5	籽粒	460.80	14.46	2.28	3.48								23.26	3.41
2007	谷子	沁洲黄	5	茎叶	415.76	7.80	0.74	20.72								17.14	1.36
2007	谷子	沁洲黄	5	根	424.29	9.27	1.98	10.68								17.19	2.66
2007	谷子	沁洲黄	7	籽粒	453.11	14.00	2.28	4.09								23.39	3.70
2007	谷子	沁洲黄	7	茎叶	423.66	7.69	0.75	21.76								17.06	1.22
2007	谷子	沁洲黄	7	根	446.03	9.74	2.05	10.41								17.32	2.15
2007	谷子	沁洲黄	10	籽粒	468.58	13.88	2.11	3.77								23.34	3.93
2007	谷子	沁洲黄	10	茎叶	416.74	8.84	0.81	20.06								16.65	2.13
2007	谷子	沁洲黄	10	根												15.06	9.47
2007	谷子	沁洲黄	12	籽粒	462.46	14.21	2.26	3.88								23.39	3.19
2007	谷子	沁洲黄	12	茎叶	423.62	7.52	0.70	21.46								16.90	0.87
2007	谷子	沁洲黄	12	根												17.11	1.70
2007	谷子	沁洲黄	16	籽粒	458.59	14.67	2.24	3.71								23.30	3.28
2007	谷子	沁洲黄	16	茎叶	422.92	8.72	0.94	20.06								16.90	1.87
2007	谷子	沁洲黄	16	根												17.90	1.10

表 4-15　川地综合观测场土壤生物采样地（ASAZH01ABC_01）

年份	作物名称	作物品种	样方号	采样部位	全碳 (g/kg)	全氮 (g/kg)	全磷 (g/kg)	全钾 (g/kg)	全硫 (g/kg)	全钙 (g/kg)	全镁 (g/kg)	全铁 (g/kg)	全锰 (g/kg)	全铜 (g/kg)	全锌 (g/kg)	干重热值 (MJ/kg)	灰分 (%)
2003	玉米	沈单10号	21	籽粒		13.50	2.38	2.84									
2003	玉米	沈单10号	21	茎叶		9.14	0.73	13.10									
2003	玉米	沈单10号	21	玉米芯		3.09	0.33	8.42									
2003	玉米	沈单10号	21	根		4.86	0.33	8.41									
2003	玉米	沈单10号	24	籽粒		12.30	2.11	2.77									
2003	玉米	沈单10号	24	茎叶		7.70	0.63	9.51									
2003	玉米	沈单10号	24	玉米芯		6.33	0.88	11.20									
2003	玉米	沈单10号	24	根		4.72	0.29	8.88									
2003	玉米	沈单10号	25	籽粒		13.20	2.03	3.02									
2003	玉米	沈单10号	25	茎叶		9.50	0.72	9.82									
2003	玉米	沈单10号	25	玉米芯		5.82	0.61	14.50									
2003	玉米	沈单10号	25	根		5.18	0.31	8.78									

（续）

年份	作物名称	作物品种	样方号	采样部位	全碳(g/kg)	全氮(g/kg)	全磷(g/kg)	全钾(g/kg)	全硫(g/kg)	全钙(g/kg)	全镁(g/kg)	全铁(g/kg)	全锰(g/kg)	全铜(g/kg)	全锌(g/kg)	干重热值(MJ/kg)	灰分(%)
2004	大豆	晋遗19	1	籽粒	571.82	54.20	5.43	18.50	2.78	1.53	0.48	0.07	43.16	13.82	37.10	22.35	3.19
2004	大豆	晋遗19	1	茎秆	432.37	5.60	0.40	12.40	0.82	12.36	0.87	0.17	73.17	5.48	7.97	16.18	1.86
2004	大豆	晋遗19	1	叶子	424.07	12.70	0.91	5.85	0.88	51.96	0.53	1.07	258.29	6.77	26.70	15.44	2.41
2004	大豆	晋遗19	1	根	458.32	4.50	0.29	1.74	0.46	6.97	0.09	1.17	50.60	5.28	10.51	17.17	1.88
2004	大豆	晋遗19	4	籽粒	583.52	53.80	5.49	18.10	3.11	1.64	0.48	0.07	42.75	14.58	39.41	22.38	3.55
2004	大豆	晋遗19	4	茎秆	464.53	8.00	0.68	13.80	0.69	10.72	0.79	0.18	61.79	6.74	10.14	16.34	2.11
2004	大豆	晋遗19	4	叶子	415.74	12.80	1.07	5.70	0.88	49.75	0.52	1.61	274.25	7.93	27.13	15.01	2.13
2004	大豆	晋遗19	4	根	461.71	5.60	0.39	2.84	0.68	5.84	0.10	0.87	41.75	5.43	11.21	17.30	3.09
2004	大豆	晋遗19	6	籽粒	582.40	55.50	5.56	18.00	2.79	1.56	0.45	0.07	41.40	14.07	40.70	22.23	3.80
2004	大豆	晋遗19	6	茎秆	451.15	7.20	0.55	12.50	0.71	11.39	0.82	0.18	68.16	4.09	9.13	16.41	2.08
2004	大豆	晋遗19	6	叶子	425.42	15.70	0.97	4.67	0.91	51.88	0.58	0.90	254.77	5.72	22.62	15.20	2.34
2004	大豆	晋遗19	6	根	467.52	4.50	0.29	1.36	0.25	5.60	0.08	1.01	48.75	5.88	9.97	17.13	2.27
2004	大豆	晋遗19	11	籽粒	574.20	54.90	5.43	17.60	2.77	1.56	0.48	0.06	39.50	14.02	40.53	22.31	3.82
2004	大豆	晋遗19	11	茎秆	442.57	7.30	0.66	13.20	0.62	11.97	0.78	0.14	67.73	5.18	9.31	16.53	2.06
2004	大豆	晋遗19	11	叶子	411.58	12.60	0.99	5.53	0.81	51.85	0.52	1.31	258.15	6.36	27.23	15.16	2.45
2004	大豆	晋遗19	11	根	461.35	4.00	0.27	1.13	0.38	4.59	0.07	0.70	31.61	4.10	7.13	17.18	2.26
2004	大豆	晋遗19	16	籽粒	563.30	54.20	5.22	18.00	2.83	1.64	0.56	0.07	42.35	13.95	39.31	22.66	3.28
2004	大豆	晋遗19	16	茎秆	440.57	5.80	0.59	14.70	0.65	10.91	0.38	0.14	68.47	4.98	7.47	16.39	1.67
2004	大豆	晋遗19	16	叶子	423.74	13.70	9.80	5.07	0.97	54.47	0.46	0.97	271.20	6.44	25.54	15.45	3.20
2004	大豆	晋遗19	16	根	454.70	4.80	0.32	2.08	0.52	6.00	0.10	0.92	48.14	5.33	9.52	17.36	2.15
2004	大豆	晋遗19	17	籽粒	570.26	54.80	5.76	18.40	0.71	1.56	0.51	0.06	46.82	13.93	36.26	22.18	3.41
2004	大豆	晋遗19	17	茎秆	439.27	6.40	0.66	14.10	0.74	12.16	0.43	0.16	71.09	4.98	8.07	16.46	1.88
2004	大豆	晋遗19	17	叶子	415.83	12.10	1.04	7.83	0.98	48.66	0.43	1.40	262.90	7.41	24.33	15.28	2.37
2004	大豆	晋遗19	17	根	453.63	4.80	0.32	1.49	0.24	6.72	0.08	1.13	58.53	5.88	10.67	17.43	2.20
2005	玉米	沈单10号	2	籽粒	412.61	12.98	2.57	3.40	1.29	0.02	0.29	0.02	7.05	3.20	21.65	17.28	1.62
2005	玉米	沈单10号	2	茎叶	404.36	5.59	0.44	12.44	1.68	4.68	2.89	0.65	46.55	5.85	15.75	16.81	3.20
2005	玉米	沈单10号	2	根	413.83	6.05	0.39	10.87	1.77	5.71	2.57	1.93	44.00	1.90	12.10	16.79	3.99
2005	玉米	沈单10号	4	籽粒	416.00	10.86	2.61	3.45	1.20	0.03	0.27	0.02	7.33	1.93	19.00	17.23	1.33
2005	玉米	沈单10号	4	茎叶	404.44	4.46	0.40	9.28	1.69	4.61	2.01	0.44	48.25	5.95	13.70	16.90	2.19
2005	玉米	沈单10号	4	根	378.78	3.88	0.35	13.10	1.74	6.01	2.82	2.84	62.50	3.10	11.10	15.78	3.45
2005	玉米	沈单10号	6	籽粒	463.84	12.54	2.14	3.62								17.17	1.39
2005	玉米	沈单10号	6	茎叶	403.57	5.08	0.32	11.64								16.89	1.90
2005	玉米	沈单10号	6	根	362.51	4.78	0.53	15.35								15.13	5.34
2005	玉米	沈单10号	11	籽粒	463.09	11.54	2.49	3.53	1.26	0.03	0.24	0.02	6.70	2.03	21.10	17.22	2.27
2005	玉米	沈单10号	11	茎叶	399.04	4.97	0.46	11.54	1.71	4.67	2.92	0.67	46.05	7.35	17.20	16.88	2.11
2005	玉米	沈单10号	11	根	374.17	6.47	0.36	13.53	1.68	6.83	3.91	2.70	60.75	3.90	13.20	15.27	3.88
2005	玉米	沈单10号	13	籽粒	423.74	12.82	1.81	3.30								17.42	0.89
2005	玉米	沈单10号	13	茎叶	405.80	4.38	0.28	14.98								16.87	1.53
2005	玉米	沈单10号	13	根	365.77	3.61	0.31	9.35								14.81	4.26
2005	玉米	沈单10号	15	籽粒	422.55	12.48	1.92	3.20								17.35	0.84
2005	玉米	沈单10号	15	茎叶	396.70	5.88	0.49	10.36								16.47	2.61
2005	玉米	沈单10号	15	根	358.39	5.72	0.42	3.73								15.00	4.30
2005	玉米	沈单10号		籽粒	415.46	14.69	2.48	3.45								16.90	0.86
2006	玉米	沈玉17号	3	籽粒		11.33	2.50	3.41									
2006	玉米	沈玉17号	3	茎叶		5.33	0.46	9.93									
2006	玉米	沈玉17号	3	根		4.13	0.48	7.00									
2006	玉米	沈玉17号	5	籽粒		9.05	2.20	3.21									
2006	玉米	沈玉17号	5	茎叶		3.57	0.37	9.83									

（续）

年份	作物名称	作物品种	样方号	采样部位	全碳 (g/kg)	全氮 (g/kg)	全磷 (g/kg)	全钾 (g/kg)	全硫 (g/kg)	全钙 (g/kg)	全镁 (g/kg)	全铁 (g/kg)	全锰 (g/kg)	全铜 (g/kg)	全锌 (g/kg)	干重热值 (MJ/kg)	灰分 (%)
2006	玉米	沈玉17号	5	根		3.94	0.41	11.73									
2006	玉米	沈玉17号	7	籽粒		9.12	2.43	3.26									
2006	玉米	沈玉17号	7	茎叶		4.15	0.43	7.88									
2006	玉米	沈玉17号	7	根		4.15	0.39	15.75									
2006	玉米	沈玉17号	10	籽粒		10.12	2.68	3.37									
2006	玉米	沈玉17号	10	茎叶		4.42	0.46	13.10									
2006	玉米	沈玉17号	10	根		4.51	0.45	11.51									
2006	玉米	沈玉17号	12	籽粒		9.09	2.47	3.11									
2006	玉米	沈玉17号	12	茎叶		4.35	0.41	9.83									
2006	玉米	沈玉17号	12	根		4.59	0.46	13.29									
2006	玉米	沈玉17号	14	籽粒		10.95	2.13	3.09									
2006	玉米	沈玉17号	14	茎叶		5.90	0.44	9.46									
2006	玉米	沈玉17号	14	根		4.97	0.41	8.12									
2007	大豆	中黄13	1	籽粒	534.97	62.78	4.72	15.27									
2007	大豆	中黄13	1	茎荚	422.61	8.32	0.73	6.04									
2007	大豆	中黄13	1	根	441.45	11.69	1.99	2.51									
2007	大豆	中黄13	3	籽粒	533.21	64.41	4.85	15.28									
2007	大豆	中黄13	3	茎荚	423.96	7.32	0.68	6.48									
2007	大豆	中黄13	3	根	442.74	8.80	1.39	1.85									
2007	大豆	中黄13	7	籽粒	537.44	62.20	4.17	15.34									
2007	大豆	中黄13	7	茎荚	441.97	7.47	0.64	5.50									
2007	大豆	中黄13	7	根	424.10	10.82	1.80	2.80									
2007	大豆	中黄13	9	籽粒	545.71	63.00	5.25	15.54									
2007	大豆	中黄13	9	茎荚	418.95	8.69	0.78	7.48									
2007	大豆	中黄13	9	根	457.88	10.66	1.75	2.94									
2007	大豆	中黄13	13	籽粒	548.04	62.92	4.22	15.01									
2007	大豆	中黄13	13	茎荚	429.16	6.64	0.58	4.80									
2007	大豆	中黄13	13	根	457.83	9.42	1.39	2.05									
2007	大豆	中黄13	16	籽粒	530.81	63.23	4.29	15.37									
2007	大豆	中黄13	16	茎荚	425.74	6.98	0.60	4.05									
2007	大豆	中黄13	16	根	456.06	11.99	1.70	2.35									

4.1.13 农田土壤微生物生物量碳季节动态

表 4-16 农田土壤微生物生物量碳季节动态

日期	样地代码	样方号	室内分析日期	土壤含水量（%）	土壤微生物生物量碳（g/kg）
2005-07-17	ASAFZ01BOO_01	1	2005-07-25	12.120	0.082
2005-07-17	ASAFZ01BOO_01	2	2005-07-25	15.420	0.060
2005-07-17	ASAFZ01BOO_01	3	2005-07-25	14.380	0.071
2005-11-15	ASAFZ01BOO_01	1	2005-11-25	5.346	0.066
2005-11-15	ASAFZ01BOO_01	2	2005-11-25	4.404	0.096
2005-11-15	ASAFZ01BOO_01	3	2005-11-25	5.377	0.120
2005-11-15	ASAFZ01BOO_01	4	2005-11-25	3.929	0.102
2006-01-05	ASAFZ01BOO_01	1	2006-01-20	6.456	0.159
2006-01-05	ASAFZ01BOO_01	2	2006-01-20	4.169	0.198
2006-01-05	ASAFZ01BOO_01	3	2006-01-20	7.074	0.209

（续）

日期	样地代码	样方号	室内分析日期	土壤含水量（%）	土壤微生物生物量碳（g/kg）
2006-01-05	ASAFZ01BOO_01	4	2006-01-20	6.204	0.170
2006-01-05	ASAFZ01BOO_01	1	2006-01-20	6.456	0.159
2006-01-05	ASAFZ01BOO_01	2	2006-01-20	4.169	0.198
2006-01-05	ASAFZ01BOO_01	3	2006-01-20	7.074	0.209
2006-01-05	ASAFZ01BOO_01	4	2006-01-20	6.204	0.170
2006-04-13	ASAFZ01BOO_01	1	2006-05-10	6.622	0.085
2006-04-13	ASAFZ01BOO_01	2	2006-05-10	5.998	0.110
2006-04-13	ASAFZ01BOO_01	3	2006-05-10	5.987	0.134
2006-04-13	ASAFZ01BOO_01	4	2006-05-10	5.267	0.135
2006-07-10	ASAFZ01BOO_01	1	2006-07-25	12.001	0.126
2006-07-10	ASAFZ01BOO_01	2	2006-07-25	14.389	0.178
2006-07-10	ASAFZ01BOO_01	3	2006-07-25	12.349	0.200
2006-07-10	ASAFZ01BOO_01	4	2006-07-25	12.880	0.193
2006-11-10	ASAFZ01BOO_01	1	2006-12-05	8.850	0.110
2006-11-10	ASAFZ01BOO_01	2	2006-12-05	8.040	0.133
2006-11-10	ASAFZ01BOO_01	3	2006-12-05	8.230	0.162
2006-11-10	ASAFZ01BOO_01	4	2006-12-05	8.500	0.166
2005-07-17	ASAFZ02BOO_01	1	2005-07-25	9.830	0.136
2005-07-17	ASAFZ02BOO_01	2	2005-07-25	11.120	0.116
2005-07-17	ASAFZ02BOO_01	3	2005-07-25	11.110	0.095
2005-11-15	ASAFZ02BOO_01	1	2005-11-25	4.074	0.119
2005-11-15	ASAFZ02BOO_01	2	2005-11-25	2.107	0.132
2005-11-15	ASAFZ02BOO_01	3	2005-11-25	3.491	0.143
2005-11-15	ASAFZ02BOO_01	4	2005-11-25	3.556	0.097
2006-01-05	ASAFZ02BOO_01	1	2006-01-20	7.636	0.095
2006-01-05	ASAFZ02BOO_01	2	2006-01-20	7.528	0.114
2006-01-05	ASAFZ02BOO_01	3	2006-01-20	6.959	0.139
2006-01-05	ASAFZ02BOO_01	4	2006-01-20	6.515	0.159
2006-01-05	ASAFZ02BOO_01	1	2006-01-20	7.636	0.095
2006-01-05	ASAFZ02BOO_01	2	2006-01-20	7.528	0.114
2006-01-05	ASAFZ02BOO_01	3	2006-01-20	6.959	0.139
2006-01-05	ASAFZ02BOO_01	4	2006-01-20	6.515	0.159
2006-04-13	ASAFZ02BOO_01	1	2006-05-10	4.478	0.190
2006-04-13	ASAFZ02BOO_01	2	2006-05-10	5.303	0.228
2006-04-13	ASAFZ02BOO_01	3	2006-05-10	3.885	0.215
2006-04-13	ASAFZ02BOO_01	4	2006-05-10	4.258	0.194
2006-07-10	ASAFZ02BOO_01	1	2006-07-25	12.511	0.188
2006-07-10	ASAFZ02BOO_01	2	2006-07-25	13.120	0.172
2006-07-10	ASAFZ02BOO_01	3	2006-07-25	15.094	0.087
2006-07-10	ASAFZ02BOO_01	4	2006-07-25	14.275	0.100
2006-11-10	ASAFZ02BOO_01	1	2006-12-05	7.310	0.180
2006-11-10	ASAFZ02BOO_01	2	2006-12-05	8.850	0.212
2006-11-10	ASAFZ02BOO_01	3	2006-12-05	8.580	0.252
2006-11-10	ASAFZ02BOO_01	4	2006-12-05	7.710	0.210
2004-10-10	ASAFZ03ABC_01	1	2005-02-25	11.330	0.124
2004-10-10	ASAFZ03ABC_01	4	2005-02-25	10.850	0.120
2004-10-10	ASAFZ03ABC_01	6	2005-02-25	10.700	0.117
2004-10-10	ASAFZ03ABC_01	11	2005-02-25	12.640	0.115
2004-10-10	ASAFZ03ABC_01	13	2005-02-25	12.500	0.115

（续）

日期	样地代码	样方号	室内分析日期	土壤含水量（%）	土壤微生物生物量碳（g/kg）
2004-10-10	ASAFZ03ABC_01	16	2005-02-25	12.340	0.121
2005-07-17	ASAFZ03ABC_01	5	2005-07-25	9.540	0.130
2005-07-17	ASAFZ03ABC_01	7	2005-07-25	12.220	0.122
2005-07-17	ASAFZ03ABC_01	10	2005-07-25	11.070	0.120
2005-11-15	ASAFZ03ABC_01	1	2005-11-25	4.011	0.144
2005-11-15	ASAFZ03ABC_01	5	2005-11-25	3.854	0.078
2005-11-15	ASAFZ03ABC_01	7	2005-11-25	2.993	0.103
2005-11-15	ASAFZ03ABC_01	10	2005-11-25	2.868	0.061
2005-11-15	ASAFZ03ABC_01	12	2005-11-25	3.066	0.126
2005-11-15	ASAFZ03ABC_01	16	2005-11-25	2.677	0.074
2006-01-05	ASAFZ03ABC_01	1	2006-01-20	4.860	0.172
2006-01-05	ASAFZ03ABC_01	5	2006-01-20	5.044	0.196
2006-01-05	ASAFZ03ABC_01	7	2006-01-20	2.953	0.165
2006-01-05	ASAFZ03ABC_01	10	2006-01-20	3.962	0.230
2006-01-05	ASAFZ03ABC_01	12	2006-01-20	5.477	0.241
2006-01-05	ASAFZ03ABC_01	16	2006-01-20	4.183	0.143
2006-01-05	ASAFZ03ABC_01	1	2006-01-20	4.860	0.172
2006-01-05	ASAFZ03ABC_01	5	2006-01-20	5.044	0.196
2006-01-05	ASAFZ03ABC_01	7	2006-01-20	2.953	0.165
2006-01-05	ASAFZ03ABC_01	10	2006-01-20	3.962	0.230
2006-01-05	ASAFZ03ABC_01	12	2006-01-20	5.477	0.241
2006-01-05	ASAFZ03ABC_01	16	2006-01-20	4.183	0.143
2006-04-13	ASAFZ03ABC_01	3	2006-05-10	2.943	0.140
2006-04-13	ASAFZ03ABC_01	4	2006-05-10	3.020	0.177
2006-04-13	ASAFZ03ABC_01	6	2006-05-10	3.822	0.196
2006-04-13	ASAFZ03ABC_01	11	2006-05-10	3.409	0.180
2006-04-13	ASAFZ03ABC_01	13	2006-05-10	3.506	0.190
2006-04-13	ASAFZ03ABC_01	14	2006-05-10	3.055	0.168
2006-07-09	ASAFZ03ABC_01	3	2006-07-25	12.714	0.122
2006-07-09	ASAFZ03ABC_01	5	2006-07-25	12.717	0.112
2006-07-09	ASAFZ03ABC_01	7	2006-07-25	10.828	0.189
2006-07-09	ASAFZ03ABC_01	10	2006-07-25	11.995	0.204
2006-07-09	ASAFZ03ABC_01	12	2006-07-25	12.918	0.221
2006-07-09	ASAFZ03ABC_01	14	2006-07-25	13.235	0.251
2006-11-11	ASAFZ03ABC_01	3	2006-12-05	7.390	0.241
2006-11-11	ASAFZ03ABC_01	5	2006-12-05	7.170	0.222
2006-11-11	ASAFZ03ABC_01	7	2006-12-05	6.620	0.192
2006-11-11	ASAFZ03ABC_01	10	2006-12-05	6.560	0.255
2006-11-11	ASAFZ03ABC_01	12	2006-12-05	7.810	0.214
2006-11-11	ASAFZ03ABC_01	14	2006-12-05	7.470	0.228
2004-10-05	ASAZH01ABC_01	1	2005-02-25	12.990	0.115
2004-10-05	ASAZH01ABC_01	4	2005-02-25	12.340	0.116
2004-10-05	ASAZH01ABC_01	6	2005-02-25	11.770	0.117
2004-10-05	ASAZH01ABC_01	11	2005-02-25	12.450	0.120
2004-10-05	ASAZH01ABC_01	16	2005-02-25	12.660	0.124
2004-10-05	ASAZH01ABC_01	17	2005-02-25	11.360	0.118
2005-07-17	ASAZH01ABC_01	2	2005-07-25	11.640	0.103
2005-07-17	ASAZH01ABC_01	4	2005-07-25	13.940	0.105
2005-07-17	ASAZH01ABC_01	6	2005-07-25	15.040	0.089

（续）

日期	样地代码	样方号	室内分析日期	土壤含水量（%）	土壤微生物生物量碳（g/kg）
2005-07-17	ASAZH01ABC_01	11	2005-07-25	12.590	0.069
2005-07-17	ASAZH01ABC_01	13	2005-07-25	14.490	0.107
2005-07-17	ASAZH01ABC_01	15	2005-07-25	13.810	0.106
2005-11-15	ASAZH01ABC_01	2	2005-11-25	11.264	0.170
2005-11-15	ASAZH01ABC_01	4	2005-11-25	12.893	0.152
2005-11-15	ASAZH01ABC_01	6	2005-11-25	13.464	0.159
2005-11-15	ASAZH01ABC_01	11	2005-11-25	11.325	0.151
2005-11-15	ASAZH01ABC_01	13	2005-11-25	11.786	0.185
2005-11-15	ASAZH01ABC_01	15	2005-11-25	10.819	0.137
2006-01-05	ASAZH01ABC_01	2	2006-01-20	6.338	0.148
2006-01-05	ASAZH01ABC_01	4	2006-01-20	6.404	0.112
2006-01-05	ASAZH01ABC_01	6	2006-01-20	8.676	0.153
2006-01-05	ASAZH01ABC_01	11	2006-01-20	7.012	0.124
2006-01-05	ASAZH01ABC_01	13	2006-01-20	8.508	0.130
2006-01-05	ASAZH01ABC_01	15	2006-01-20	7.852	0.149
2006-01-05	ASAZH01ABC_01	2	2006-01-20	6.338	0.148
2006-01-05	ASAZH01ABC_01	4	2006-01-20	6.404	0.112
2006-01-05	ASAZH01ABC_01	6	2006-01-20	8.676	0.153
2006-01-05	ASAZH01ABC_01	11	2006-01-20	7.012	0.124
2006-01-05	ASAZH01ABC_01	13	2006-01-20	8.508	0.130
2006-01-05	ASAZH01ABC_01	15	2006-01-20	7.852	0.149
2006-04-13	ASAZH01ABC_01	3	2006-05-10	4.375	0.175
2006-04-13	ASAZH01ABC_01	5	2006-05-10	4.861	0.148
2006-04-13	ASAZH01ABC_01	7	2006-05-10	5.312	0.195
2006-04-13	ASAZH01ABC_01	10	2006-05-10	4.065	0.141
2006-04-13	ASAZH01ABC_01	12	2006-05-10	4.119	0.172
2006-04-13	ASAZH01ABC_01	14	2006-05-10	5.173	0.163
2006-07-10	ASAZH01ABC_01	3	2006-07-25	6.553	0.182
2006-07-10	ASAZH01ABC_01	5	2006-07-25	6.136	0.212
2006-07-10	ASAZH01ABC_01	7	2006-07-25	7.322	0.193
2006-07-10	ASAZH01ABC_01	10	2006-07-25	6.615	0.191
2006-07-10	ASAZH01ABC_01	12	2006-07-25	7.424	0.209
2006-07-10	ASAZH01ABC_01	14	2006-07-25	7.307	0.265
2006-11-10	ASAZH01ABC_01	3	2006-12-05	7.120	0.170
2006-11-10	ASAZH01ABC_01	5	2006-12-05	8.240	0.191
2006-11-10	ASAZH01ABC_01	7	2006-12-05	8.250	0.209
2006-11-10	ASAZH01ABC_01	10	2006-12-05	8.150	0.210
2006-11-10	ASAZH01ABC_01	12	2006-12-05	6.860	0.196
2006-11-10	ASAZH01ABC_01	14	2006-12-05	7.610	0.213
2005-11-15	ASAZQ01ABO_01	1	2005-11-25	6.200	0.067
2006-01-05	ASAZQ01ABO_01	1	2006-01-20	5.986	0.032
2006-01-05	ASAZQ01ABO_01	2	2006-01-20	9.394	0.045
2006-01-05	ASAZQ01ABO_01	3	2006-01-20	9.315	0.068
2006-01-05	ASAZQ01ABO_01	4	2006-01-20	8.522	0.070
2006-01-05	ASAZQ01ABO_01	5	2006-01-20	8.299	0.096
2006-01-05	ASAZQ01ABO_01	6	2006-01-20	8.904	0.084
2006-01-05	ASAZQ01ABO_01	1	2006-01-20	5.986	0.032
2006-01-05	ASAZQ01ABO_01	2	2006-01-20	9.394	0.045
2006-01-05	ASAZQ01ABO_01	3	2006-01-20	9.315	0.068

（续）

日期	样地代码	样方号	室内分析日期	土壤含水量（%）	土壤微生物生物量碳（g/kg）
2006-01-05	ASAZQ01ABO_01	4	2006-01-20	8.522	0.070
2006-01-05	ASAZQ01ABO_01	5	2006-01-20	8.299	0.096
2006-01-05	ASAZQ01ABO_01	6	2006-01-20	8.904	0.084
2006-04-12	ASAZQ01ABO_01	1	2006-05-10	3.050	0.084
2006-04-12	ASAZQ01ABO_01	2	2006-05-10	3.139	0.073
2006-04-12	ASAZQ01ABO_01	3	2006-05-10	3.848	0.085
2006-04-12	ASAZQ01ABO_01	4	2006-05-10	3.423	0.087
2006-04-12	ASAZQ01ABO_01	5	2006-05-10	3.978	0.092
2006-04-12	ASAZQ01ABO_01	6	2006-05-10	4.046	0.872
2006-07-09	ASAZQ01ABO_01	1	2006-07-25	9.568	0.123
2006-07-09	ASAZQ01ABO_01	2	2006-07-25	9.044	0.107
2006-07-09	ASAZQ01ABO_01	3	2006-07-25	8.663	0.137
2006-07-09	ASAZQ01ABO_01	4	2006-07-25	8.367	0.129
2006-07-09	ASAZQ01ABO_01	5	2006-07-25	6.909	0.134
2006-07-09	ASAZQ01ABO_01	6	2006-07-25	7.067	0.102
2006-11-14	ASAZQ01ABO_01	1	2006-12-05	5.410	0.096
2006-11-14	ASAZQ01ABO_01	2	2006-12-05	7.620	0.113
2006-11-14	ASAZQ01ABO_01	3	2006-12-05	8.810	0.107
2006-11-14	ASAZQ01ABO_01	4	2006-12-05	8.380	0.130
2006-11-14	ASAZQ01ABO_01	5	2006-12-05	8.760	0.106
2006-11-14	ASAZQ01ABO_01	6	2006-12-05	9.110	0.087
2005-11-15	ASAZQ03ABO_01	1	2005-11-25	10.200	0.101
2006-01-05	ASAZQ03ABO_01	1	2006-01-20	5.897	0.071
2006-01-05	ASAZQ03ABO_01	2	2006-01-20	6.215	0.098
2006-01-05	ASAZQ03ABO_01	3	2006-01-20	5.749	0.102
2006-01-05	ASAZQ03ABO_01	4	2006-01-20	5.610	0.059
2006-01-05	ASAZQ03ABO_01	5	2006-01-20	7.954	0.115
2006-01-05	ASAZQ03ABO_01	6	2006-01-20	7.589	0.105
2006-01-05	ASAZQ03ABO_01	1	2006-01-20	5.897	0.071
2006-01-05	ASAZQ03ABO_01	2	2006-01-20	6.215	0.098
2006-01-05	ASAZQ03ABO_01	3	2006-01-20	5.749	0.102
2006-01-05	ASAZQ03ABO_01	4	2006-01-20	5.610	0.059
2006-01-05	ASAZQ03ABO_01	5	2006-01-20	7.954	0.115
2006-01-05	ASAZQ03ABO_01	6	2006-01-20	7.589	0.105
2006-04-12	ASAZQ03ABO_01	1	2006-05-10	3.460	0.122
2006-04-12	ASAZQ03ABO_01	2	2006-05-10	4.243	0.123
2006-04-12	ASAZQ03ABO_01	3	2006-05-10	4.888	0.094
2006-04-12	ASAZQ03ABO_01	4	2006-05-10	5.128	0.127
2006-04-12	ASAZQ03ABO_01	5	2006-05-10	4.015	0.148
2006-04-12	ASAZQ03ABO_01	6	2006-05-10	4.341	0.127
2006-07-09	ASAZQ03ABO_01	1	2006-07-25	10.026	0.149
2006-07-09	ASAZQ03ABO_01	2	2006-07-25	9.126	0.196
2006-07-09	ASAZQ03ABO_01	3	2006-07-25	9.294	0.144
2006-07-09	ASAZQ03ABO_01	4	2006-07-25	9.769	0.133
2006-07-09	ASAZQ03ABO_01	5	2006-07-25	9.011	0.141
2006-07-09	ASAZQ03ABO_01	6	2006-07-25	9.011	0.101
2006-11-14	ASAZQ03ABO_01	1	2006-12-05	7.520	0.142
2006-11-14	ASAZQ03ABO_01	2	2006-12-05	7.580	0.170

（续）

日期	样地代码	样方号	室内分析日期	土壤含水量（%）	土壤微生物生物量碳（g/kg）
2006-11-14	ASAZQ03ABO_01	3	2006-12-05	8.390	0.111
2006-11-14	ASAZQ03ABO_01	4	2006-12-05	8.040	0.161
2006-11-14	ASAZQ03ABO_01	5	2006-12-05	8.620	0.146
2006-11-14	ASAZQ03ABO_01	6	2006-12-05	8.760	0.178

4.2　土壤监测数据

4.2.1　土壤阳离子交换量

表 4-17　土壤交换量

日期	样地代码	采样分区编号	作物	采样深度（cm）	交换性钾离子 mmol/kg（K^+）	交换性钠离子 mmol/kg（Na^+）	阳离子交换量 mmol/kg（+）
2005-10-05	ASAFZ01BOO_01	4	玉米	0～20	1.85	3.30	74.61
2005-10-05	ASAFZ01BOO_01	1	玉米	0～20	1.51	4.75	89.59
2005-10-05	ASAFZ01BOO_01	2	玉米	0～20	6.35	3.64	74.83
2005-10-05	ASAFZ01BOO_01	3	玉米	0～20	2.05	3.60	82.39
2005-10-05	ASAFZ02BOO_01	1	玉米	0～20	1.72	5.57	89.01
2005-10-05	ASAFZ02BOO_01	2	玉米	0～20	2.08	6.81	78.68
2005-10-05	ASAFZ02BOO_01	3	玉米	0～20	1.92	4.41	75.92
2005-10-05	ASAFZ02BOO_01	4	玉米	0～20	1.62	5.96	79.63
2005-10-08	ASAFZ03ABC_01	1	谷子	0～20	2.26	3.62	61.96
2005-10-08	ASAFZ03ABC_01	5	谷子	0～20	2.42	7.20	61.59
2005-10-08	ASAFZ03ABC_01	10	谷子	0～20	2.24	6.94	55.20
2005-10-08	ASAFZ03ABC_01	16	谷子	0～20	1.67	6.13	53.81
2005-10-05	ASAZH01ABC_01	2	玉米	0～20	1.78	5.30	70.54
2005-10-05	ASAZH01ABC_01	4	玉米	0～20	4.23	4.35	71.63
2005-10-05	ASAZH01ABC_01	6	玉米	0～20	8.49	3.77	80.94
2005-10-05	ASAZH01ABC_01	11	玉米	0～20	3.82	3.58	80.72
2005-10-05	ASAZH01ABC_01	13	玉米	0～20	2.05	4.78	71.41
2005-10-05	ASAZH01ABC_01	15	玉米	0～20	10.41	5.21	81.23
2005-10-10	ASAZQ01ABO_01	1	玉米	0～20	1.58	6.33	60.21
2005-10-10	ASAZQ01ABO_01	2	玉米	0～20	1.82	1.13	58.90
2005-10-10	ASAZQ01ABO_01	3	玉米	0～20	1.62	4.49	69.30
2005-10-10	ASAZQ01ABO_01	4	玉米	0～20	4.03	2.62	68.94
2005-10-10	ASAZQ01ABO_01	5	玉米	0～20	1.98	3.71	98.76
2005-10-10	ASAZQ01ABO_01	6	玉米	0～20	1.67	0.88	65.89
2005-10-10	ASAZQ03ABO_01	1	玉米	0～20	1.57	3.47	71.70
2005-10-10	ASAZQ03ABO_01	2	玉米	0～20	1.99	3.64	77.59
2005-10-10	ASAZQ03ABO_01	3	玉米	0～20	1.35	0.34	76.07
2005-10-10	ASAZQ03ABO_01	4	玉米	0～20	1.62	1.80	67.49
2005-10-10	ASAZQ03ABO_01	5	玉米	0～20	2.57	2.17	75.48
2005-10-10	ASAZQ03ABO_01	6	玉米	0～20	2.01	2.32	68.21

4.2.2 土壤养分含量

表 4-18 土壤养分

日期	样地代码	采样分区编号	作物	采样深度（cm）	土壤有机质（g/kg）	全氮（g/kg）	全磷（g/kg）	全钾（g/kg）	速效氮（mg/kg）	有效磷（mg/kg）	速效钾（mg/kg）	缓效钾（mg/kg）	水溶液提 pH
2004-10-14	ASAFZ03ABC_01	1	大豆	0～20	7.28	0.50	0.66	17.30	52.50	34.30	168.80	895.20	8.61
2004-10-14	ASAFZ03ABC_01	1	大豆	20～40	3.25	0.24	0.56	17.50	13.50	2.08	57.80	833.85	8.76
2004-10-14	ASAFZ03ABC_01	1	大豆	40～60	4.01	0.28	0.59	17.70					
2004-10-14	ASAFZ03ABC_01	1	大豆	60～80	4.08	0.28	0.59	17.40					
2004-10-14	ASAFZ03ABC_01	1	大豆	80～100	3.46	0.25	0.61	17.70					
2004-10-14	ASAFZ03ABC_01	4	大豆	0～20	6.22	0.41	0.59	17.40	30.70	9.72	81.10	808.55	8.69
2004-10-14	ASAFZ03ABC_01	4	大豆	20～40	2.44	0.21	0.53	17.10	13.20	0.89	52.60	744.20	8.74
2004-10-14	ASAFZ03ABC_01	4	大豆	40～60	2.55	0.21	0.54	17.70					
2004-10-14	ASAFZ03ABC_01	4	大豆	60～80	3.36	0.20	0.56	17.60					
2004-10-14	ASAFZ03ABC_01	4	大豆	80～100	3.48	0.17	0.54	17.00					
2004-10-14	ASAFZ03ABC_01	6	大豆	0～20	6.11	0.42	0.65	18.00	36.00	13.90	126.00	908.00	8.54
2004-10-14	ASAFZ03ABC_01	6	大豆	20～40	2.34	0.21	0.55	18.10	12.50	0.96	54.60	799.40	8.69
2004-10-14	ASAFZ03ABC_01	6	大豆	40～60	2.10	0.20	0.55	18.20					
2004-10-14	ASAFZ03ABC_01	6	大豆	60～80	3.42	0.23	0.55	18.00					
2004-10-14	ASAFZ03ABC 01	6	大豆	80～100	2.87	0.21	0.60	18.40					
2004-10-14	ASAFZ03ABC_01	11	大豆	0～20	5.29	0.41	0.64	18.20	35.00	12.80	131.70	902.75	8.63
2004-10-14	ASAFZ03ABC_01	11	大豆	20～40	2.42	0.21	0.56	17.90	13.20	1.50	59.40	826.25	8.76
2004-10-14	ASAFZ03ABC_01	11	大豆	40～60	2.78	0.22	0.56	17.70					
2004-10-14	ASAFZ03ABC_01	11	大豆	60～80	2.87	0.20	0.57	17.60					
2004-10-14	ASAFZ03ABC_01	11	大豆	80～100	2.51	0.18	0.57	18.20					
2004-10-14	ASAFZ03ABC_01	13	大豆	0～20	7.40	0.47	0.66	18.00	34.30	18.80	117.90	931.70	8.52
2004-10-14	ASAFZ03ABC_01	13	大豆	20～40	4.33	0.29	0.57	18.30	14.20	2.90	59.90	920.10	8.52
2004-10-14	ASAFZ03ABC_01	13	大豆	40～60	4.22	0.29	0.59	18.20					
2004-10-14	ASAFZ03ABC_01	13	大豆	60～80	3.96	0.27	0.60	18.40					
2004-10-14	ASAFZ03ABC_01	13	大豆	80～100	4.10	0.28	0.60	18.50					
2004-10-14	ASAFZ03ABC_01	16	大豆	0～20	5.12	0.36	0.61	18.20	25.10	9.20	112.80	918.85	8.68
2004-10-14	ASAFZ03ABC_01	16	大豆	20～40	2.35	0.20	0.58	18.10	11.90	2.20	60.90	856.30	8.72
2004-10-14	ASAFZ03ABC_01	16	大豆	40～60	2.67	0.21	0.55	17.70					
2004-10-14	ASAFZ03ABC_01	16	大豆	60～80	2.22	0.18	0.54	17.70					
2004-10-14	ASAFZ03ABC_01	16	大豆	80～100	2.01	0.18	0.54	18.00					
2005-10-05	ASAFZ01BOO-01	1	玉米	0～20	6.90	0.44	0.64	18.99	34.7	12.81	117.80	331.29	8.61
2005-10-05	ASAFZ01BOO-01	1	玉米	20～40	7.91	0.51	0.67	17.67	36.1	13.97	95.35	324.79	8.54
2005-10-05	ASAFZ01BOO-01	1	玉米	40～60	6.44	0.43	0.60	19.52	/		83.39		/
2005-10-05	ASAFZ01BOO-01	1	玉米	60～80	5.41	0.38	0.57	18.63	/		85.13		/
2005-10-05	ASAFZ01BOO-01	1	玉米	80～100	4.04	0.30	0.55	18.35	/		79.01		/
2005-10-05	ASAFZ01BOO-01	2	玉米	0～20	6.72	0.43	0.63	18.42	43.7	13.29	115.04	332.52	8.49
2005-10-05	ASAFZ01BOO-01	2	玉米	20～40	7.25	0.46	0.64	18.62	35.1	9.79	93.31	332.61	8.56
2005-10-05	ASAFZ01BOO-01	2	玉米	40～60	5.46	0.38	0.59	17.99	/		84.02		/
2005-10-05	ASAFZ01BOO-01	2	玉米	60～80	5.40	0.38	0.57	17.68	/		84.14		/
2005-10-05	ASAFZ01BOO-01	2	玉米	80～100	4.54	0.31	0.57	17.73	/		79.44		/
2005-10-05	ASAFZ01BOO-01	3	玉米	0～20	7.67	0.49	0.66	18.11	38.2	14.54	117.23	327.61	8.54
2005-10-05	ASAFZ01BOO-01	3	玉米	20～40	6.18	0.40	0.60	19.10	30.6	5.64	88.02	321.59	8.55
2005-10-05	ASAFZ01BOO-01	3	玉米	40～60	4.90	0.35	0.56	20.85	/		80.99		/
2005-10-05	ASAFZ01BOO-01	3	玉米	60～80	4.41	0.32	0.55	19.76	/		78.47		/

（续）

日期	样地代码	采样分区编号	作物	采样深度（cm）	土壤有机质（g/kg）	全氮（g/kg）	全磷（g/kg）	全钾（g/kg）	速效氮（mg/kg）	有效磷（mg/kg）	速效钾（mg/kg）	缓效钾（mg/kg）	水溶液提 pH
2005-10-05	ASAFZ01BOO-01	3	玉米	80～100	3.51	0.27	0.56	19.38	/		71.58		/
2005-10-05	ASAFZ01BOO-01	4	玉米	0～20	7.89	0.51	0.67	18.34	38.2	13.74	112.35	312.84	8.52
2005-10-05	ASAFZ01BOO-01	4	玉米	20～40	6.79	0.44	0.61	18.34	34.4	9.06	88.60	308.34	8.55
2005-10-05	ASAFZ01BOO-01	4	玉米	40～60	5.94	0.41	0.58	16.87	/		86.34		/
2005-10-05	ASAFZ01BOO-01	4	玉米	60～80	5.50	0.38	0.58	16.95	/		91.10		/
2005-10-05	ASAFZ01BOO-01	4	玉米	80～100	3.97	0.29	0.56	16.41	/		80.70		/
2006-10-14	ASAFZ01BOO-01	1	玉米	0～20	6.62	0.414	0.619		28.76	11.39	110.41		8.77
2006-10-14	ASAFZ01BOO-01	1	玉米	20～40	8.72	0.528	0.664		29.83	11.31	84.65		8.84
2006-10-14	ASAFZ01BOO-01	2	玉米	0～20	7.73	0.480	0.658		32.35	11.45	112.06		8.79
2006-10-14	ASAFZ01BOO-01	2	玉米	20～40	6.36	0.247	0.664		26.96	12.73	91.99		8.82
2006-10-14	ASAFZ01BOO-01	3	玉米	0～20	8.10	0.503	0.665		32.35	11.58	104.91		8.75
2006-10-14	ASAFZ01BOO-01	3	玉米	20～40	5.90	0.374	0.591		21.57	3.20	77.82		8.81
2006-10-14	ASAFZ01BOO-01	4	玉米	0～20	7.42	0.474	0.625		31.27	9.02	103.86		8.62
2006-10-14	ASAFZ01BOO-01	4	玉米	20～40	5.74	0.381	0.581		18.69	2.72	73.74		8.69
2007-10-21	ASAFZ01BOO-01	1	大豆	0～20	6.84	0.425	0.634		25.23	10.41	130.60	886.88	8.79
2007-10-21	ASAFZ01BOO-01	1	大豆	20～40	7.98	0.481	0.652		31.91	8.59	89.93	879.35	8.82
2007-10-21	ASAFZ01BOO-01	2	大豆	0～20	8.54	0.491	0.663		30.42	12.02	124.78	868.03	8.76
2007-10-21	ASAFZ01BOO-01	2	大豆	20～40	7.36	0.473	0.687		29.31	10.05	90.19	790.58	8.81
2007-10-21	ASAFZ01BOO-01	3	大豆	0～20	8.41	0.494	0.659		31.16	10.98	115.45	787.28	8.74
2007-10-21	ASAFZ01BOO-01	3	大豆	20～40	6.31	0.404	0.617		25.97	4.66	85.52	758.76	8.83
2007-10-21	ASAFZ01BOO-01	4	大豆	0～20	8.10	0.480	0.687		27.45	10.19	104.23	724.09	8.74
2007-10-21	ASAFZ01BOO-01	4	大豆	20～40	6.20	0.387	0.696		24.12	10.39	77.05	714.12	8.76
2005-10-05	ASAFZ02BOO-01	1	玉米	0～20	9.42	0.59	0.69	17.67	67.0	20.5	132.90	735.39	8.48
2005-10-05	ASAFZ02BOO-01	1	玉米	20～40	8.92	0.63	0.69	17.89	62.8	7.89	87.49	756.8	8.52
2005-10-05	ASAFZ02BOO-01	1	玉米	40～60	5.79	0.41	0.59	18.01	/		75.69		/
2005-10-05	ASAFZ02BOO-01	1	玉米	60～80	3.82	0.30	0.56	17.97	/		63.50		/
2005-10-05	ASAFZ02BOO-01	1	玉米	80～100	3.61	0.27	0.57	18.91	/		69.60		/
2005-10-05	ASAFZ02BOO-01	2	玉米	0～20	9.50	0.74	0.73	20.81	122.2	28.89	129.24	743.81	8.21
2005-10-05	ASAFZ02BOO-01	2	玉米	20～40	7.94	0.53	0.61	18.89	52.1	3.76	78.74	674.67	8.49
2005-10-05	ASAFZ02BOO-01	2	玉米	40～60	4.36	0.31	0.57	19.52	/		64.45		/
2005-10-05	ASAFZ02BOO-01	2	玉米	60～80	3.48	0.28	0.59	18.98	/		56.35		/
2005-10-05	ASAFZ02BOO-01	2	玉米	80～100	3.04	0.25	0.57	18.68	/		61.07		/
2005-10-05	ASAFZ02BOO-01	3	玉米	0～20	9.94	0.65	0.67	18.29	65.6	11.47	112.67	717.79	8.41
2005-10-05	ASAFZ02BOO-01	3	玉米	20～40	5.57	0.41	0.60	18.25	41.0	2.12	66.26	676.98	8.52
2005-10-05	ASAFZ02BOO-01	3	玉米	40～60	3.90	0.30	0.58	18.24	/		60.19		/
2005-10-05	ASAFZ02BOO-01	3	玉米	60～80	3.37	0.26	0.58	18.95	/		56.95		/
2005-10-05	ASAFZ02BOO-01	3	玉米	80～100	3.03	0.23	0.58	17.92	/		57.28		/
2005-10-05	ASAFZ02BOO-01	4	玉米	0～20	9.11	0.60	0.66	17.41	64.2	14.14	123.69	728.07	8.49
2005-10-05	ASAFZ02BOO-01	4	玉米	20～40	5.18	0.38	0.58	16.69	41.7	1.91	68.83	655.25	8.54
2005-10-05	ASAFZ02BOO-01	4	玉米	40～60	3.63	0.28	0.58	16.96	/		56.57		/
2005-10-05	ASAFZ02BOO-01	4	玉米	60～80	3.36	0.25	0.57	17.11	/		63.30		/
2005-10-05	ASAFZ02BOO-01	4	玉米	80～100	3.02	0.22	0.55	20.39	/		63.94		/
2006-10-14	ASAFZ02BOO-01	1	玉米	0～20	10.18	0.598	0.671		42.06	13.54	109.46		8.69
2006-10-14	ASAFZ02BOO-01	1	玉米	20～40	10.05	0.621	0.668		43.85	9.87	89.12		8.73
2006-10-14	ASAFZ02BOO-01	2	玉米	0～20	11.49	0.694	0.728		49.60	9.91	124.29		8.58
2006-10-14	ASAFZ02BOO-01	2	玉米	20～40	7.98	0.510	0.622		33.79	3.19	76.41		8.74
2006-10-14	ASAFZ02BOO-01	3	玉米	0～20	10.35	0.638	0.693		41.70	10.89	93.63		8.77

（续）

日期	样地代码	采样分区编号	作物	采样深度（cm）	土壤有机质（g/kg）	全氮（g/kg）	全磷（g/kg）	全钾（g/kg）	速效氮（mg/kg）	有效磷（mg/kg）	速效钾（mg/kg）	缓效钾（mg/kg）	水溶液提 pH
2006-10-14	ASAFZ02BOO-01	3	玉米	20～40	6.17	0.423	0.576		28.04	2.32	68.96		8.83
2006-10-14	ASAFZ02BOO-01	4	玉米	0～20	8.68	0.540	0.584		37.38	5.59	108.63		8.76
2006-10-14	ASAFZ02BOO-01	4	玉米	20～40	4.94	0.351	0.575		21.21	2.11	63.79		8.86
2007-10-21	ASAFZ02BOO-01	1	大豆	0～20	10.04	0.609	0.731		36.36	16.09	130.81	814.03	8.77
2007-10-21	ASAFZ02BOO-01	1	大豆	20～40	9.88	0.611	0.677		39.70	6.79	94.27	778.18	8.81
2007-10-21	ASAFZ02BOO-01	2	大豆	0～20	11.50	0.673	0.712		43.78	14.19	124.97	822.67	8.66
2007-10-21	ASAFZ02BOO-01	2	大豆	20～40	9.52	0.558	0.650		37.10	5.52	85.05	746.32	8.76
2007-10-21	ASAFZ02BOO-01	3	大豆	0～20	11.57	0.648	0.715		44.52	27.4	121.64	823.84	8.64
2007-10-21	ASAFZ02BOO-01	3	大豆	20～40	7.04	0.442	0.598		32.65	3.43	85.31	755.45	8.78
2007-10-21	ASAFZ02BOO-01	4	大豆	0～20	8.97	0.552	0.681		36.73	30.73	114.57	805.64	8.73
2007-10-21	ASAFZ02BOO-01	4	大豆	20～40	4.89	0.330	0.560		20.03	1.82	63.28	793.25	8.86
1999-10-22	ASAFZ03ABC_01	1	谷子	20	8.9	0.283	0.48	18.16					8.20
1999-10-22	ASAFZ03ABC_01	2	谷子	20	7.8	0.311	0.73	18.25					
1999-10-22	ASAFZ03ABC_01	7	谷子	20	5.4	0.315	0.68	17.91					
1999-10-22	ASAFZ03ABC_01	8	谷子	20	4.5	0.346	0.68	18.33					
1999-10-22	ASAFZ03ABC_01	9	谷子	20	4.4	0.328	0.65	17.91					
1999-10-22	ASAFZ03ABC_01	10	谷子	20	7.8	0.373	0.55	18.25					
1999-10-22	ASAFZ03ABC_01	15	谷子	20	4.9	0.337	0.55	17.24					
1999-10-22	ASAFZ03ABC_01	16	谷子	20	8.7	0.368	0.63	18.00					
1999-10-22	ASAFZ03ABC_01	17	谷子	20	5.3	0.376	0.59	17.41					8.30
2000-10-28	ASAFZ03ABC_01	1	糜子	0～20	4.38	0.308	0.597	19.60		6.77	87.2	867	
2000-10-28	ASAFZ03ABC_01	1	糜子	20～40	3.65	0.247	0.563	19.60		1.92	52.5	818	
2000-10-28	ASAFZ03ABC_01	1	糜子	40～60	4.10	0.264	0.617	19.90		3.41	75.2	957	
2000-10-28	ASAFZ03ABC_01	7	糜子	0～20	3.62	0.260	0.596	19.20		3.99	76.7	814	
2000-10-28	ASAFZ03ABC_01	7	糜子	20～40	2.64	0.204	0.566	19.50		0.86	51.4	785	
2000-10-28	ASAFZ03ABC_01	7	糜子	40～60	2.67	0.206	0.578	18.90		0.82	55.1	771	
2000-10-28	ASAFZ03ABC_01	11	糜子	0～20	3.86	0.325	0.611	19.40		5.29	114.1	840	
2000-10-28	ASAFZ03ABC_01	11	糜子	20～40	2.69	0.202	0.574	19.30		1.08	59.6	792	
2000-10-28	ASAFZ03ABC_01	11	糜子	40～60	2.76	0.203	0.567	19.10		1.20	67.3	807	
2001-10-22	ASAFZ03ABC_01	2	谷子	0～20	4.90	0.328	0.654	19.22		13.06	95.0	694.2	
2001-10-22	ASAFZ03ABC_01	2	谷子	20～40	2.86	0.193	0.571	20.39		2.04	52.6	728.9	
2001-10-22	ASAFZ03ABC_01	2	谷子	40～60	2.90	0.181	0.568	19.83		1.46	52.3	704.9	
2001-10-22	ASAFZ03ABC_01	8	谷子	0～20	4.53	0.288	0.598	20.33		7.30	96.5	654.5	
2001-10-22	ASAFZ03ABC_01	8	谷子	20～40	3.00	0.200	0.559	19.70		1.68	48.9	592.7	
2001-10-22	ASAFZ03ABC_01	8	谷子	40～60	3.53	0.215	0.569	19.56		1.82	53.6	658.7	
2001-10-22	ASAFZ03ABC_01	9	谷子	0～20	5.36	0.307	0.630	19.23		9.88	103.8	734.9	
2001-10-22	ASAFZ03ABC_01	9	谷子	20～40	4.00	0.235	0.612	20.21		3.14	63.1	713.0	
2001-10-22	ASAFZ03ABC_01	9	谷子	40～60	4.25	0.255	0.599	19.92		3.75	58.6	712.6	
2001-10-22	ASAFZ03ABC_01	15	谷子	0～20	5.36	0.301	0.618	19.18		8.82	104.0	754.0	
2001-10-22	ASAFZ03ABC_01	15	谷子	20～40	3.08	0.186	0.590	19.19		2.89	70.8	822.9	
2001-10-22	ASAFZ03ABC_01	15	谷子	40～60	2.75	0.178	0.576	19.32		1.79	56.8	767.2	
2002-10-15	ASAFZ03ABC_01	1	大豆	0～20	5.38	0.342			21.5	18.90	135.00		
2002-10-15	ASAFZ03ABC_01	1	大豆	20～40	3.67	0.222			12.1	3.70	67.00		
2002-10-15	ASAFZ03ABC_01	1	大豆	40～60	4.27	0.258			13.5	3.50	68.00		
2002-10-15	ASAFZ03ABC_01	4	大豆	0～20	4.96	0.316			22.2	11.80	91.00		
2002-10-15	ASAFZ03ABC_01	4	大豆	20～40	3.34	0.201			12.8	1.90	52.00		
2002-10-15	ASAFZ03ABC_01	4	大豆	40～60	2.82	0.176			12.1	0.90	50.00		

（续）

日期	样地代码	采样分区编号	作物	采样深度 (cm)	土壤有机质 (g/kg)	全氮 (g/kg)	全磷 (g/kg)	全钾 (g/kg)	速效氮 (mg/kg)	有效磷 (mg/kg)	速效钾 (mg/kg)	缓效钾 (mg/kg)	水溶液提 pH
2002-10-15	ASAFZ03ABC_01	7	大豆	0～20	4.81	0.312			20.9	14.30	113.00		
2002-10-15	ASAFZ03ABC_01	7	大豆	20～40	3.11	0.224			12.1	2.30	61.00		
2002-10-15	ASAFZ03ABC_01	7	大豆	40～60	3.05	0.198			10.1	1.70	55.00		
2002-10-15	ASAFZ03ABC_01	10	大豆	0～20	5.14	0.317			20.2	12.60	109.00		
2002-10-15	ASAFZ03ABC_01	10	大豆	20～40	2.84	0.173			10.8	3.30	63.00		
2002-10-15	ASAFZ03ABC_01	10	大豆	40～60	2.73	0.167			10.1	1.40	57.00		
2002-10-15	ASAFZ03ABC_01	13	大豆	0～20	6.15	0.363			26.9	16.00	135.00		
2002-10-15	ASAFZ03ABC_01	13	大豆	20～40	4.45	0.270			19.5	3.40	68.00		
2002-10-15	ASAFZ03ABC_01	13	大豆	40～60	4.10	0.283			16.2	3.50	69.00		
2002-10-15	ASAFZ03ABC_01	16	大豆	0～20	5.92	0.355			26.6	2.50	148.00		
2002-10-15	ASAFZ03ABC_01	16	大豆	20～40	2.80	0.177			13.5	2.90	70.00		
2002-10-15	ASAFZ03ABC_01	16	大豆	40～60	2.71	0.185			12.5	1.60	63.00		
2003-10-17	ASAFZ03ABC_01	2	谷子	0～20	5.67	0.370	0.64		28.30	15.12	95.90		
2003-10-17	ASAFZ03ABC_01	2	谷子	20～40	2.95	0.210	0.55		13.10	2.18	60.40		
2003-10-17	ASAFZ03ABC_01	2	谷子	40～60	2.79	0.190	0.55		14.80	2.28	57.40		
2003-10-17	ASAFZ03ABC_01	3	谷子	0～20	5.20	0.320	0.62		22.50	19.53	91.00		
2003-10-17	ASAFZ03ABC_01	3	谷子	20～40	2.96	0.200	0.54		11.40	2.64	53.10		
2003-10-17	ASAFZ03ABC_01	3	谷子	40～60	2.79	0.190	0.54		13.40	1.97	57.50		
2003-10-17	ASAFZ03ABC_01	5	谷子	0～20	5.59	0.360	0.64		25.90	16.33	100.10		
2003-10-17	ASAFZ03ABC_01	5	谷子	20～40	3.65	0.240	0.58		17.20	2.91	70.70		
2003-10-17	ASAFZ03ABC_01	5	谷子	40～60	4.00	0.260	0.59		16.50	4.36	59.50		
2003-10-17	ASAFZ03ABC_01	11	谷子	0～20	4.85	0.320	0.63		21.20	11.47	87.10		
2003-10-17	ASAFZ03ABC_01	11	谷子	20～40	2.96	0.200	0.57		12.10	1.95	62.50		
2003-10-17	ASAFZ03ABC_01	11	谷子	40～60	2.69	0.190	0.55		12.10	1.30	67.50		
2003-10-17	ASAFZ03ABC_01	14	谷子	0～20	5.73	0.360	0.66		23.60	9.95	124.00		
2003-10-17	ASAFZ03ABC_01	14	谷子	20～40	3.33	0.210	0.59		12.50	3.66	66.30		
2003-10-17	ASAFZ03ABC_01	14	谷子	40～60	3.10	0.210	0.58		12.10	2.20	62.80		
2003-10-17	ASAFZ03ABC_01	15	谷子	0～20	4.98	0.340	0.64		23.90	16.98	91.50		
2003-10-17	ASAFZ03ABC_01	15	谷子	20～40	3.01	0.220	0.59		14.10	3.06	58.10		
2003-10-17	ASAFZ03ABC_01	15	谷子	40～60	2.75	0.200	0.58		17.80	2.40	60.90		
2005-10-08	ASAFZ03ABC_01	1	谷子	0～20	7.31	0.48	0.63	18.04	51.40	19.45	132.16	766.72	8.46
2005-10-08	ASAFZ03ABC_01	1	谷子	20～40	3.74	0.27	0.54	17.92	26.70	2.32	67.76	644.51	8.50
2005-10-08	ASAFZ03ABC_01	1	谷子	40～60	4.19	0.35	0.57	18.28	/		65.62		/
2005-10-08	ASAFZ03ABC_01	1	谷子	60～80	4.11	0.30	0.58	17.65	/		70.00		/
2005-10-08	ASAFZ03ABC_01	1	谷子	80～100	3.69	0.26	0.60	17.80	/		81.21		/
2005-10-08	ASAFZ03ABC_01	5	谷子	0～20	6.07	0.41	0.64	17.97	164.60	23.28	166.24	814.24	8.44
2005-10-08	ASAFZ03ABC_01	5	谷子	20～40	3.84	0.34	0.56	17.39	49.30	4.09	75.16	673.95	8.14
2005-10-08	ASAFZ03ABC_01	5	谷子	40～60	3.93	0.29	0.56	17.34	/		67.73		/
2005-10-08	ASAFZ03ABC_01	5	谷子	60～80	4.10	0.29	0.57	17.47	/		72.25		/
2005-10-08	ASAFZ03ABC_01	5	谷子	80～100	4.01	0.28	0.60	18.13	/		85.47		/
2005-10-08	ASAFZ03ABC_01	7	谷子	0～20	5.82	0.38	0.61	17.22	43.70	13.06	128.64	734.38	8.48
2005-10-08	ASAFZ03ABC_01	7	谷子	20～40	3.01	0.22	0.53	17.70	25.30	2.95	65.60	669.94	8.57
2005-10-08	ASAFZ03ABC_01	7	谷子	40～60	3.19	0.23	0.54	17.54	/		65.32		/
2005-10-08	ASAFZ03ABC_01	7	谷子	60～80	2.57	0.21	0.55	17.96	/		70.98		/
2005-10-08	ASAFZ03ABC_01	7	谷子	80～100	2.43	0.19	0.57	17.08	/		70.19		/
2005-10-08	ASAFZ03ABC_01	10	谷子	0～20	6.37	0.42	0.63	17.48	56.60	24.16	175.38	802.70	8.44
2005-10-08	ASAFZ03ABC_01	10	谷子	20～40	3.26	0.25	0.56	18.79	44.40	5.73	76.85	655.76	8.66

（续）

日期	样地代码	采样分区编号	作物	采样深度（cm）	土壤有机质（g/kg）	全氮（g/kg）	全磷（g/kg）	全钾（g/kg）	速效氮（mg/kg）	有效磷（mg/kg）	速效钾（mg/kg）	缓效钾（mg/kg）	水溶液提 pH
2005-10-08	ASAFZ03ABC_01	10	谷子	40～60	3.26	0.25	0.55	19.07	/		68.64		/
2005-10-08	ASAFZ03ABC_01	10	谷子	60～80	3.15	0.24	0.55	18.41	/		72.74		/
2005-10-08	ASAFZ03ABC_01	10	谷子	80～100	3.34	0.27	0.60	17.46	/		92.39		/
2005-10-08	ASAFZ03ABC_01	12	谷子	0～20	6.45	0.43	0.62	18.48	60.10	19.17	149.70	774.63	8.43
2005-10-08	ASAFZ03ABC_01	12	谷子	20～40	2.95	0.24	0.54	18.12	38.20	3.66	67.35	665.53	8.56
2005-10-08	ASAFZ03ABC_01	12	谷子	40～60	3.31	0.25	0.55	17.83	/		64.09		/
2005-10-08	ASAFZ03ABC_01	12	谷子	60～80	2.37	0.22	0.53	17.36	/		70.83		/
2005-10-08	ASAFZ03ABC_01	12	谷子	80～100	2.28	0.19	0.52	17.76	/		60.67		/
2005-10-08	ASAFZ03ABC_01	16	谷子	0～20	5.82	0.42	0.62	17.47	55.20	15.69	164.58	760.25	8.51
2005-10-08	ASAFZ03ABC_01	16	谷子	20～40	3.12	0.24	0.57	17.49	36.80	4.23	69.26	719.02	8.59
2005-10-08	ASAFZ03ABC_01	16	谷子	40～60	3.16	0.24	0.56	17.48	/		77.92		/
2005-10-08	ASAFZ03ABC_01	16	谷子	60～80	2.53	0.07	0.53	17.78	/		58.91		/
2005-10-08	ASAFZ03ABC_01	16	谷子	80～100	2.35	0.19	0.54	18.22	/		58.37		/
2006-10-14	ASAFZ03ABC_01	3	大豆	0～20	7.24	0.509	0.625	19.07	40.98	22.33	166.41	980.91	8.79
2006-10-14	ASAFZ03ABC_01	3	大豆	20～40	2.70	0.201	0.611	18.31	10.06	0.88	56.89	803.55	8.85
2006-10-14	ASAFZ03ABC_01	4	大豆	0～20	8.03	0.504	0.505	18.36	44.93	22.10	168.15	956.30	8.59
2006-10-14	ASAFZ03ABC_01	4	大豆	20～40	3.20	0.215	0.613	18.84	12.58	1.73	59.10	760.50	8.81
2006-10-14	ASAFZ03ABC_01	6	大豆	0～20	8.46	0.543	0.501	17.72	47.45	30.03	139.71	991.21	8.67
2006-10-14	ASAFZ03ABC_01	6	大豆	20～40	2.66	0.206	0.677	17.92	7.91	1.31	57.15	801.62	8.90
2006-10-14	ASAFZ03ABC_01	11	大豆	0～20	7.66	0.490	0.595	18.34	39.18	19.16	193.24	1053.89	8.84
2006-10-14	ASAFZ03ABC_01	11	大豆	20～40	2.54	0.202	0.708	18.35	9.35	0.83	59.01	843.36	8.87
2006-10-14	ASAFZ03ABC_01	13	大豆	0～20	8.52	0.525	0.580	18.32	39.54	23.57	184.05	1076.60	8.83
2006-10-14	ASAFZ03ABC_01	13	大豆	20～40	3.27	0.233	0.722	18.46	8.63	2.44	80.29	1011.96	8.91
2006-10-14	ASAFZ03ABC_01	14	大豆	0～20	8.74	0.556	0.676	18.20	41.34	18.26	154.42	1080.99	8.74
2006-10-14	ASAFZ03ABC_01	14	大豆	20～40	4.41	0.268	0.628	18.37	15.10	4.02	70.03	1010.65	8.82
2007-10-20	ASAFZ03ABC_01	1	谷子	0～20	9.09	0.556	0.637		48.60	24.85	142.30	893.82	8.71
2007-10-20	ASAFZ03ABC_01	1	谷子	20～40	4.11	0.272	0.537		18.18	3.63	61.92	803.05	8.87
2007-10-20	ASAFZ03ABC_01	5	谷子	0～20	9.69	0.580	0.704		50.09	32.77	189.67	940.90	8.73
2007-10-20	ASAFZ03ABC_01	5	谷子	20～40	3.46	0.235	0.548		14.10	2.69	73.22	776.67	8.95
2007-10-20	ASAFZ03ABC_01	7	谷子	0～20	9.45	0.571	0.666		47.49	33.06	180.73	867.99	8.80
2007-10-20	ASAFZ03ABC_01	7	谷子	20～40	3.21	0.207	0.537		14.84	1.82	65.43	755.42	8.93
2007-10-20	ASAFZ03ABC_01	10	谷子	0～20	9.37	0.576	0.673		45.26	24.15	203.77	877.03	8.80
2007-10-20	ASAFZ03ABC_01	10	谷子	20～40	3.14	0.208	0.528		13.36	1.85	64.10	838.87	8.95
2007-10-20	ASAFZ03ABC_01	12	谷子	0～20	6.59	0.389	0.608		31.91	17.56	134.30	926.46	8.86
2007-10-20	ASAFZ03ABC_01	12	谷子	20～40	4.94	0.308	0.569		25.60	8.69	91.68	804.89	8.90
2007-10-20	ASAFZ03ABC_01	16	谷子	0～20	8.20	0.509	0.650		38.96	24.65	191.43	842.53	8.72
2007-10-20	ASAFZ03ABC_01	16	谷子	20～40	2.99	0.193	0.553		14.47	2.42	77.39	880.37	8.93
2003-11-18	ASAZH01ABC_01	6	玉米	0～20	10.10	0.680	0.76		43.10	24.50	126.80		
2003-11-18	ASAZH01ABC_01	6	玉米	20～40	8.75	0.590	0.69		38.40	8.73	91.30		
2003-11-18	ASAZH01ABC_01	6	玉米	40～60	4.64	0.350	0.59		21.90	3.02	79.40		
2003-11-18	ASAZH01ABC_01	11	玉米	0～20	9.39	0.640	0.69		42.40	12.90	115.50		
2003-11-18	ASAZH01ABC_01	11	玉米	20～40	5.55	0.410	0.60		25.60	3.52	84.60		
2003-11-18	ASAZH01ABC_01	11	玉米	40～60	4.04	0.320	0.59		17.80	2.02	77.40		
2003-11-18	ASAZH01ABC_01	14	玉米	0～20	9.04	0.630	0.69		39.70	9.95	120.50		
2003-11-18	ASAZH01ABC_01	14	玉米	20～40	6.71	0.480	0.62		31.00	3.66	88.80		
2003-11-18	ASAZH01ABC_01	14	玉米	40～60	4.21	0.300	0.57		20.20	2.20	84.20		
2004-11-10	ASAZH01ABC_01	01	大豆	0～20	9.88	0.60	0.71	17.90	43.30	27.70	151.00	826.70	8.42

（续）

日期	样地代码	采样分区编号	作物	采样深度（cm）	土壤有机质（g/kg）	全氮（g/kg）	全磷（g/kg）	全钾（g/kg）	速效氮（mg/kg）	有效磷（mg/kg）	速效钾（mg/kg）	缓效钾（mg/kg）	水溶液提 pH
2004-11-10	ASAZH01ABC_01	01	大豆	20～40	10.44	0.65	0.74	18.00	45.60	12.90	91.00	837.00	8.57
2004-11-10	ASAZH01ABC_01	01	大豆	40～60	6.39	0.42	0.62	17.70					
2004-11-10	ASAZH01ABC_01	01	大豆	60～80	3.85	0.29	0.59	17.80					
2004-11-10	ASAZH01ABC_01	01	大豆	80～100	3.29	0.26	0.59	17.70					
2004-11-10	ASAZH01ABC_01	04	大豆	0～20	8.49	0.57	0.66	18.20	37.30	9.10	100.50	858.80	8.62
2004-11-10	ASAZH01ABC_01	04	大豆	20～40	5.31	0.37	0.59	17.90	23.10	2.30	71.20	824.50	8.68
2004-11-10	ASAZH01ABC_01	04	大豆	40～60	3.80	0.28	0.59	17.80					
2004-11-10	ASAZH01ABC_01	04	大豆	60～80	3.12	0.22	0.59	17.70					
2004-11-10	ASAZH01ABC_01	04	大豆	80～100	2.80	0.21	0.56	17.60					
2004-11-10	ASAZH01ABC_01	06	大豆	0～20	9.49	0.62	0.71	18.00	44.60	15.00	117.20	858.90	8.57
2004-11-10	ASAZH01ABC_01	06	大豆	20～40	8.36	0.54	0.66	17.60	35.00	5.10	83.10	852.60	8.64
2004-11-10	ASAZH01ABC_01	06	大豆	40～60	4.35	0.33	0.55	17.40					
2004-11-10	ASAZH01ABC_01	06	大豆	60～80	3.49	0.26	0.57	17.70					
2004-11-10	ASAZH01ABC_01	06	大豆	80～100	3.42	0.23	0.56	17.10					
2004-11-10	ASAZH01ABC_01	11	大豆	0～20	9.87	0.64	0.69	18.50	42.30	9.70	116.00	857.30	8.64
2004-11-10	ASAZH01ABC_01	11	大豆	20～40	6.51	0.43	0.59	18.70	26.10	2.40	80.30	921.00	8.72
2004-11-10	ASAZH01ABC_01	11	大豆	40～60	4.13	0.30	0.57	17.90					
2004-11-10	ASAZH01ABC_01	11	大豆	60～80	3.68	0.27	0.58	18.40					
2004-11-10	ASAZH01ABC_01	11	大豆	80～100	3.28	0.25	0.57	18.20					
2004-11-10	ASAZH01ABC_01	16	大豆	0～20	9.55	0.61	0.67	18.60	40.00	10.00	120.90	903.60	8.46
2004-11-10	ASAZH01ABC_01	16	大豆	20～40	6.01	0.43	0.60	18.10	25.80	2.20	85.30	856.70	8.53
2004-11-10	ASAZH01ABC_01	16	大豆	40～60	4.01	0.31	0.57	18.30					
2004-11-10	ASAZH01ABC_01	16	大豆	60～80	3.51	0.27	0.56	17.70					
2004-11-10	ASAZH01ABC_01	16	大豆	80～100	3.12	0.24	0.56	17.40					
2004-11-10	ASAZH01ABC_01	17	大豆	0～20	8.37	0.56	0.69	18.00	37.60	17.30	134.00	889.70	8.61
2004-11-10	ASAZH01ABC_01	17	大豆	20～40	8.82	0.59	0.69	18.50	37.60	8.20	98.30	906.10	8.70
2004-11-10	ASAZH01ABC_01	17	大豆	40～60	5.78	0.42	0.60	18.10					
2004-11-10	ASAZH01ABC_01	17	大豆	60～80	4.07	0.31	0.56	18.00					
2004-11-10	ASAZH01ABC_01	17	大豆	80～100	3.88	0.29	0.56	17.60					
2005-10-05	ASAZH01ABC_01	2	玉米	0～20	9.03	0.58	0.71	20.02	48.30	20.91	127.15	327.70	8.46
2005-10-05	ASAZH01ABC_01	2	玉米	20～40	8.17	0.54	0.65	20.06	46.50	4.62	89.00	333.39	8.51
2005-10-05	ASAZH01ABC_01	2	玉米	40～60	5.04	0.36	0.57	19.43	/		81.59		/
2005-10-05	ASAZH01ABC_01	2	玉米	60～80	4.14	0.31	0.57	18.60	/		79.83		/
2005-10-05	ASAZH01ABC_01	2	玉米	80～100	3.67	0.27	0.56	16.04	/		72.32		/
2005-10-05	ASAZH01ABC_01	4	玉米	0～20	9.71	0.62	0.71	19.05	44.80	13.76	147.41	317.61	8.48
2005-10-05	ASAZH01ABC_01	4	玉米	20～40	7.75	0.53	0.64	17.59	45.80	4.12	89.17	352.62	8.47
2005-10-05	ASAZH01ABC_01	4	玉米	40～60	4.46	0.34	0.57	17.21	/		76.75		/
2005-10-05	ASAZH01ABC_01	4	玉米	60～80	3.74	0.28	0.55	15.60	/		74.40		/
2005-10-05	ASAZH01ABC_01	4	玉米	80～100	3.27	0.26	0.56	19.43	/		75.75		/
2005-10-05	ASAZH01ABC_01	6	玉米	0～20	9.90	0.63	0.66	19.99	61.10	8.96	119.66	318.13	8.45
2005-10-05	ASAZH01ABC_01	6	玉米	20～40	7.03	0.48	0.60	18.85	49.30	2.40	82.65	340.23	8.43
2005-10-05	ASAZH01ABC_01	6	玉米	40～60	5.33	0.38	0.59	18.38	/		78.07		/
2005-10-05	ASAZH01ABC_01	6	玉米	60～80	3.74	0.28	0.57	19.71	/		69.60		/
2005-10-05	ASAZH01ABC_01	6	玉米	80～100	3.46	0.27	0.57	16.32	/		72.69		/
2005-10-05	ASAZH01ABC_01	11	玉米	0～20	9.15	0.59	0.70	16.49	61.80	14.78	118.88	331.08	8.50
2005-10-05	ASAZH01ABC_01	11	玉米	20～40	7.23	0.49	0.62	16.09	38.20	5.31	87.45	337.17	8.49
2005-10-05	ASAZH01ABC_01	11	玉米	40～60	4.82	0.34	0.57	15.59	/		74.31		/

（续）

日期	样地代码	采样分区编号	作物	采样深度(cm)	土壤有机质(g/kg)	全氮(g/kg)	全磷(g/kg)	全钾(g/kg)	速效氮(mg/kg)	有效磷(mg/kg)	速效钾(mg/kg)	缓效钾(mg/kg)	水溶液提 pH
2005-10-05	ASAZH01ABC_01	11	玉米	60~80	3.86	0.27	0.56	15.16	/		68.31		/
2005-10-05	ASAZH01ABC_01	11	玉米	80~100	3.28	0.23	0.56	15.42	/		69.18		/
2005-10-05	ASAZH01ABC_01	13	玉米	0~20	9.07	0.57	0.67	16.40	43.10	11.73	106.27	316.97	8.43
2005-10-05	ASAZH01ABC_01	13	玉米	20~40	6.87	0.45	0.61	16.50	31.60	2.54	80.00	334.30	8.53
2005-10-05	ASAZH01ABC_01	13	玉米	40~60	4.49	0.31	0.57	15.71	/		76.04		/
2005-10-05	ASAZH01ABC_01	13	玉米	60~80	3.71	0.27	0.57	16.07	/		72.82		/
2005-10-05	ASAZH01ABC_01	13	玉米	80~100	3.22	0.25	0.57	16.52	/		80.27		/
2005-10-05	ASAZH01ABC_01	15	玉米	0~20	9.67	0.59	0.68	16.54	57.60	8.74	108.91	328.16	8.43
2005-10-05	ASAZH01ABC_01	15	玉米	20~40	6.94	0.45	0.60	17.17	31.20	2.05	82.86	331.91	8.53
2005-10-05	ASAZH01ABC_01	15	玉米	40~60	4.64	0.32	0.57	16.77	/		79.01		/
2005-10-05	ASAZH01ABC_01	15	玉米	60~80	4.10	0.29	0.57	17.08	/		67.23		/
2005-10-05	ASAZH01ABC_01	15	玉米	80~100	4.00	0.28	0.57	16.57	/		76.01		/
2006-10-14	ASAZH01ABC_01	3	玉米	0~20	9.77	0.599	0.716		36.66	16.95	109.76		8.76
2006-10-14	ASAZH01ABC_01	3	玉米	20~40	9.18	0.560	0.672		32.35	6.83	78.75		8.76
2006-10-14	ASAZH01ABC_01	5	玉米	0~20	10.32	0.617	0.691		35.59	7.98	89.02		8.66
2006-10-14	ASAZH01ABC_01	5	玉米	20~40	8.14	0.503	0.597		24.80	2.60	73.35		8.73
2006-10-14	ASAZH01ABC_01	7	玉米	0~20	10.67	0.623	0.667		35.95	9.18	89.75		8.67
2006-10-14	ASAZH01ABC_01	7	玉米	20~40	8.51	0.504	0.620		29.12	3.07	81.57		8.68
2006-10-14	ASAZH01ABC_01	10	玉米	0~20	9.78	0.622	0.658		38.82	9.67	125.20		8.79
2006-10-14	ASAZH01ABC_01	10	玉米	20~40	6.93	0.453	0.595		30.19	3.62	82.79		8.64
2006-10-14	ASAZH01ABC_01	12	玉米	0~20	10.06	0.618	0.696		40.98	11.79	77.23		8.66
2006-10-14	ASAZH01ABC_01	12	玉米	20~40	7.26	0.482	0.601		33.07	4.05	75.75		8.74
2006-10-14	ASAZH01ABC_01	14	玉米	0~20	10.07	0.614	0.651		43.13	5.58	85.43		8.76
2006-10-14	ASAZH01ABC_01	14	玉米	20~40	7.63	0.478	0.599		24.80	2.53	74.98		8.65
2007-10-21	ASAZH01ABC_01	1	大豆	0~20	11.13	0.683	0.752		48.23	16.82	119.57	876.92	8.63
2007-10-21	ASAZH01ABC_01	1	大豆	20~40	8.33	0.541	0.629		34.87	3.33	84.06	825.38	8.88
2007-10-21	ASAZH01ABC_01	3	大豆	0~20	9.47	0.584	0.711		37.84	15.13	109.93	911.28	8.78
2007-10-21	ASAZH01ABC_01	3	大豆	20~40	8.27	0.528	0.661		34.13	5.62	81.38	795.35	8.86
2007-10-21	ASAZH01ABC_01	7	大豆	0~20	10.68	0.632	0.691		39.70	7.81	98.47	859.94	8.78
2007-10-21	ASAZH01ABC_01	7	大豆	20~40	7.53	0.478	0.608		28.20	2.57	83.30	859.35	8.86
2007-10-21	ASAZH01ABC_01	9	大豆	0~20	10.54	0.637	0.717		43.04	18.09	116.23	885.26	8.75
2007-10-21	ASAZH01ABC_01	9	大豆	20~40	6.24	0.427	0.611		26.34	2.78	80.08	868.73	8.88
2007-10-21	ASAZH01ABC_01	13	大豆	0~20	9.86	0.594	0.702		37.84	9.04	106.47	838.30	8.73
2007-10-21	ASAZH01ABC_01	13	大豆	20~40	6.70	0.414	0.603		25.60	1.70	79.46	834.63	8.84
2007-10-21	ASAZH01ABC_01	16	大豆	0~20	10.57	0.606	0.680		36.73	8.96	87.01	824.28	8.75
2007-10-21	ASAZH01ABC_01	16	大豆	20~40	5.89	0.390	0.587		22.26	1.69	94.40	765.56	8.84
2005-10-10	ASAZQ01ABO_01	1	玉米	0~20	6.13	0.41	0.63	17.18	35.10	3.74	118.77	382.62	8.48
2005-10-10	ASAZQ01ABO_01	1	玉米	20~40	4.60	0.31	0.60	16.83	22.90	1.36	82.23	396.74	8.45
2005-10-10	ASAZQ01ABO_01	1	玉米	40~60	4.18	0.31	0.59	16.89	/		83.05		/
2005-10-10	ASAZQ01ABO_01	1	玉米	60~80	4.45	0.30	0.60	17.36	/		92.31		/
2005-10-10	ASAZQ01ABO_01	1	玉米	80~100	4.27	0.28	0.60	17.32	/		82.52		/
2005-10-10	ASAZQ01ABO_01	2	玉米	0~20	4.44	0.30	0.59	16.55	29.50	2.65	87.02	376.19	8.42
2005-10-10	ASAZQ01ABO_01	2	玉米	20~40	3.13	0.23	0.58	16.88	19.10	0.69	62.65	349.67	8.5
2005-10-10	ASAZQ01ABO_01	2	玉米	40~60	3.09	0.23	0.57	16.05	/		67.30		/
2005-10-10	ASAZQ01ABO_01	2	玉米	60~80	3.62	0.25	0.59	16.95	/		69.00		/
2005-10-10	ASAZQ01ABO_01	2	玉米	80~100	3.84	0.26	0.60	17.61	/		70.25		/
2005-10-10	ASAZQ01ABO_01	3	玉米	0~20	4.87	0.32	0.60	17.96	31.90	2.03	99.90	375.46	8.48

（续）

日期	样地代码	采样分区编号	作物	采样深度（cm）	土壤有机质（g/kg）	全氮（g/kg）	全磷（g/kg）	全钾（g/kg）	速效氮（mg/kg）	有效磷（mg/kg）	速效钾（mg/kg）	缓效钾（mg/kg）	水溶液提 pH
2005-10-10	ASAZQ01ABO_01	3	玉米	20～40	3.81	0.28	0.59	17.83	20.10	0.98	70.76	371.10	8.48
2005-10-10	ASAZQ01ABO_01	3	玉米	40～60	3.78	0.25	0.59	18.66	/		72.39		/
2005-10-10	ASAZQ01ABO_01	3	玉米	60～80	3.76	0.26	0.59	18.69	/		79.37		/
2005-10-10	ASAZQ01ABO_01	3	玉米	80～100	3.86	0.26	0.59	16.28	/		75.76		/
2005-10-10	ASAZQ01ABO_01	4	玉米	0～20	5.61	0.39	0.64	16.47	33.00	3.87	114.30	382.37	8.44
2005-10-10	ASAZQ01ABO_01	4	玉米	20～40	4.59	0.31	0.60	16.46	19.40	1.68	88.08	381.23	8.48
2005-10-10	ASAZQ01ABO_01	4	玉米	40～60	4.25	0.30	0.59	16.71	/		81.70		/
2005-10-10	ASAZQ01ABO_01	4	玉米	60～80	4.35	0.31	0.60	16.39	/		80.63		/
2005-10-10	ASAZQ01ABO_01	4	玉米	80～100	4.54	0.30	0.61	17.17	/		77.95		/
2005-10-10	ASAZQ01ABO_01	5	玉米	0～20	6.60	0.46	0.63	17.43	43.40	6.86	138.06	383.39	8.39
2005-10-10	ASAZQ01ABO_01	5	玉米	20～40	5.11	0.34	0.60	16.85	22.60	2.11	90.32	400.05	8.39
2005-10-10	ASAZQ01ABO_01	5	玉米	40～60	5.08	0.33	0.62	17.02	/		9.42		/
2005-10-10	ASAZQ01ABO_01	5	玉米	60～80	4.88	0.33	0.61	17.67	/		9.81		/
2005-10-10	ASAZQ01ABO_01	5	玉米	80～100	4.88	0.32	0.62	17.40	/		10.20		/
2005-10-10	ASAZQ01ABO_01	6	玉米	0～20	6.05	0.43	0.62	16.38	37.80	4.40	10.59	469.51	8.47
2005-10-10	ASAZQ01ABO_01	6	玉米	20～40	4.68	0.33	0.59	16.64	24.00	1.60	10.98	424.64	8.56
2005-10-10	ASAZQ01ABO_01	6	玉米	40～60	4.65	0.32	0.58	16.55	/		11.37		/
2005-10-10	ASAZQ01ABO_01	6	玉米	60～80	4.53	0.33	0.58	16.84	/		11.76		/
2005-10-10	ASAZQ01ABO_01	6	玉米	80～100	3.62	0.26	0.56	18.01	/		12.15		/
2006-10-14	ASAZQ01ABO_01	1	玉米	0～20	5.32	0.356	0.616		21.57	3.04	97.43		8.76
2006-10-14	ASAZQ01ABO_01	1	玉米	20～40	4.06	0.263	0.588		12.94	1.19	79.68		8.56
2006-10-14	ASAZQ01ABO_01	2	玉米	0～20	5.51	0.363	0.597		14.38	3.38	128.41		8.59
2006-10-14	ASAZQ01ABO_01	2	玉米	20～40	3.58	0.249	0.575		12.94	1.83	70.95		8.58
2006-10-14	ASAZQ01ABO_01	3	玉米	0～20	5.79	0.375	0.600		21.57	3.55	119.61		8.76
2006-10-14	ASAZQ01ABO_01	3	玉米	20～40	4.53	0.288	0.588		11.86	1.51	79.95		8.66
2006-10-14	ASAZQ01ABO_01	4	玉米	0～20	5.99	0.401	0.624		24.80	4.07	124.97		8.59
2006-10-14	ASAZQ01ABO_01	4	玉米	20～40	4.53	0.296	0.595		13.30	1.56	82.71		8.54
2006-10-14	ASAZQ01ABO_01	5	玉米	0～20	6.09	0.384	0.602		19.41	2.80	92.03		8.59
2006-10-14	ASAZQ01ABO_01	5	玉米	20～40	4.68	0.304	0.568		10.42	2.13	77.59		8.59
2006-10-14	ASAZQ01ABO_01	6	玉米	0～20	5.71	0.371	0.614		19.05	4.14	96.27		8.61
2006-10-14	ASAZQ01ABO_01	6	玉米	20～40	4.60	0.302	0.597		8.99	2.35	81.14		8.56
2007-11-08	ASAZQ01ABO_01	1	玉米	0～20	6.26	0.398	0.529		31.16	3.03	108.90	973.70	8.69
2007-11-08	ASAZQ01ABO_01	1	玉米	20～40	5.14	0.334	0.509		21.89	1.97	92.54	979.98	8.69
2007-11-08	ASAZQ01ABO_01	2	玉米	0～20	6.16	0.413	0.515		35.25	4.04	106.75	968.85	8.68
2007-11-08	ASAZQ01ABO_01	2	玉米	20～40	4.08	0.279	0.485		15.58	1.40	74.73	906.31	8.73
2007-11-08	ASAZQ01ABO_01	3	玉米	0～20	6.62	0.416	0.499		34.50	5.39	107.10	966.31	8.67
2007-11-08	ASAZQ01ABO_01	3	玉米	20～40	4.08	0.282	0.497		14.84	1.40	75.18	949.19	8.69
2007-11-08	ASAZQ01ABO_01	4	玉米	0～20	4.74	0.322	0.500		33.02	1.46	84.84	939.92	8.69
2007-11-08	ASAZQ01ABO_01	4	玉米	20～40	6.63	0.432	0.508		18.18	4.44	108.45	1004.36	8.65
2007-11-08	ASAZQ01ABO_01	5	玉米	0～20	7.54	0.485	0.538		40.07	12.07	124.52	1067.08	8.61
2007-11-08	ASAZQ01ABO_01	5	玉米	20～40	5.26	0.333	0.485		20.03	2.53	79.33	953.40	8.67
2007-11-08	ASAZQ01ABO_01	6	玉米	0～20	7.27	0.462	0.536		36.36	8.03	119.87	946.50	8.65
2007-11-08	ASAZQ01ABO_01	6	玉米	20～40	4.98	0.323	0.497		19.29	2.75	76.35	924.33	8.71
2005-10-10	ASAZQ03ABO_01	1	玉米	0～20	6.19	0.44	0.63	18.63	38.90	3.54	114.90	369.94	8.49
2005-10-10	ASAZQ03ABO_01	1	玉米	20～40	5.54	0.39	0.62	18.13	36.80	1.40	82.10	374.83	8.47
2005-10-10	ASAZQ03ABO_01	1	玉米	40～60	5.36	0.38	0.59	17.59	/		73.31		/
2005-10-10	ASAZQ03ABO_01	1	玉米	60～80	4.35	0.31	0.59	16.63	/		70.83		/
2005-10-10	ASAZQ03ABO_01	1	玉米	80～100	4.40	0.29	0.60	18.97	/		79.81		/

（续）

日期	样地代码	采样分区编号	作物	采样深度 (cm)	土壤有机质 (g/kg)	全氮 (g/kg)	全磷 (g/kg)	全钾 (g/kg)	速效氮 (mg/kg)	有效磷 (mg/kg)	速效钾 (mg/kg)	缓效钾 (mg/kg)	水溶液提 pH
2005-10-10	ASAZQ03ABO_01	2	玉米	0～20	5.80	0.39	0.65	18.20	34.40	3.57	113.38	335.46	8.46
2005-10-10	ASAZQ03ABO_01	2	玉米	20～40	5.94	0.40	0.64	18.60	28.20	2.25	91.75	369.85	8.50
2005-10-10	ASAZQ03ABO_01	2	玉米	40～60	5.72	0.39	0.62	18.38	/		73.20		/
2005-10-10	ASAZQ03ABO_01	2	玉米	60～80	4.88	0.33	0.60	18.04	/		71.89		/
2005-10-10	ASAZQ03ABO_01	2	玉米	80～100	3.96	0.29	0.61	17.55	/		76.67		/
2005-10-10	ASAZQ03ABO_01	3	玉米	0～20	6.73	0.46	0.64	17.98	42.70	3.73	136.08	346.92	8.56
2005-10-10	ASAZQ03ABO_01	3	玉米	20～40	5.35	0.36	0.62	17.67	31.60	1.23	80.20	357.11	8.41
2005-10-10	ASAZQ03ABO_01	3	玉米	40～60	4.77	0.34	0.59	17.23	/		74.56		/
2005-10-10	ASAZQ03ABO_01	3	玉米	60～80	4.60	0.32	0.60	18.42	/		77.99		/
2005-10-10	ASAZQ03ABO_01	3	玉米	80～100	4.73	0.33	0.60	18.31	/		83.59		/
2005-10-10	ASAZQ03ABO_01	4	玉米	0～20	6.74	0.45	0.65	17.94	42.70	4.58	138.46	346.87	8.46
2005-10-10	ASAZQ03ABO_01	4	玉米	20～40	7.34	0.47	0.61	18.20	35.10	2.06	88.02	364.19	8.47
2005-10-10	ASAZQ03ABO_01	4	玉米	40～60	4.98	0.33	0.63	17.46	/		74.56		/
2005-10-10	ASAZQ03ABO_01	4	玉米	60～80	4.35	0.28	0.59	16.66	/		73.61		/
2005-10-10	ASAZQ03ABO_01	4	玉米	80～100	4.01	0.26	0.59	18.09	/		70.75		/
2005-10-10	ASAZQ03ABO_01	5	玉米	0～20	6.96	0.46	0.65	17.59	42.40	4.11	125.42	377.32	8.48
2005-10-10	ASAZQ03ABO_01	5	玉米	20～40	5.17	0.34	0.60	17.87	28.10	1.72	80.73	374.52	8.50
2005-10-10	ASAZQ03ABO_01	5	玉米	40～60	5.33	0.35	0.62	17.83	/		88.31		/
2005-10-10	ASAZQ03ABO_01	5	玉米	60～80	5.11	0.33	0.60	17.09	/		89.39		/
2005-10-10	ASAZQ03ABO_01	5	玉米	80～100	4.92	0.32	0.63	18.59	/		95.26		/
2005-10-10	ASAZQ03ABO_01	6	玉米	0～20	7.16	0.47	0.65	17.53	41.30	3.36	112.35	366.25	8.46
2005-10-10	ASAZQ03ABO_01	6	玉米	20～40	5.28	0.35	0.60	16.81	49.00	1.15	80.34	355.96	8.84
2005-10-10	ASAZQ03ABO_01	6	玉米	40～60	5.26	0.34	0.61	18.79	/		73.28		/
2005-10-10	ASAZQ03ABO_01	6	玉米	60～80	5.55	0.34	0.64	17.80	/		81.10		/
2005-10-10	ASAZQ03ABO_01	6	玉米	80～100	4.77	0.30	0.62	18.73	/		92.28		/
2006-10-14	ASAZQ03ABO_01	1	玉米	0～20	7.24	0.461	0.657		36.66	4.54	134.66		8.78
2006-10-14	ASAZQ03ABO_01	1	玉米	20～40	2.70	0.350	0.615		21.93	1.63	72.77		8.76
2006-10-14	ASAZQ03ABO_01	2	玉米	0～20	8.03	0.446	0.642		31.99	3.31	111.18		8.73
2006-10-14	ASAZQ03ABO_01	2	玉米	20～40	3.20	0.356	0.611		23.36	1.20	73.56		8.75
2006-10-14	ASAZQ03ABO_01	3	玉米	0～20	8.46	0.428	0.641		33.43	5.00	105.54		8.71
2006-10-14	ASAZQ03ABO_01	3	玉米	20～40	2.66	0.352	0.624		23.72	1.48	70.76		8.77
2006-10-14	ASAZQ03ABO_01	4	玉米	0～20	7.66	0.459	0.668		33.43	4.04	68.27		8.74
2006-10-14	ASAZQ03ABO_01	4	玉米	20～40	2.54	0.404	0.621		29.47	1.30	70.40		8.72
2006-10-14	ASAZQ03ABO_01	5	玉米	0～20	8.52	0.480	0.643		35.95	3.60	101.90		8.72
2006-10-14	ASAZQ03ABO_01	5	玉米	20～40	3.27	0.371	0.609		24.80	0.83	62.05		8.73
2006-10-14	ASAZQ03ABO_01	6	玉米	0～20	8.74	0.469	0.633		33.79	2.98	122.40		8.72
2006-10-14	ASAZQ03ABO_01	6	玉米	20～40	4.41	0.358	0.609		21.93	0.94	63.22		8.76
2007-11-08	ASAZQ03ABO_01	1	玉米	0～20	7.11	0.470	0.543		38.21	6.12	139.93	995.59	8.68
2007-11-08	ASAZQ03ABO_01	1	玉米	20～40	6.69	0.450	0.544		34.87	3.26	104.03	875.85	8.67
2007-11-08	ASAZQ03ABO_01	2	玉米	0～20	8.01	0.532	0.547		41.92	7.64	129.16	1083.21	8.64
2007-11-08	ASAZQ03ABO_01	2	玉米	20～40	6.79	0.445	0.520		32.65	2.58	171.06	882.18	8.65
2007-11-08	ASAZQ03ABO_01	3	玉米	0～20	7.80	0.521	0.566		47.86	5.28	96.69	1026.91	8.64
2007-11-08	ASAZQ03ABO_01	3	玉米	20～40	6.51	0.416	0.522		28.20	16.34	155.54	869.34	8.69
2007-11-08	ASAZQ03ABO_01	4	玉米	0～20	7.37	0.524	0.546		38.58	4.44	157.48	1022.25	8.64
2007-11-08	ASAZQ03ABO_01	4	玉米	20～40	6.14	0.424	0.509		27.45	1.74	89.45	1006.52	8.17
2007-11-08	ASAZQ03ABO_01	5	玉米	0～20	6.76	0.476	0.513		38.58	5.33	139.71	1043.26	8.63
2007-11-08	ASAZQ03ABO_01	5	玉米	20～40	6.01	0.414	0.515		30.05	32.90	94.64	942.65	8.67
2007-11-08	ASAZQ03ABO_01	6	玉米	0～20	7.93	0.550	0.541		42.67	6.51	177.72	1093.64	8.59
2007-11-08	ASAZQ03ABO_01	6	玉米	20～40	7.35	0.505	0.532		38.58	3.59	97.56	1031.20	8.64

4.2.3　土壤矿质全量

表 4－19　土壤矿质全量

年份	样地代码	采样分区编号	作物	采样深度（cm）	硅（Si g/kg）	铁（Fe g/kg）	锰（Mn g/kg）	钛（Ti g/kg）	铝（Al g/kg）	硫（S g/kg）	钙（Ca g/kg）	镁（Mg g/kg）	钾（K g/kg）	钠（Na g/kg）
2005	ASAFZ01BOO_01	1	玉米	0～20	61.49	4.19	0.075	0.64	11.34	0.08	7.01	2.20	2.64	1.93
2005	ASAFZ01BOO_01	1	玉米	20～40	61.85	4.14	0.076	0.64	11.77	0.07	6.55	2.14	2.08	1.99
2005	ASAFZ01BOO_01	1	玉米	40～60	62.14	4.14	0.075	0.64	11.13	0.09	7.04	2.12	2.65	1.86
2005	ASAFZ01BOO_01	1	玉米	60～80	62.64	4.10	0.070	0.64	11.05	0.06	7.13	2.11	2.14	1.81
2005	ASAFZ01BOO_01	1	玉米	80～100	62.46	4.07	0.075	0.65	11.61	0.04	6.93	2.12	2.08	1.99
2005	ASAFZ01BOO_01	2	玉米	0～20	62.77	4.12	0.074	0.64	10.97	0.06	7.06	2.12	2.14	1.85
2005	ASAFZ01BOO_01	2	玉米	20～40	63.49	4.08	0.072	0.64	11.05	0.08	6.98	2.08	2.07	1.97
2005	ASAFZ01BOO_01	2	玉米	40～60	63.30	4.02	0.072	0.64	11.02	0.07	7.03	2.09	2.06	1.88
2005	ASAFZ01BOO_01	2	玉米	60～80	62.98	4.00	0.073	0.65	10.98	0.05	7.03	2.08	2.07	1.91
2005	ASAFZ01BOO_01	2	玉米	80～100	64.38	3.97	0.072	0.67	11.21	0.05	6.90	2.03	2.00	1.94
2005	ASAFZ01BOO_01	3	玉米	0～20	63.27	4.08	0.073	0.66	11.30	0.08	7.01	2.08	2.04	1.88
2005	ASAFZ01BOO_01	3	玉米	20～40	63.42	4.07	0.073	0.66	11.35	0.07	7.13	2.05	1.99	1.87
2005	ASAFZ01BOO_01	3	玉米	40～60	63.73	3.97	0.073	0.68	10.94	0.07	6.84	2.04	2.06	1.95
2005	ASAFZ01BOO_01	3	玉米	60～80	62.52	4.16	0.070	0.66	11.15	0.06	7.24	2.15	2.17	1.88
2005	ASAFZ01BOO_01	3	玉米	80～100	64.02	4.07	0.072	0.66	10.89	0.06	7.14	2.10	2.00	1.91
2005	ASAFZ02BOO_01	1	玉米	0～20	63.01	4.04	0.072	0.64	11.34	0.07	7.15	2.09	2.02	1.89
2005	ASAFZ02BOO_01	1	玉米	20～40	63.37	4.11	0.074	0.65	11.09	0.06	7.27	2.13	1.97	1.87
2005	ASAFZ02BOO_01	1	玉米	40～60	62.78	4.04	0.071	0.64	11.26	0.06	7.27	2.10	1.99	1.87
2005	ASAFZ02BOO_01	1	玉米	60～80	63.36	4.07	0.074	0.66	10.99	0.05	7.35	2.10	1.97	1.92
2005	ASAFZ02BOO_01	1	玉米	80～100	63.27	4.00	0.073	0.65	10.91	0.06	6.97	2.07	1.98	1.97
2005	ASAFZ02BOO_01	2	玉米	0～20	62.09	4.06	0.074	0.63	11.63	0.09	6.62	2.11	2.12	1.88
2005	ASAFZ02BOO_01	2	玉米	20～40	64.08	4.13	0.073	0.66	11.07	0.06	6.97	2.08	2.07	1.89
2005	ASAFZ02BOO_01	2	玉米	40～60	64.23	4.14	0.075	0.66	11.06	0.07	6.73	2.11	2.09	1.88
2005	ASAFZ02BOO_01	2	玉米	60～80	63.13	4.07	0.070	0.65	11.04	0.06	7.03	2.10	2.09	1.88
2005	ASAFZ02BOO_01	2	玉米	80～100	63.16	4.04	0.073	0.66	11.08	0.06	6.83	2.07	2.17	1.92
2005	ASAFZ02BOO_01	3	玉米	0～20	62.48	4.06	0.073	0.62	11.15	0.06	6.91	2.13	2.22	1.86
2005	ASAFZ02BOO_01	3	玉米	20～40	63.01	4.00	0.070	0.64	11.27	0.06	7.25	2.09	2.02	1.89
2005	ASAFZ02BOO_01	3	玉米	40～60	62.81	4.16	0.075	0.67	11.24	0.04	7.40	2.16	2.25	1.92
2005	ASAFZ02BOO_01	3	玉米	60～80	63.62	4.15	0.074	0.67	11.14	0.04	6.85	2.07	2.17	1.91
2005	ASAFZ02BOO_01	3	玉米	80～100	64.22	4.17	0.073	0.70	11.29	0.04	6.58	2.01	2.19	1.99
1999	ASAFZ03ABC_01	1	谷子	10	63.35	3.99	0.078	0.24	10.18		6.93	1.8	2.44	1.75
1999	ASAFZ03ABC_01	1	谷子	20	63.25	3.66	0.078	0.23	10.69		7.54	1.67	2.56	1.55
1999	ASAFZ03ABC_01	1	谷子	30	63.35	3.69	0.076	0.33	9.86		7.76	1.57	2.54	1.66
2005	ASAFZ03ABC_01	1	谷子	0～20	61.80	3.88	0.073	0.60	10.93	0.05	7.84	2.10	2.21	1.89
2005	ASAFZ03ABC_01	1	谷子	20～40	61.42	3.86	0.070	0.59	10.93	0.03	7.90	2.09	2.18	1.87
2005	ASAFZ03ABC_01	1	谷子	40～60	59.91	4.16	0.077	0.62	11.37	0.05	8.20	2.22	2.20	1.83
2005	ASAFZ03ABC_01	1	谷子	60～80	59.33	4.19	0.078	0.62	11.31	0.05	8.43	2.23	2.21	1.80
2005	ASAFZ03ABC_01	1	谷子	80～100	61.14	4.22	0.078	0.62	11.29	0.06	7.92	2.24	2.18	1.85
2005	ASAFZ03ABC_01	10	谷子	0～20	62.94	3.98	0.073	0.62	11.01	0.07	7.64	2.15	2.15	1.90
2005	ASAFZ03ABC_01	10	谷子	20～40	62.94	3.90	0.072	0.61	10.89	0.04	7.97	2.13	2.05	1.93
2005	ASAFZ03ABC_01	10	谷子	40～60	63.88	3.80	0.072	0.59	10.74	0.05	7.66	2.06	2.03	1.84
2005	ASAFZ03ABC_01	10	谷子	60～80	60.99	3.89	0.074	0.59	11.42	0.04	8.07	2.12	2.09	1.84
2005	ASAFZ03ABC_01	10	谷子	80～100	61.08	4.06	0.076	0.62	11.22	0.04	7.80	2.20	2.18	1.85
2005	ASAFZ03ABC_01	16	谷子	0～20	62.33	3.85	0.072	0.59	10.81	0.04	7.47	2.07	2.10	1.88
2005	ASAFZ03ABC_01	16	谷子	20～40	62.52	3.89	0.070	0.61	10.93	0.05	7.60	2.12	2.19	1.92

（续）

年份	样地代码	采样分区编号	作物	采样深度（cm）	硅（Si g/kg）	铁（Fe g/kg）	锰（Mn g/kg）	钛（Ti g/kg）	铝（Al g/kg）	硫（S g/kg）	钙（Ca g/kg）	镁（Mg g/kg）	钾（K g/kg）	钠（Na g/kg）
2005	ASAFZ03ABC_01	16	谷子	40～60	62.09	4.03	0.074	0.62	11.14	0.04	8.02	2.18	2.18	1.94
2005	ASAFZ03ABC_01	16	谷子	60～80	63.09	3.89	0.072	0.59	10.86	0.03	7.79	2.10	2.20	1.95
2005	ASAFZ03ABC_01	16	谷子	80～100	63.12	3.83	0.070	0.58	10.73	0.04	7.65	2.07	2.09	1.90
2005	ASAZH01ABC_01	2	玉米	0～20	61.80	4.02	0.076	0.65	11.83	0.07	6.42	2.15	2.12	1.99
2005	ASAZH01ABC_01	2	玉米	20～40	62.73	4.09	0.074	0.63	11.14	0.08	6.85	2.11	2.08	1.91
2005	ASAZH01ABC_01	2	玉米	40～60	62.90	4.10	0.073	0.64	11.14	0.06	6.96	2.12	2.11	1.83
2005	ASAZH01ABC_01	2	玉米	60～80	61.56	4.11	0.076	0.64	11.94	0.07	6.80	2.20	2.11	1.97
2005	ASAZH01ABC_01	2	玉米	80～100	63.46	4.14	0.074	0.64	11.03	0.05	7.24	2.13	2.10	1.83
2005	ASAZH01ABC_01	4	玉米	0～20	62.34	4.17	0.075	0.63	11.17	0.07	6.72	2.12	2.26	1.82
2005	ASAZH01ABC_01	4	玉米	20～40	62.23	4.13	0.074	0.63	11.19	0.08	6.82	2.11	2.19	1.78
2005	ASAZH01ABC_01	4	玉米	40～60	63.87	4.00	0.071	0.64	10.98	0.08	6.78	2.07	2.28	1.90
2005	ASAZH01ABC_01	4	玉米	60～80	63.22	4.14	0.074	0.65	11.06	0.04	7.26	2.14	2.26	1.85
2005	ASAZH01ABC_01	4	玉米	80～100	62.65	4.05	0.076	0.66	11.67	0.06	6.70	2.16	2.11	2.05
2005	ASAZH01ABC_01	11	玉米	0～20	62.93	4.07	0.073	0.64	11.43	0.08	6.93	2.11	2.06	1.89
2005	ASAZH01ABC_01	11	玉米	20～40	62.12	4.13	0.073	0.63	11.05	0.08	6.87	2.10	2.52	1.84
2005	ASAZH01ABC_01	11	玉米	40～60	63.44	3.99	0.072	0.63	10.98	0.07	6.79	2.08	2.47	1.95
2005	ASAZH01ABC_01	11	玉米	60～80	62.38	4.11	0.075	0.63	11.11	0.05	7.13	2.13	2.58	1.96
2005	ASAZH01ABC_01	11	玉米	80～100	62.93	3.97	0.074	0.67	11.39	0.06	6.57	2.07	2.02	2.06
2005	ASAZQ01ABO_01	1	玉米	0～20	61.24	4.25	0.079	0.63	11.34	0.05	7.51	2.20	2.10	1.83
2005	ASAZQ01ABO_01	1	玉米	20～40	61.87	4.32	0.079	0.64	11.41	0.04	7.69	2.22	2.15	1.84
2005	ASAZQ01ABO_01	1	玉米	40～60	61.20	4.33	0.080	0.63	11.51	0.05	7.65	2.24	2.17	1.81
2005	ASAZQ01ABO_01	1	玉米	60～80	60.78	4.33	0.081	0.64	11.53	0.04	7.50	2.24	2.16	1.81
2005	ASAZQ01ABO_01	1	玉米	80～100	61.22	4.17	0.080	0.62	11.85	0.04	6.89	2.18	2.16	1.89
2005	ASAZQ01ABO_01	2	玉米	0～20	61.61	4.05	0.078	0.61	11.63	0.04	7.09	2.15	2.11	1.91
2005	ASAZQ01ABO_01	2	玉米	20～40	60.78	4.15	0.077	0.61	11.19	0.03	7.73	2.19	2.23	1.85
2005	ASAZQ01ABO_01	2	玉米	40～60	61.22	4.15	0.078	0.62	11.31	0.04	7.74	2.19	2.22	1.85
2005	ASAZQ01ABO_01	2	玉米	60～80	61.00	4.22	0.079	0.61	11.31	0.04	7.54	2.21	2.18	1.83
2005	ASAZQ01ABO_01	2	玉米	80～100	61.12	4.12	0.079	0.61	11.77	0.04	6.99	2.18	2.11	1.92
2005	ASAZQ01ABO_01	3	玉米	0～20	61.30	4.17	0.078	0.61	11.13	0.04	7.43	2.17	2.08	1.82
2005	ASAZQ01ABO_01	3	玉米	20～40	61.22	4.18	0.078	0.61	11.21	0.04	7.39	2.20	2.09	1.82
2005	ASAZQ01ABO_01	3	玉米	40～60	61.37	4.23	0.078	0.62	11.25	0.04	7.31	2.18	2.14	1.83
2005	ASAZQ01ABO_01	3	玉米	60～80	60.84	4.26	0.080	0.62	11.31	0.05	7.59	2.22	2.11	1.85
2005	ASAZQ01ABO_01	3	玉米	80～100	61.57	4.26	0.078	0.61	11.19	0.04	7.50	2.19	2.11	1.83
2005	ASAZQ03ABO_01	1	玉米	0～20	62.55	4.16	0.078	0.63	11.11	0.05	7.03	2.08	2.10	1.87
2005	ASAZQ03ABO_01	1	玉米	20～40	62.08	3.96	0.078	0.62	11.60	0.05	6.86	2.05	2.11	1.94
2005	ASAZQ03ABO_01	1	玉米	40～60	61.67	4.05	0.077	0.60	11.76	0.05	6.82	2.11	2.14	1.91
2005	ASAZQ03ABO_01	1	玉米	60～80	62.22	3.94	0.075	0.63	11.46	0.05	7.04	2.02	2.09	1.94
2005	ASAZQ03ABO_01	1	玉米	80～100	60.74	4.52	0.086	0.65	11.69	0.04	7.03	2.14	2.09	1.87
2005	ASAZQ03ABO_01	2	玉米	0～20	62.68	4.30	0.080	0.66	11.40	0.04	6.64	2.07	2.10	1.94
2005	ASAZQ03ABO_01	2	玉米	20～40	62.74	4.12	0.081	0.64	11.81	0.04	6.87	2.10	2.16	1.99
2005	ASAZQ03ABO_01	2	玉米	40～60	62.90	4.32	0.081	0.64	11.60	0.04	6.93	2.10	2.12	1.92
2005	ASAZQ03ABO_01	2	玉米	60～80	62.80	4.34	0.080	0.63	11.61	0.05	7.10	2.11	2.18	1.90
2005	ASAZQ03ABO_01	2	玉米	80～100	64.56	4.10	0.077	0.62	11.21	0.06	6.78	1.99	2.07	1.97
2005	ASAZQ03ABO_01	3	玉米	0～20	63.47	4.23	0.081	0.66	11.41	0.05	6.88	2.11	2.18	1.92
2005	ASAZQ03ABO_01	3	玉米	20～40	63.26	4.22	0.080	0.64	11.36	0.04	7.11	2.06	2.13	1.90
2005	ASAZQ03ABO_01	3	玉米	40～60	61.96	4.07	0.076	0.62	11.69	0.04	6.95	2.11	2.14	1.91
2005	ASAZQ03ABO_01	3	玉米	60～80	63.17	4.21	0.080	0.66	11.78	0.04	6.72	2.09	2.11	1.95
2005	ASAZQ03ABO_01	3	玉米	80～100	64.05	4.25	0.079	0.65	11.46	0.06	6.90	2.04	2.19	1.92

4.2.4 土壤微量元素和重金属元素

表 4-20 土壤微量元素和重金属元素

年份	样地代码	采样分区编号	作物	采样深度（cm）	全硼（B mg/kg）	全钼（Mo mg/kg）	全锰（Mn mg/kg）	全锌（Zn mg/kg）	全铜（Cu mg/kg）	全铁（Fe mg/kg）	硒（Se mg/kg）	镉（Cd mg/kg）	铅（Pb mg/kg）	铬（Cr mg/kg）	镍（Ni mg/kg）	汞（Hg mg/kg）	砷（As mg/kg）
2005	ASAFZ01BOO_01	1	玉米	0～20	36.1	0.71	580.88	64.98	21.10	29.29	0.078	0.152	22.1	61.4	29.3	0.022	10.83
2005	ASAFZ01BOO_01	1	玉米	20～40	34.9	0.79	588.62	64.98	21.30	28.94	0.090	0.181	23.4	59.2	28.9	0.030	11.03
2005	ASAFZ01BOO_01	1	玉米	40～60	31.7	0.75	580.88	62.51	19.10	28.94	0.075	0.120	22.9	56.3	28.4	0.022	11.85
2005	ASAFZ01BOO_01	1	玉米	60～80	33.7	0.74	542.15	63.46	20.40	28.66	0.066	0.131	23.8	59.7	28.8	0.020	10.43
2005	ASAFZ01BOO_01	1	玉米	80～100	28.7	0.77	580.88	58.90	20.10	28.45	0.054	0.124	21.4	41.7	29.3	0.015	9.91
2005	ASAFZ01BOO_01	2	玉米	0～20	40.4	0.76	573.13	64.51	19.80	28.80	0.079	0.092	21.4	46.8	28.0	0.019	10.56
2005	ASAFZ01BOO_01	2	玉米	20～40	27.5	0.77	557.64	61.09	19.00	28.52	0.085	0.119	24.2	56.2	27.1	0.033	9.04
2005	ASAFZ01BOO_01	2	玉米	40～60	40.2	0.75	557.64	58.43	19.00	28.10	0.066	0.148	22.0	55.0	26.6	0.014	9.79
2005	ASAFZ01BOO_01	2	玉米	60～80	30.9	0.75	565.39	59.57	20.10	27.96	0.059	0.104	22.6	55.8	24.8	0.012	10.73
2005	ASAFZ01BOO_01	2	玉米	80～100	35.3	0.08	557.64	59.69	19.37	27.75	0.049	0.100	21.9	56.6	26.7	0.012	9.75
2005	ASAFZ01BOO_01	3	玉米	0～20	37.7	0.67	565.39	63.65	20.30	28.52	0.086	0.163	23.6	59.9	26.5	0.024	10.24
2005	ASAFZ01BOO_01	3	玉米	20～40	34.5	0.71	565.39	61.47	20.10	28.45	0.072	0.110	23.4	56.2	26.6	0.020	10.97
2005	ASAFZ01BOO_01	3	玉米	40～60	46.0	0.72	565.39	61.85	20.60	27.75	0.081	0.127	23.4	57.0	27.2	0.015	11.23
2005	ASAFZ01BOO_01	3	玉米	60～80	43.0	0.68	542.15	62.04	21.00	29.08	0.058	0.107	22.6	58.0	26.9	0.015	9.80
2005	ASAFZ01BOO_01	3	玉米	80～100	40.0	0.62	557.64	58.05	18.70	28.45	0.061	0.099	22.6	57.1	31.4	0.014	10.18
2005	ASAFZ02BOO_01	1	玉米	0～20	56.0	0.70	557.64	62.51	20.00	28.24	0.092	0.127	24.4	58.4	26.1	0.019	8.95
2005	ASAFZ02BOO_01	1	玉米	20～40	44.0	0.07	573.13	59.23	19.55	28.73	0.092	0.153	25.6	58.2	26.2	0.026	10.42
2005	ASAFZ02BOO_01	1	玉米	40～60	54.0	0.69	549.90	62.23	20.00	28.24	0.072	0.085	23.3	59.0	26.3	0.018	9.88
2005	ASAFZ02BOO_01	1	玉米	60～80	51.0	0.72	573.13	56.24	19.10	28.45	0.062	0.080	22.6	58.3	24.2	0.013	10.08
2005	ASAFZ02BOO_01	1	玉米	80～100	47.0	0.69	565.39	58.71	18.90	27.96	0.054	0.088	22.0	56.6	25.8	0.013	8.80
2005	ASAFZ02BOO_01	2	玉米	0～20	55.0	0.76	573.13	65.74	20.40	28.38	0.093	0.086	25.8	58.3	26.4	0.025	10.45
2005	ASAFZ02BOO_01	2	玉米	20～40	46.0	0.71	565.39	62.32	21.50	28.87	0.141	0.079	25.1	57.7	27.4	0.026	11.42
2005	ASAFZ02BOO_01	2	玉米	40～60	49.0	0.72	580.88	60.14	18.90	28.94	0.112	0.056	23.3	58.0	26.1	0.095	10.46
2005	ASAFZ02BOO_01	2	玉米	60～80	44.0	0.70	542.15	59.57	19.50	28.45	0.061	0.065	22.8	57.7	26.9	0.016	11.28
2005	ASAFZ02BOO_01	2	玉米	80～100	55.0	0.61	565.39	58.33	18.90	28.24	0.051	0.068	23.2	56.8	26.4	0.013	10.31
2005	ASAFZ02BOO_01	3	玉米	0～20	55.0	0.73	565.39	65.65	20.80	28.38	0.053	0.084	26.0	59.9	26.2	0.014	10.05
2005	ASAFZ02BOO_01	3	玉米	20～40	52.0	0.74	542.15	61.75	23.30	27.96	0.060	0.123	23.8	56.6	25.2	0.016	9.26
2005	ASAFZ02BOO_01	3	玉米	40～60	48.0	0.65	580.88	60.99	19.60	29.08	0.071	0.077	23.2	60.6	26.2	0.020	11.25
2005	ASAFZ02BOO_01	3	玉米	60～80	40.0	0.75	573.13	59.47	19.50	29.01	0.094	0.069	22.1	59.7	25.9	0.024	10.55

（续）

年份	样地代码	采样分区编号	作物	采样深度（cm）	全硼（B mg/kg）	全钼（Mo mg/kg）	全锰（Mn mg/kg）	全锌（Zn mg/kg）	全铜（Cu mg/kg）	全铁（Fe mg/kg）	硒（Se mg/kg）	镉（Cd mg/kg）	铅（Pb mg/kg）	铬（Cr mg/kg）	镍（Ni mg/kg）	汞（Hg mg/kg）	砷（As mg/kg）
2005	ASAFZ02BOO_01	3	玉米	80～100	46.0	0.32	565.39	59.98	19.60	29.15	3.075	0.072	23.1	59.0	25.1	0.021	10.77
2005	ASAFZ03ABC_01	1	谷子	0～20	48.0	0.60	565.39	59.47	19.70	27.12	0.068	0.121	23.7	53.9	25.0	0.023	10.54
2005	ASAFZ03ABC_01	1	谷子	20～40	40.0	0.62	542.15	56.62	18.30	26.98	0.060	0.086	22.8	53.5	25.1	0.016	10.52
2005	ASAFZ03ABC_01	1	谷子	40～60	42.0	1.36	596.37	66.50	20.50	29.08	0.055	0.100	24.1	58.4	25.3	0.015	11.24
2005	ASAFZ03ABC_01	1	谷子	60～80	40.0	1.00	604.11	71.44	21.90	29.29	0.055	0.109	24.0	58.8	27.1	0.017	11.09
2005	ASAFZ03ABC_01	1	谷子	80～100	38.0	0.71	604.11	64.60	21.90	29.50	0.054	0.098	23.7	59.8	27.7	0.017	11.80
2005	ASAFZ03ABC_01	10	谷子	0～20	40.0	0.68	565.39	60.42	19.50	27.82	0.063	0.116	23.6	55.4	25.7	0.016	10.17
2005	ASAFZ03ABC_01	10	谷子	20～40	48.0	0.63	557.64	56.91	21.80	27.26	0.051	0.097	23.0	54.4	31.6	0.014	10.21
2005	ASAFZ03ABC_01	10	谷子	40～60	44.0	0.55	557.64	56.53	18.20	26.56	0.236	0.098	22.8	54.6	24.2	0.014	11.19
2005	ASAFZ03ABC_01	10	谷子	60～80	46.0	0.70	573.13	63.27	19.40	27.19	0.058	0.091	23.9	57.3	24.6	0.016	9.36
2005	ASAFZ03ABC_01	10	谷子	80～100	42.0	0.65	588.62	61.56	20.40	28.38	0.051	0.102	23.5	55.4	24.6	0.015	11.32
2005	ASAFZ03ABC_01	16	谷子	0～20	50.0	0.53	557.64	57.48	20.90	26.91	0.067	0.106	23.4	53.8	24.2	0.017	10.42
2005	ASAFZ03ABC_01	16	谷子	20～40	49.0	0.60	542.15	56.81	19.70	27.19	0.052	0.098	22.6	53.4	23.4	0.014	10.04
2005	ASAFZ03ABC_01	16	谷子	40～60	50.0	0.77	573.13	55.96	18.60	28.17	0.052	0.103	23.0	54.4	24.4	0.016	11.38
2005	ASAFZ03ABC_01	16	谷子	60～80	40.0	0.77	557.64	57.19	20.90	27.19	0.046	0.090	22.4	53.5	25.0	0.013	9.43
2005	ASAFZ03ABC_01	16	谷子	80～100	46.0	0.77	542.15	60.04	21.40	26.77	0.053	0.092	21.8	52.6	23.9	0.014	9.17
2005	ASAZH01ABC_01	2	玉米	0～20	28.7	1.70	588.62	65.55	20.90	28.10	0.098	0.145	23.4	60.8	27.8	0.027	10.86
2005	ASAZH01ABC_01	2	玉米	20～40	31.8	0.91	573.13	63.94	20.30	28.59	0.086	0.110	22.3	61.8	27.9	0.019	11.60
2005	ASAZH01ABC_01	2	玉米	40～60	28.3	0.80	565.39	84.17	20.90	28.66	0.059	0.121	20.3	58.4	28.6	0.015	11.65
2005	ASAZH01ABC_01	2	玉米	60～80	36.5	0.76	588.62	59.38	19.80	28.73	0.058	0.106	21.7	48.6	28.4	0.011	10.55
2005	ASAZH01ABC_01	2	玉米	80～100	43.9	0.74	573.13	59.00	19.70	28.94	0.055	0.088	18.3	46.4	25.8	0.012	9.83
2005	ASAZH01ABC_01	4	玉米	0～20	34.1	0.69	580.88	64.60	19.70	29.15	0.105	0.141	24.3	58.5	28.4	0.023	11.83
2005	ASAZH01ABC_01	4	玉米	20～40	28.2	0.74	573.13	63.84	20.30	28.87	0.083	0.120	24.7	59.9	28.2	0.020	10.62
2005	ASAZH01ABC_01	4	玉米	40～60	38.0	0.75	549.90	60.90	22.60	27.96	0.059	0.109	22.6	53.0	27.2	0.012	10.28
2005	ASAZH01ABC_01	4	玉米	60～80	32.6	0.69	573.13	59.38	19.80	28.94	0.052	0.114	22.7	59.6	28.1	0.010	10.33
2005	ASAZH01ABC_01	4	玉米	80～100	35.9	0.78	588.62	59.76	18.80	28.31	0.053	0.108	22.2	57.0	28.0	0.014	10.58
2005	ASAZH01ABC_01	11	玉米	0～20	22.6	0.77	565.39	63.65	20.30	28.45	0.095	0.127	23.5	56.8	27.9	0.020	11.01
2005	ASAZH01ABC_01	11	玉米	20～40	22.9	0.89	565.39	66.88	21.20	28.87	0.084	0.123	23.8	55.1	28.5	0.026	10.89
2005	ASAZH01ABC_01	11	玉米	40～60	33.5	0.80	557.64	60.61	21.20	27.89	0.059	0.104	21.1	38.9	28.1	0.013	10.02
2005	ASAZH01ABC_01	11	玉米	60～80	33.9	0.76	580.88	59.76	20.60	28.73	0.053	0.121	22.3	59.7	28.4	0.011	10.14
2005	ASAZH01ABC_01	11	玉米	80～100	27.2	0.66	573.13	55.86	19.00	27.75	0.048	0.119	20.7	59.5	27.1	0.009	10.73

（续）

年份	样地代码	采样分区编号	作物	采样深度（cm）	全硼（B mg/kg）	全钼（Mo mg/kg）	全锰（Mn mg/kg）	全锌（Zn mg/kg）	全铜（Cu mg/kg）	全铁（Fe mg/kg）	硒（Se mg/kg）	镉（Cd mg/kg）	铅（Pb mg/kg）	铬（Cr mg/kg）	镍（Ni mg/kg）	汞（Hg mg/kg）	砷（As mg/kg）
2005	ASAZQ01ABO_01	1	玉米	0～20	46.0	0.84	611.86	60.14	18.30	29.71	0.067	0.106	23.6	56.7	27.1	0.015	11.25
2005	ASAZQ01ABO_01	1	玉米	20～40	42.0	0.86	611.86	60.99	21.30	30.20	0.061	0.095	23.8	58.9	28.1	0.017	12.03
2005	ASAZQ01ABO_01	1	玉米	40～60	46.0	0.91	619.60	64.60	20.80	30.27	0.055	0.095	23.4	58.3	36.5	0.016	11.87
2005	ASAZQ01ABO_01	1	玉米	60～80	42.0	0.95	627.35	66.50	22.60	30.27	0.061	0.189	23.8	59.8	29.4	0.018	11.38
2005	ASAZQ01ABO_01	1	玉米	80～100	42.0	0.88	619.60	65.27	25.10	29.15	0.059	0.090	23.1	56.5	28.4	0.023	11.90
2005	ASAZQ01ABO_01	2	玉米	0～20	46.0	0.90	604.11	63.84	21.50	28.31	0.070	0.123	21.8	57.9	27.7	0.016	10.85
2005	ASAZQ01ABO_01	2	玉米	20～40	46.0	0.83	596.37	64.22	21.20	29.01	0.052	0.095	22.5	41.5	27.7	0.016	11.83
2005	ASAZQ01ABO_01	2	玉米	40～60	53.0	0.83	604.11	61.37	19.20	29.01	0.053	0.115	22.2	52.7	27.6	0.016	10.55
2005	ASAZQ01ABO_01	2	玉米	60～80	48.0	0.89	611.86	62.99	21.60	29.50	0.054	0.098	23.1	47.7	29.0	0.017	10.72
2005	ASAZQ01ABO_01	2	玉米	80～100	40.0	0.86	611.86	64.79	20.00	28.80	0.053	0.100	23.2	52.3	29.2	0.018	11.73
2005	ASAZQ01ABO_01	3	玉米	0～20	49.0	0.91	604.11	68.59	20.80	29.15	0.076	0.161	22.5	46.2	28.9	0.043	10.75
2005	ASAZQ01ABO_01	3	玉米	20～40	42.0	0.86	604.11	65.36	21.70	29.22	0.060	0.096	23.4	56.5	28.9	0.019	12.04
2005	ASAZQ01ABO_01	3	玉米	40～60	41.0	0.88	604.11	66.31	22.40	29.57	8.177	0.096	23.4	46.2	28.8	0.024	11.55
2005	ASAZQ01ABO_01	3	玉米	60～80	40.0	0.88	619.60	64.32	22.10	29.78	0.083	0.099	22.5	58.7	29.5	0.018	11.79
2005	ASAZQ01ABO_01	3	玉米	80～100	51.0	0.84	604.11	63.08	21.10	29.78	0.064	0.126	22.5	56.9	29.7	0.016	11.09
2005	ASAZQ03ABO_01	1	玉米	0～20	50.0	0.83	604.11	64.60	21.20	29.08	0.072	0.149	22.4	60.4	29.1	0.014	10.61
2005	ASAZQ03ABO_01	1	玉米	20～40	60.0	0.83	604.11	61.66	21.10	27.68	0.066	0.111	22.5	56.9	29.0	0.014	10.30
2005	ASAZQ03ABO_01	1	玉米	40～60	45.0	0.80	596.37	60.71	20.50	28.31	0.067	0.103	21.9	42.8	28.9	0.018	11.46
2005	ASAZQ03ABO_01	1	玉米	60～80	58.0	0.86	580.88	57.00	19.80	27.54	0.060	0.117	20.7	54.4	27.6	0.012	10.42
2005	ASAZQ03ABO_01	1	玉米	80～100	46.0	0.93	666.07	65.93	22.30	31.59	0.055	0.153	23.8	47.0	31.3	0.016	11.66
2005	ASAZQ03ABO_01	2	玉米	0～20	46.0	0.54	619.60	40.19		30.06	0.070	0.176	21.6	42.3	28.3	0.013	11.68
2005	ASAZQ03ABO_01	2	玉米	20～40	46.0	0.88	627.35	64.32	20.30	28.80	0.075	0.159	21.6	40.2	28.5	0.016	11.03
2005	ASAZQ03ABO_01	2	玉米	40～60	53.0	0.85	627.35	62.51	20.90	30.20	0.068	0.141	22.4	52.5	29.3	0.016	12.17
2005	ASAZQ03ABO_01	2	玉米	60～80	50.0	0.88	619.60	69.64	21.80	30.34	0.058	0.126	21.8	43.0	29.0	0.015	11.64
2005	ASAZQ03ABO_01	2	玉米	80～100	56.0	0.80	596.37	57.19	18.90	28.66	0.060	0.170	21.4	56.8	27.7	0.016	10.16
2005	ASAZQ03ABO_01	3	玉米	0～20	51.0	0.94	627.35	62.89	20.50	29.57	0.084	0.192	22.1	59.5	28.7	0.015	11.01
2005	ASAZQ03ABO_01	3	玉米	20～40	58.0	0.91	619.60	61.89	21.10	29.50	0.064	0.147	21.5	54.7	28.5	0.014	10.75
2005	ASAZQ03ABO_01	3	玉米	40～60	49.0	0.81	588.62	61.56	21.00	28.45	0.063	0.103	22.6	55.5	26.6	0.016	10.56
2005	ASAZQ03ABO_01	3	玉米	60～80	48.0	0.79	619.60	58.90	19.30	29.43	0.060	0.093	23.0	56.8	27.3	0.013	11.08
2005	ASAZQ03ABO_01	3	玉米	80～100	56.0	0.91	611.86	62.89	20.60	29.71	0.058	0.092	22.4	59.3	26.8	0.015	10.81

4.2.5 土壤速效微量元素

表 4-21 土壤速效微量元素

年份	样地代码	采样分区编号	作物	采样深度（cm）	有效铁（Fe mg/kg）	有效铜（Cu mg/kg）	有效钼（Mo mg/kg）	有效硼（B mg/kg）	有效锰（Mn mg/kg）	有效锌（Zn mg/kg）	有效硫（S mg/kg）
2005	ASAFZ01BOO_01	1	玉米	0～20	5.92	0.72	125.72		5.05	0.57	8.86
2005	ASAFZ01BOO_01	2	玉米	0～20	6.44	0.57	81.74		5.41	0.69	7.43
2005	ASAFZ01BOO_01	3	玉米	0～20	5.04	0.68	77.49		4.78	0.56	6.98
2005	ASAFZ01BOO_01	4	玉米	0～20	5.03	0.73	81.97		4.42	0.56	6.51
2005	ASAFZ02BOO_01	1	玉米	0～20	5.62	0.52	79.99		5.74	0.57	9.60
2005	ASAFZ02BOO_01	2	玉米	0～20	5.56	0.65	100.33		4.84	0.57	6.74
2005	ASAFZ02BOO_01	3	玉米	0～20	5.81	0.55	79.40		5.61	0.63	7.33
2005	ASAFZ02BOO_01	4	玉米	0～20	5.98	0.61	80.33		6.15	0.55	10.36
2000	ASAFZ03ABC_01	1	糜子	0～20	5.13	0.38			6.85	0.35	
2000	ASAFZ03ABC_01	1	糜子	20～40	4.48	0.46			4.59	0.21	
2000	ASAFZ03ABC_01	1	糜子	40～60	4.54	0.79			4.18	0.19	
2000	ASAFZ03ABC_01	7	糜子	0～20	4.46	0.35			5.36	0.25	
2000	ASAFZ03ABC_01	7	糜子	20～40	4.03	0.37			3.78	0.18	
2000	ASAFZ03ABC_01	7	糜子	40～60	4.10	0.48			4.05	0.19	
2000	ASAFZ03ABC 01	11	糜子	0～20	4.33	0.40			6.60	0.34	
2000	ASAFZ03ABC_01	11	糜子	20～40	4.17	0.38			3.70	0.15	
2000	ASAFZ03ABC_01	11	糜子	40～60	4.07	0.40			4.27	0.26	
2001	ASAFZ03ABC_01	1	谷子	0～20	4.68	0.42		0.55	6.77	0.41	
2001	ASAFZ03ABC_01	1	谷子	20～40	4.49	0.43		0.45	4.54	0.27	
2001	ASAFZ03ABC_01	1	谷子	40～60	4.44	0.51		0.51	4.30	0.15	
2001	ASAFZ03ABC_01	7	谷子	0～20	4.42	0.40		0.45	5.30	0.27	
2001	ASAFZ03ABC_01	7	谷子	20～40	4.21	0.32		0.47	3.95	0.20	
2001	ASAFZ03ABC_01	7	谷子	40～60	4.01	0.45		0.41	3.91	0.14	
2001	ASAFZ03ABC_01	11	谷子	0～20	4.47	0.44		0.65	6.25	0.37	
2001	ASAFZ03ABC_01	11	谷子	20～40	4.19	0.40		0.40	4.02	0.18	
2001	ASAFZ03ABC_01	11	谷子	40～60	4.11	0.43		0.55	4.17	0.26	
2005	ASAFZ03ABC_01	1	谷子	0～20	5.82	0.33	38.04		3.59	0.52	6.51
2005	ASAFZ03ABC_01	5	谷子	0～20	5.77	0.32	33.00		4.13	0.48	8.86
2005	ASAFZ03ABC_01	10	谷子	0～20	6.75	0.36	40.76		4.40	0.58	7.24
2005	ASAFZ03ABC_01	16	谷子	0～20	5.49	0.29	31.79		4.68	0.35	6.06
1999	ASAZH01ABC_01	6	玉米	5	5.49	0.94		0.52	6.87	2.25	
1999	ASAZH01ABC_01	6	玉米	15	5.55	0.88		0.53	6.45	1.78	
1999	ASAZH01ABC_01	6	玉米	25	5.96	0.46		0.53	6.05	0.36	
1999	ASAZH01ABC_01	6	玉米	35	4.10	0.52		0.47	3.75	0.31	
1999	ASAZH01ABC_01	6	玉米	50	4.22	0.64		0.59	3.59	0.28	
2005	ASAZH01ABC_01	2	玉米	0～20	5.55	0.60	126.17		5.53	0.72	5.62
2005	ASAZH01ABC_01	4	玉米	0～20	6.42	0.67	95.84		5.56	0.71	6.51
2005	ASAZH01ABC_01	6	玉米	0～20	6.35	0.68	100.62		5.42	0.72	8.86
2005	ASAZH01ABC_01	11	玉米	0～20	5.99	0.52	80.47		4.91	0.68	12.46
2005	ASAZH01ABC_01	13	玉米	0～20	5.04	0.58	68.57		5.08	0.50	7.09
2005	ASAZH01ABC_01	15	玉米	0～20	5.78	0.62	75.15		5.20	0.55	8.86
2005	ASAZQ01ABO_01	1	玉米	0～20	6.65	0.60	49.81		3.90	0.21	6.29
2005	ASAZQ01ABO_01	2	玉米	0～20	5.15	0.42	105.55		2.53	0.15	4.12
2005	ASAZQ01ABO_01	3	玉米	0～20	6.21	0.62	87.89		3.27	0.20	7.90

（续）

年份	样地代码	采样分区编号	作物	采样深度（cm）	有效铁（Fe mg/kg）	有效铜（Cu mg/kg）	有效钼（Mo mg/kg）	有效硼（B mg/kg）	有效锰（Mn mg/kg）	有效锌（Zn mg/kg）	有效硫（S mg/kg）
2005	ASAZQ01ABO_01	4	玉米	0～20	5.71	0.65	53.22		3.42	0.19	3.91
2005	ASAZQ01ABO_01	5	玉米	0～20	7.50	0.87	54.48		3.36	0.25	6.52
2005	ASAZQ01ABO_01	6	玉米	0～20	6.73	0.67	35.64		3.46	0.25	4.33
2005	ASAZQ03ABO_01	1	玉米	0～20	6.07	0.60	86.24		4.39	0.27	5.18
2005	ASAZQ03ABO_01	2	玉米	0～20	5.84	0.62	48.62		3.48	0.26	4.75
2005	ASAZQ03ABO_01	3	玉米	0～20	5.63	0.84	51.05		4.44	0.35	4.75
2005	ASAZQ03ABO_01	4	玉米	0～20	6.00	0.68	45.44		4.98	0.33	6.08
2005	ASAZQ03ABO_01	5	玉米	0～20	5.87	0.58	47.58		4.35	0.28	6.51
2005	ASAZQ03ABO_01	6	玉米	0～20	6.22	0.62	45.16		4.79	0.29	5.18

4.2.6 土壤机械组成

表 4-22 土壤机械组成

日期	样地代码	采样分区编号	作物	采样深度（cm）	2～0.05mm 砂粒百分率	0.05～0.002mm 粉粒百分率	小于 0.002mm 粘粒百分率	土壤质地名称
2005-10-14	ASAFZ03ABC_01	1	谷子	0～20	36.170	58.214	5.616	粉壤土
2005-10-14	ASAFZ03ABC_01	1	谷子	20～40	31.845	61.943	6.212	粉壤土
2005-10-14	ASAFZ03ABC_01	1	谷子	40～60	23.745	68.241	8.014	粉壤土
2005-10-14	ASAFZ03ABC_01	1	谷子	60～80	25.082	68.545	6.373	粉壤土
2005-10-14	ASAFZ03ABC_01	1	谷子	80～100	22.982	71.151	5.867	粉壤土
2005-10-14	ASAFZ03ABC_01	5	谷子	0～20	36.599	58.064	5.336	粉壤土
2005-10-14	ASAFZ03ABC_01	5	谷子	20～40	33.657	61.037	5.305	粉壤土
2005-10-14	ASAFZ03ABC_01	5	谷子	40～60	23.472	70.357	6.171	粉壤土
2005-10-14	ASAFZ03ABC_01	5	谷子	60～80	23.982	69.534	6.483	粉壤土
2005-10-14	ASAFZ03ABC_01	5	谷子	80～100	24.285	69.944	5.772	粉壤土
2005-10-14	ASAFZ03ABC_01	7	谷子	0～20	38.344	56.704	4.952	粉壤土
2005-10-14	ASAFZ03ABC_01	7	谷子	20～40	37.756	56.847	5.397	粉壤土
2005-10-14	ASAFZ03ABC_01	7	谷子	40～60	28.945	65.497	5.558	粉壤土
2005-10-14	ASAFZ03ABC_01	7	谷子	60～80	33.187	61.698	5.115	粉壤土
2005-10-14	ASAFZ03ABC_01	7	谷子	80～100	36.636	58.011	5.354	粉壤土
2005-10-14	ASAFZ03ABC_01	10	谷子	0～20	32.457	61.806	5.738	粉壤土
2005-10-14	ASAFZ03ABC_01	10	谷子	20～40	35.150	59.607	5.243	粉壤土
2005-10-14	ASAFZ03ABC_01	10	谷子	40～60	35.174	59.501	5.326	粉壤土
2005-10-14	ASAFZ03ABC_01	10	谷子	60～80	30.812	63.408	5.780	粉壤土
2005-10-14	ASAFZ03ABC_01	10	谷子	80～100	29.354	64.973	5.673	粉壤土
2005-10-14	ASAFZ03ABC_01	12	谷子	0～20	41.408	54.348	4.244	粉壤土
2005-10-14	ASAFZ03ABC_01	12	谷子	20～40	37.262	57.688	5.050	粉壤土
2005-10-14	ASAFZ03ABC_01	12	谷子	40～60	32.738	61.366	5.896	粉壤土
2005-10-14	ASAFZ03ABC_01	12	谷子	60～80	36.671	57.713	5.616	粉壤土
2005-10-14	ASAFZ03ABC_01	12	谷子	80～100	34.659	59.858	5.483	粉壤土
2005-10-14	ASAFZ03ABC_01	16	谷子	0～20	40.062	55.244	4.695	粉壤土
2005-10-14	ASAFZ03ABC_01	16	谷子	20～40	36.782	58.143	5.075	粉壤土
2005-10-14	ASAFZ03ABC_01	16	谷子	40～60	34.211	60.122	5.667	粉壤土
2005-10-14	ASAFZ03ABC_01	16	谷子	60～80	34.303	59.819	5.878	粉壤土
2005-10-14	ASAFZ03ABC_01	16	谷子	80～100	37.172	57.358	5.471	粉壤土
2005-10-05	ASAFZ01BOO_01	1	玉米	0～20	24.656	68.466	6.878	粉壤土

（续）

日期	样地代码	采样分区编号	作物	采样深度（cm）	2～0.05mm 砂粒百分率	0.05～0.002mm 粉粒百分率	小于 0.002mm 粘粒百分率	土壤质地名称
2005-10-05	ASAFZ01BOO_01	1	玉米	20～40	27.038	66.394	6.569	粉壤土
2005-10-05	ASAFZ01BOO_01	1	玉米	40～60	25.029	67.940	7.032	粉壤土
2005-10-05	ASAFZ01BOO_01	1	玉米	60～80	26.583	66.168	7.249	粉壤土
2005-10-05	ASAFZ01BOO_01	1	玉米	80～100	26.959	66.239	6.802	粉壤土
2005-10-05	ASAFZ01BOO_01	2	玉米	0～20	28.450	64.900	6.650	粉壤土
2005-10-05	ASAFZ01BOO_01	2	玉米	20～40	29.226	63.884	6.890	粉壤土
2005-10-05	ASAFZ01BOO_01	2	玉米	40～60	27.092	66.040	6.867	粉壤土
2005-10-05	ASAFZ01BOO_01	2	玉米	60～80	30.480	63.060	6.460	粉壤土
2005-10-05	ASAFZ01BOO_01	2	玉米	80～100	29.891	60.021	6.412	粉壤土
2005-10-05	ASAFZ01BOO_01	3	玉米	0～20	29.131	64.499	6.369	粉壤土
2005-10-05	ASAFZ01BOO_01	3	玉米	20～40	31.528	61.792	6.680	粉壤土
2005-10-05	ASAFZ01BOO_01	3	玉米	40～60	25.714	67.411	6.875	粉壤土
2005-10-05	ASAFZ01BOO_01	3	玉米	60～80	27.848	65.604	6.548	粉壤土
2005-10-05	ASAFZ01BOO_01	3	玉米	80～100	28.882	64.481	6.637	粉壤土
2005-10-05	ASAFZ01BOO_01	4	玉米	0～20	30.134	63.801	6.065	粉壤土
2005-10-05	ASAFZ01BOO_01	4	玉米	20～40	30.748	62.424	6.828	粉壤土
2005-10-05	ASAFZ01BOO_01	4	玉米	40～60	28.323	64.186	7.491	粉壤土
2005-10-05	ASAFZ01BOO_01	4	玉米	60～80	28.163	65.301	6.536	粉壤土
2005-10-05	ASAFZ01BOO_01	4	玉米	80～100	27.555	65.536	6.909	粉壤土
2005-10-05	ASAFZ02BOO_01	1	玉米	0～20	29.411	63.890	6.699	粉壤土
2005-10-05	ASAFZ02BOO_01	1	玉米	20～40	29.731	63.660	6.609	粉壤土
2005-10-05	ASAFZ02BOO_01	1	玉米	40～60	29.614	63.386	7.000	粉壤土
2005-10-05	ASAFZ02BOO_01	1	玉米	60～80	30.022	62.894	7.084	粉壤土
2005-10-05	ASAFZ02BOO_01	1	玉米	80～100	34.127	59.624	6.249	粉壤土
2005-10-05	ASAFZ02BOO_01	2	玉米	0～20	30.707	62.479	6.814	粉壤土
2005-10-05	ASAFZ02BOO_01	2	玉米	20～40	28.114	64.531	7.355	粉壤土
2005-10-05	ASAFZ02BOO_01	2	玉米	40～60	28.434	63.943	7.623	粉壤土
2005-10-05	ASAFZ02BOO_01	2	玉米	60～80	29.994	63.347	6.660	粉壤土
2005-10-05	ASAFZ02BOO_01	2	玉米	80～100	32.389	60.917	6.693	粉壤土
2005-10-05	ASAFZ02BOO_01	3	玉米	0～20	30.478	63.165	6.357	粉壤土
2005-10-05	ASAFZ02BOO_01	3	玉米	20～40	27.084	65.670	7.246	粉壤土
2005-10-05	ASAFZ02BOO_01	3	玉米	40～60	29.141	63.457	7.402	粉壤土
2005-10-05	ASAFZ02BOO_01	3	玉米	60～80	33.699	59.770	6.531	粉壤土
2005-10-05	ASAFZ02BOO_01	3	玉米	80～100	36.474	57.503	6.023	粉壤土
2005-10-05	ASAFZ02BOO_01	4	玉米	0～20	30.435	63.000	6.565	粉壤土
2005-10-05	ASAFZ02BOO_01	4	玉米	20～40	29.244	63.639	7.117	粉壤土
2005-10-05	ASAFZ02BOO_01	4	玉米	40～60	29.515	63.264	7.221	粉壤土
2005-10-05	ASAFZ02BOO_01	4	玉米	60～80	29.903	63.643	6.454	粉壤土
2005-10-05	ASAFZ02BOO_01	4	玉米	80～100	34.073	59.172	6.755	粉壤土
1998-08-20	ASAFZ03ABC_01		糜子	0～20	17.8	66.2	16.0	轻壤土
1998-08-20	ASAFZ03ABC_01		糜子	20～40	15.9	67.0	17.1	轻壤土
1998-08-20	ASAFZ04ABC_01		大豆	0～20	16.5	67.6	15.9	轻壤土
1998-08-20	ASAFZ04ABC_01		大豆	20～40	14.7	68.1	17.2	轻壤土
1998-08-20	ASAFZ04ABC_01		大豆	0～20	45.5	41.5	13.0	轻壤土
1998-08-20	ASAFZ04ABC_01		大豆	20～40	49.5	40.5	10.0	轻壤土
1998-08-20	ASAFZ04ABC_01		大豆	0～20	11.0	70.4	18.6	中壤土
1998-08-20	ASAFZ04ABC_01		大豆	20～40	12.6	69.7	17.7	中壤土

（续）

日期	样地代码	采样分区编号	作物	采样深度（cm）	2～0.05mm 砂粒百分率	0.05～0.002mm 粉粒百分率	小于0.002mm 粘粒百分率	土壤质地名称
1998-08-20	ASAFZ05ABC_01		大豆	0～20	15.2	73.1	11.7	轻壤土
1998-08-20	ASAFZ05ABC_01		大豆	20～40	10.5	77.6	11.9	轻壤土
1998-08-20	ASAFZ05ABC_01		大豆	0～20	22.3	67.4	10.3	轻壤土
1998-08-20	ASAFZ05ABC_01		大豆	20～40	22.5	67.2	10.3	轻壤土
2005-10-05	ASAZH01ABC_01	2	玉米	0～20	30.392	63.278	6.330	粉壤土
2005-10-05	ASAZH01ABC_01	2	玉米	20～40	28.111	65.494	6.395	粉壤土
2005-10-05	ASAZH01ABC_01	2	玉米	40～60	27.869	65.229	6.902	粉壤土
2005-10-05	ASAZH01ABC_01	2	玉米	60～80	29.668	64.125	6.207	粉壤土
2005-10-05	ASAZH01ABC_01	2	玉米	80～100	28.539	65.340	6.120	粉壤土
2005-10-05	ASAZH01ABC_01	4	玉米	0～20	28.885	65.019	6.096	粉壤土
2005-10-05	ASAZH01ABC_01	4	玉米	20～40	27.930	65.633	6.438	粉壤土
2005-10-05	ASAZH01ABC_01	4	玉米	40～60	27.841	65.420	6.739	粉壤土
2005-10-05	ASAZH01ABC_01	4	玉米	60～80	26.644	64.801	8.555	粉壤土
2005-10-05	ASAZH01ABC_01	4	玉米	80～100	28.649	64.445	6.906	粉壤土
2005-10-05	ASAZH01ABC_01	6	玉米	0～20	29.897	63.667	6.436	粉壤土
2005-10-05	ASAZH01ABC_01	6	玉米	20～40	27.976	65.405	6.619	粉壤土
2005-10-05	ASAZH01ABC_01	6	玉米	40～60	23.172	62.331	14.497	粉粘壤土
2005-10-05	ASAZH01ABC_01	6	玉米	60～80	25.763	70.516	3.721	粉壤土
2005-10-05	ASAZH01ABC_01	6	玉米	80～100	28.822	64.953	6.224	粉壤土
2005-10-05	ASAZH01ABC_01	11	玉米	0～20	32.888	61.407	5.705	粉壤土
2005-10-05	ASAZH01ABC_01	11	玉米	20～40	26.876	66.380	6.744	粉壤土
2005-10-05	ASAZH01ABC_01	11	玉米	40～60	28.717	64.570	6.713	粉壤土
2005-10-05	ASAZH01ABC_01	11	玉米	60～80	26.674	66.347	6.979	粉壤土
2005-10-05	ASAZH01ABC_01	11	玉米	80～100	34.050	59.914	6.036	粉壤土
2005-10-05	ASAZH01ABC_01	13	玉米	0～20	35.447	59.060	5.493	粉壤土
2005-10-05	ASAZH01ABC_01	13	玉米	20～40	32.128	61.240	6.632	粉壤土
2005-10-05	ASAZH01ABC_01	13	玉米	40～60	27.337	65.725	6.939	粉壤土
2005-10-05	ASAZH01ABC_01	13	玉米	60～80	27.186	66.222	6.592	粉壤土
2005-10-05	ASAZH01ABC_01	13	玉米	80～100	26.290	66.633	7.077	粉壤土
2005-10-05	ASAZH01ABC_01	15	玉米	0～20	29.129	64.513	6.358	粉壤土
2005-10-05	ASAZH01ABC_01	15	玉米	20～40	28.197	64.297	7.506	粉壤土
2005-10-05	ASAZH01ABC_01	15	玉米	40～60	26.143	66.990	6.866	粉壤土
2005-10-05	ASAZH01ABC_01	15	玉米	60～80	28.925	64.323	6.752	粉壤土
2005-10-05	ASAZH01ABC_01	15	玉米	80～100	27.278	65.933	6.789	粉壤土
2005-10-10	ASAZQ01ABO_01	1	玉米	0～20	25.594	67.821	6.585	粉壤土
2005-10-10	ASAZQ01ABO_01	1	玉米	20～40	22.277	70.657	7.066	粉壤土
2005-10-10	ASAZQ01ABO_01	1	玉米	40～60	23.316	70.388	6.296	粉壤土
2005-10-10	ASAZQ01ABO_01	1	玉米	60～80	22.211	71.712	6.078	粉壤土
2005-10-10	ASAZQ01ABO_01	1	玉米	80～100	25.403	68.647	5.950	粉壤土
2005-10-10	ASAZQ01ABO_01	2	玉米	0～20	24.086	70.160	5.754	粉壤土
2005-10-10	ASAZQ01ABO_01	2	玉米	20～40	25.488	68.833	5.679	粉壤土
2005-10-10	ASAZQ01ABO_01	2	玉米	40～60	25.559	68.842	5.600	粉壤土
2005-10-10	ASAZQ01ABO_01	2	玉米	60～80	29.230	65.334	5.436	粉壤土
2005-10-10	ASAZQ01ABO_01	2	玉米	80～100	30.799	64.032	5.169	粉壤土
2005-10-10	ASAZQ01ABO_01	3	玉米	0～20	26.752	67.590	5.658	粉壤土
2005-10-10	ASAZQ01ABO_01	3	玉米	20～40	23.661	70.411	5.928	粉壤土
2005-10-10	ASAZQ01ABO_01	3	玉米	40～60	25.363	67.727	6.910	粉壤土

（续）

日期	样地代码	采样分区编号	作物	采样深度（cm）	2～0.05mm砂粒百分率	0.05～0.002mm粉粒百分率	小于0.002mm粘粒百分率	土壤质地名称
2005-10-10	ASAZQ01ABO_01	3	玉米	60～80	24.119	69.491	6.390	粉壤土
2005-10-10	ASAZQ01ABO_01	3	玉米	80～100	23.641	68.064	8.295	粉壤土
2005-10-10	ASAZQ01ABO_01	4	玉米	0～20	24.290	67.553	8.157	粉壤土
2005-10-10	ASAZQ01ABO_01	4	玉米	20～40	20.573	66.335	13.093	粉沙壤土
2005-10-10	ASAZQ01ABO_01	4	玉米	40～60	22.945	69.468	7.587	粉壤土
2005-10-10	ASAZQ01ABO_01	4	玉米	60～80	23.480	70.568	5.953	粉壤土
2005-10-10	ASAZQ01ABO_01	4	玉米	80～100	19.480	72.488	8.032	粉壤土
2005-10-10	ASAZQ01ABO_01	5	玉米	0～20	18.220	73.512	8.268	粉壤土
2005-10-10	ASAZQ01ABO_01	5	玉米	20～40	14.160	72.682	13.158	粉沙壤土
2005-10-10	ASAZQ01ABO_01	5	玉米	40～60	9.294	77.844	12.861	粉壤土
2005-10-10	ASAZQ01ABO_01	5	玉米	60～80	14.238	72.110	13.651	粉沙壤土
2005-10-10	ASAZQ01ABO_01	5	玉米	80～100	15.492	69.964	14.543	粉粘壤土
2005-10-10	ASAZQ01ABO_01	6	玉米	0～20	23.657	69.871	6.471	粉壤土
2005-10-10	ASAZQ01ABO_01	6	玉米	20～40	24.438	68.221	7.340	粉壤土
2005-10-10	ASAZQ01ABO_01	6	玉米	40～60	23.853	60.856	15.291	粉粘壤土
2005-10-10	ASAZQ01ABO_01	6	玉米	60～80	26.569	66.908	6.523	粉壤土
2005-10-10	ASAZQ01ABO_01	6	玉米	80～100	25.762	67.779	6.459	粉壤土
2005-10-10	ASAZQ03ABO_01	1	玉米	0～20	24.218	68.852	6.931	粉壤土
2005-10-10	ASAZQ03ABO_01	1	玉米	20～40	24.433	69.105	6.462	粉壤土
2005-10-10	ASAZQ03ABO_01	1	玉米	40～60	23.667	69.838	6.495	粉壤土
2005-10-10	ASAZQ03ABO_01	1	玉米	60～80	29.798	64.447	5.755	粉壤土
2005-10-10	ASAZQ03ABO_01	1	玉米	80～100	17.914	68.543	13.542	粉粘壤土
2005-10-10	ASAZQ03ABO_01	2	玉米	0～20	27.484	66.882	5.634	粉壤土
2005-10-10	ASAZQ03ABO_01	2	玉米	20～40	24.574	67.804	7.622	粉壤土
2005-10-10	ASAZQ03ABO_01	2	玉米	40～60	22.643	70.023	7.333	粉壤土
2005-10-10	ASAZQ03ABO_01	2	玉米	60～80	22.433	70.128	7.439	粉壤土
2005-10-10	ASAZQ03ABO_01	2	玉米	80～100	26.456	65.496	8.048	粉壤土
2005-10-10	ASAZQ03ABO_01	3	玉米	0～20	24.675	67.607	7.718	粉壤土
2005-10-10	ASAZQ03ABO_01	3	玉米	20～40	23.877	68.467	7.656	粉壤土
2005-10-10	ASAZQ03ABO_01	3	玉米	40～60	19.959	67.392	12.650	粉壤土
2005-10-10	ASAZQ03ABO_01	3	玉米	60～80	24.140	67.997	7.864	粉壤土
2005-10-10	ASAZQ03ABO_01	3	玉米	80～100	23.549	68.517	7.935	粉壤土
2005-10-10	ASAZQ03ABO_01	4	玉米	0～20	28.227	65.448	6.326	粉壤土
2005-10-10	ASAZQ03ABO_01	4	玉米	20～40	24.576	67.388	8.035	粉壤土
2005-10-10	ASAZQ03ABO_01	4	玉米	40～60	24.382	69.200	6.418	粉壤土
2005-10-10	ASAZQ03ABO_01	4	玉米	60～80	27.061	65.957	6.981	粉壤土
2005-10-10	ASAZQ03ABO_01	4	玉米	80～100	27.620	65.658	6.722	粉壤土
2005-10-10	ASAZQ03ABO_01	5	玉米	0～20	25.832	67.825	6.343	粉壤土
2005-10-10	ASAZQ03ABO_01	5	玉米	20～40	19.654	68.456	11.891	粉壤土
2005-10-10	ASAZQ03ABO_01	5	玉米	40～60	24.202	68.957	6.841	粉壤土
2005-10-10	ASAZQ03ABO_01	5	玉米	60～80	23.698	66.028	10.273	粉壤土
2005-10-10	ASAZQ03ABO_01	5	玉米	80～100	16.933	69.889	13.178	粉壤土
2005-10-10	ASAZQ03ABO_01	6	玉米	0～20	25.199	68.732	6.069	粉壤土
2005-10-10	ASAZQ03ABO_01	6	玉米	20～40	28.218	65.624	6.157	粉壤土
2005-10-10	ASAZQ03ABO_01	6	玉米	40～60	25.772	67.828	6.400	粉壤土
2005-10-10	ASAZQ03ABO_01	6	玉米	60～80	18.993	68.607	12.401	粉壤土
2005-10-10	ASAZQ03ABO_01	6	玉米	80～100	16.500	70.506	12.994	粉壤土

4.2.7　土壤容重

表 4－23　土壤容重

日期	样地代码	采样分区编号	作物	采样深度（cm）	土壤容重平均值（g/m³）	均方差	样本数
1999－12－22	ASAFZ03ABC _ 01	7	谷子	0～20	1.25		10
1999－12－22	ASAFZ03ABC _ 01	7	谷子	20～40	1.27		10
1999－12－22	ASAFZ03ABC _ 01	10	谷子	0～20	1.21		10
1999－12－22	ASAFZ03ABC _ 01	10	谷子	20～40	1.21		10
2005－10－28	ASAFZ03ABC _ 01	4	谷子	0～10	1.19	0.02	3
2005－10－28	ASAFZ03ABC _ 01	4	谷子	10～20	1.21	0.16	3
2005－10－28	ASAFZ03ABC _ 01	4	谷子	20～40	1.31	0.04	3
2005－10－28	ASAFZ03ABC _ 01	4	谷子	40～60	1.25	0.04	3
2005－10－28	ASAFZ03ABC _ 01	4	谷子	60～80	1.46	0.09	3
2005－10－28	ASAFZ03ABC _ 01	4	谷子	80～100	1.36	0.00	3
2005－10－30	ASAFZ01BOO－01	2	玉米	0～10	1.32	0.09	3
2005－10－30	ASAFZ01BOO－01	2	玉米	10～20	1.36	0.06	3
2005－10－30	ASAFZ01BOO－01	2	玉米	20～40	1.44	0.07	3
2005－10－30	ASAFZ01BOO－01	2	玉米	40～60	1.37	0.04	3
2005－10－30	ASAFZ01BOO－01	2	玉米	60～80	1.30	0.03	3
2005－10－30	ASAFZ01BOO－01	2	玉米	80～100	1.27	0.01	3
2005－10－31	ASAFZ02BOO－01	3	玉米	0～10	1.32	0.02	3
2005－10－31	ASAFZ02BOO－01	3	玉米	10～20	1.12	0.05	3
2005－10－31	ASAFZ02BOO－01	3	玉米	20～40	1.31	0.02	3
2005－10－31	ASAFZ02BOO－01	3	玉米	40～60	1.29	0.02	3
2005－10－31	ASAFZ02BOO－01	3	玉米	60～80	1.35	0.01	3
2005－10－31	ASAFZ02BOO－01	3	玉米	80～100	1.35	0.04	3
1999－12－22	ASAFZ05ABC _ 01	1	谷子	0～20	1.23		10
1999－12－22	ASAFZ05ABC _ 01	1	谷子	20～40	1.24		10
1999－12－22	ASAFZ05ABC _ 01	20	谷子	0～20	1.34		10
1999－12－22	ASAFZ05ABC _ 01	20	谷子	20～40	1.36		10
1999－12－22	ASAZH01ABC _ 01	3	玉米	0～20	1.32		10
1999－12－22	ASAZH01ABC _ 01	3	玉米	20～40	1.38		10
1999－12－22	ASAZH01ABC _ 01	6	玉米	0～20	1.32		10
1999－12－22	ASAZH01ABC _ 01	6	玉米	20～40	1.24		10
1999－12－22	ASAZH01ABC _ 01	11	玉米	0～20	1.16		10
1999－12－22	ASAZH01ABC _ 01	11	玉米	20～40	1.24		10
1999－12－22	ASAZH01ABC _ 01	14	玉米	0～20	1.35		10
1999－12－22	ASAZH01ABC _ 01	14	玉米	20～40	1.24		10
2005－11－01	ASAZH01ABC _ 01	1	玉米	0～10	1.23	0.04	6
2005－11－01	ASAZH01ABC _ 01	1	玉米	10～20	1.22	0.09	6
2005－11－01	ASAZH01ABC _ 01	1	玉米	20～40	1.41	0.04	6
2005－11－01	ASAZH01ABC _ 01	1	玉米	40～60	1.34	0.06	6
2005－11－01	ASAZH01ABC _ 01	1	玉米	60～80	1.29	0.04	6
2005－11－01	ASAZH01ABC _ 01	1	玉米	80～100	1.31	0.03	6
1999－12－22	ASAZQ01ABO _ 01	1	大豆	0～20	1.15		10
1999－12－22	ASAZQ01ABO _ 01	1	大豆	20～40	1.21		10
1999－12－22	ASAZQ01ABO _ 01	2	大豆	0～20	1.22		10
1999－12－22	ASAZQ01ABO _ 01	2	大豆	20～40	1.22		10
1999－12－22	ASAZQ01ABO _ 01	3	大豆	0～20	1.30		10
1999－12－22	ASAZQ01ABO _ 01	3	大豆	20～40	1.36		10
2005－10－18	ASAZQ01ABO _ 01	5	玉米	0～10	1.22	0.04	3
2005－10－18	ASAZQ01ABO _ 01	5	玉米	10～20	1.26	0.06	3
2005－10－18	ASAZQ01ABO _ 01	5	玉米	20～40	1.30	0.03	3
2005－10－18	ASAZQ01ABO _ 01	5	玉米	40～60	1.29	0.01	3
2005－10－18	ASAZQ01ABO _ 01	5	玉米	60～100	1.32	0.01	3
2005－10－18	ASAZQ03ABO _ 01	6	玉米	0～10	1.19	0.02	3
2005－10－18	ASAZQ03ABO _ 01	6	玉米	10～20	1.20	0.07	3
2005－10－18	ASAZQ03ABO _ 01	6	玉米	20～40	1.38	0.04	3
2005－10－18	ASAZQ03ABO _ 01	6	玉米	40～60	1.31	0.01	3
2005－10－18	ASAZQ03ABO _ 01	6	玉米	60～100	1.37	0.07	3

4.3 水分监测数据

4.3.1 土壤体积含水量（中子管法）

表 4-24 土壤体积含水量

单位：cm^3/cm^3

年份	月份	样地代码	0~10	10~20	20~30	30~40	40~50	50~60	60~70	70~80	80~90	90~100	100~110	110~120	120~130	130~140	140~150	150~160	160~170	170~180	180~190	190~200
2005	4	ASAFZ01CTS_01	0.13	0.14	0.15	0.15	0.15	0.15	0.15	0.15	0.15	0.14	0.14	0.14	0.15	0.15	0.15	0.15	0.15	0.15	0.15	0.15
2005	5	ASAFZ01CTS_01	0.14	0.15	0.15	0.15	0.15	0.15	0.15	0.15	0.15	0.15	0.15	0.16	0.16	0.16	0.16	0.17	0.17	0.16	0.16	0.16
2005	6	ASAFZ01CTS_01	0.15	0.16	0.16	0.16	0.16	0.16	0.16	0.16	0.16	0.16	0.16	0.16	0.16	0.16	0.17	0.17	0.17	0.16	0.16	0.17
2005	7	ASAFZ01CTS_01	0.17	0.18	0.18	0.17	0.16	0.15	0.15	0.15	0.15	0.15	0.15	0.16	0.16	0.16	0.17	0.17	0.17	0.17	0.17	0.17
2005	8	ASAFZ01CTS_01	0.15	0.16	0.16	0.16	0.15	0.15	0.15	0.15	0.15	0.15	0.15	0.15	0.16	0.16	0.17	0.17	0.17	0.17	0.17	0.17
2005	9	ASAFZ01CTS_01	0.14	0.16	0.15	0.14	0.13	0.13	0.13	0.13	0.13	0.14	0.14	0.14	0.15	0.15	0.16	0.16	0.16	0.16	0.16	0.17
2005	10	ASAFZ01CTS_01	0.20	0.22	0.21	0.20	0.19	0.18	0.16	0.15	0.15	0.14	0.14	0.14	0.14	0.15	0.15	0.16	0.16	0.16	0.16	0.16
2005	11	ASAFZ01CTS_01	0.14	0.18	0.18	0.18	0.17	0.17	0.17	0.16	0.16	0.15	0.15	0.15	0.15	0.15	0.16	0.16	0.16	0.16	0.16	0.16
2005	12	ASAFZ01CTS_01	0.10	0.15	0.18	0.18	0.17	0.16	0.16	0.16	0.16	0.15	0.15	0.15	0.15	0.15	0.15	0.16	0.16	0.16	0.16	0.16
2006	1	ASAFZ01CTS_01	0.10	0.16	0.19	0.19	0.18	0.17	0.15	0.15	0.15	0.15	0.15	0.15	0.15	0.15	0.16	0.16	0.16	0.16	0.16	0.16
2006	2	ASAFZ01CTS_01	0.15	0.18	0.20	0.19	0.18	0.16	0.16	0.15	0.15	0.15	0.15	0.15	0.15	0.15	0.16	0.16	0.16	0.17	0.16	0.16
2006	3	ASAFZ01CTS_01	0.14	0.17	0.18	0.18	0.17	0.16	0.15	0.15	0.15	0.14	0.15	0.14	0.15	0.15	0.16	0.16	0.16	0.16	0.16	0.15
2006	4	ASAFZ01CTS_01	0.11	0.16	0.16	0.16	0.16	0.16	0.15	0.15	0.15	0.15	0.15	0.15	0.15	0.15	0.15	0.16	0.16	0.16	0.16	0.16
2006	5	ASAFZ01CTS_01	0.13	0.17	0.17	0.17	0.16	0.16	0.15	0.15	0.15	0.15	0.15	0.15	0.15	0.15	0.15	0.16	0.16	0.16	0.16	0.16
2006	6	ASAFZ01CTS_01	0.10	0.14	0.16	0.16	0.16	0.16	0.16	0.16	0.15	0.15	0.15	0.15	0.15	0.15	0.15	0.16	0.16	0.16	0.16	0.16
2006	7	ASAFZ01CTS_01	0.12	0.15	0.16	0.14	0.13	0.13	0.12	0.13	0.13	0.14	0.14	0.14	0.15	0.15	0.15	0.16	0.16	0.16	0.16	0.16
2006	8	ASAFZ01CTS_01	0.14	0.16	0.15	0.13	0.12	0.12	0.11	0.15	0.11	0.11	0.11	0.12	0.12	0.12	0.13	0.13	0.14	0.14	0.14	0.14
2006	9	ASAFZ01CTS_01	0.19	0.21	0.21	0.20	0.18	0.17	0.16	0.14	0.13	0.12	0.12	0.12	0.12	0.13	0.13	0.13	0.13	0.14	0.14	0.15
2006	10	ASAFZ01CTS_01	0.14	0.18	0.18	0.18	0.18	0.17	0.17	0.16	0.15	0.14	0.14	0.13	0.13	0.13	0.13	0.13	0.13	0.14	0.14	0.14
2006	11	ASAFZ01CTS_01	0.12	0.16	0.16	0.16	0.16	0.16	0.16	0.16	0.15	0.15	0.14	0.14	0.13	0.13	0.14	0.14	0.14	0.14	0.14	0.14
2006	12	ASAFZ01CTS_01	0.15	0.17	0.16	0.16	0.16	0.16	0.16	0.15	0.15	0.15	0.14	0.14	0.14	0.14	0.14	0.14	0.14	0.14	0.14	0.15
2007	1	ASAFZ01CTS_01	0.15	0.19	0.19	0.18	0.16	0.15	0.13	0.13	0.13	0.13	0.13	0.13	0.13	0.13	0.14	0.14	0.14	0.14	0.14	0.14
2007	2	ASAFZ01CTS_01	0.16	0.19	0.20	0.19	0.18	0.16	0.15	0.14	0.13	0.13	0.12	0.12	0.12	0.11	0.11	0.11	0.13	0.13	0.14	0.14
2007	3	ASAFZ01CTS_01	0.11	0.13	0.13	0.14	0.16	0.16	0.15	0.15	0.16	0.16	0.16	0.17	0.17	0.17	0.18	0.18	0.18	0.19	0.19	0.19
2007	4	ASAFZ01CTS_01	0.12	0.15	0.16	0.17	0.16	0.15	0.14	0.14	0.14	0.14	0.14	0.14	0.15	0.15	0.15	0.15	0.15	0.15	0.16	0.16
2007	5	ASAFZ01CTS_01	0.12	0.16	0.17	0.15	0.15	0.14	0.14	0.14	0.14	0.15	0.14	0.14	0.14	0.14	0.14	0.13	0.13	0.13	0.14	0.14

（续）

年份	月份	样地代码	0～10	10～20	20～30	30～40	40～50	50～60	60～70	70～80	80～90	90～100	100～110	110～120	120～130	130～140	140～150	150～160	160～170	170～180	180～190	190～200
2007	6	ASAFZ01CTS_01	0.10	0.14	0.16	0.16	0.16	0.14	0.14	0.13	0.14	0.13	0.13	0.12	0.13	0.13	0.13	0.13	0.13	0.13	0.13	0.13
2007	7	ASAFZ01CTS_01	0.13	0.16	0.16	0.15	0.14	0.14	0.13	0.13	0.13	0.12	0.12	0.12	0.12	0.12	0.12	0.12	0.12	0.12	0.12	0.13
2007	8	ASAFZ01CTS_01	0.14	0.18	0.17	0.15	0.14	0.14	0.14	0.14	0.14	0.14	0.13	0.13	0.12	0.12	0.12	0.13	0.13	0.12	0.12	0.13
2007	9	ASAFZ01CTS_01	0.09	0.13	0.14	0.15	0.15	0.14	0.13	0.13	0.12	0.12	0.12	0.12	0.12	0.12	0.12	0.13	0.13	0.13	0.13	0.13
2007	10	ASAFZ01CTS_01	0.14	0.16	0.16	0.15	0.14	0.14	0.14	0.14	0.15	0.14	0.13	0.13	0.13	0.13	0.13	0.13	0.13	0.14	0.13	0.14
2007	11	ASAFZ01CTS_01	0.11	0.14	0.15	0.15	0.14	0.14	0.16	0.15	0.15	0.15	0.15	0.15	0.15	0.15	0.15	0.16	0.16	0.16	0.16	0.16
2007	12	ASAFZ01CTS_01	0.10	0.12	0.15	0.16	0.15	0.15	0.15	0.15	0.16	0.17	0.16	0.16	0.16	0.16	0.16	0.16	0.16	0.17	0.17	0.17
2005	4	ASAFZ02CTS_01	12.84	13.43	13.62	13.70	13.62	13.66	13.78	13.58	13.62	13.58	13.19	13.35	13.55	13.66	13.74	13.74	13.43	13.43	13.51	13.19
2005	5	ASAFZ02CTS_01	12.99	14.91	15.57	15.56	15.13	14.87	14.80	15.03	15.20	14.85	15.11	15.61	16.13	16.29	16.38	16.12	15.86	16.00	16.27	16.51
2005	6	ASAFZ02CTS_01	14.93	16.75	17.83	17.64	17.16	16.78	16.57	16.39	16.24	15.76	15.65	16.10	16.42	16.74	16.79	16.56	16.07	16.06	16.42	16.92
2005	7	ASAFZ02CTS_01	17.06	18.12	18.66	18.08	17.09	16.28	16.03	15.97	15.98	15.71	15.80	16.35	16.86	17.02	17.33	17.00	16.49	16.41	16.86	17.37
2005	8	ASAFZ02CTS_01	14.67	16.07	16.57	16.72	16.41	16.04	15.90	15.85	16.06	15.94	15.84	16.13	16.76	17.04	17.36	17.28	16.93	16.75	16.92	17.51
2005	9	ASAFZ02CTS_01	14.17	15.80	15.54	14.23	12.99	12.82	13.00	13.90	14.24	14.19	14.38	15.21	16.14	16.23	16.76	16.58	16.41	16.36	17.19	18.32
2005	10	ASAFZ02CTS_01	19.71	20.93	21.40	21.16	19.59	18.83	17.38	15.97	15.16	15.25	14.89	15.87	15.86	16.17	16.50	16.81	16.45	16.22	16.20	17.41
2005	11	ASAFZ02CTS_01	13.65	17.03	17.87	18.06	17.83	17.37	16.91	16.54	16.18	15.93	15.62	15.95	16.52	16.52	16.98	16.67	16.17	16.12	16.27	17.54
2005	12	ASAFZ02CTS_01	10.15	13.97	17.85	18.68	17.73	16.67	16.17	16.05	15.96	15.77	15.81	15.82	15.98	16.29	16.64	16.95	16.57	16.35	16.46	16.57
2006	1	ASAFZ02CTS_01	10.06	16.48	19.20	19.36	18.42	16.48	15.20	15.17	15.50	15.70	15.62	15.77	15.95	16.73	16.63	17.12	16.62	16.32	16.34	17.03
2006	2	ASAFZ02CTS_01	13.72	18.00	20.36	19.32	18.41	15.78	15.11	14.60	14.82	14.85	14.85	15.21	15.70	15.97	16.82	17.01	16.59	16.77	16.54	16.56
2006	3	ASAFZ02CTS_01	13.56	16.95	18.63	18.57	16.74	15.59	15.31	14.98	15.03	15.02	15.04	14.85	15.78	15.90	16.34	16.51	16.05	15.67	16.10	15.86
2006	4	ASAFZ02CTS_01	10.43	14.96	16.45	16.95	16.63	15.80	15.58	15.36	15.44	15.54	15.11	15.25	15.53	15.80	16.25	16.25	15.79	15.73	16.00	16.95
2006	5	ASAFZ02CTS_01	12.54	16.43	17.10	17.08	16.56	15.83	15.42	15.38	15.50	15.17	14.98	15.21	15.74	15.92	16.17	16.16	15.79	15.66	15.92	17.37
2006	6	ASAFZ02CTS_01	10.26	14.11	15.53	16.23	16.39	16.28	16.04	15.92	15.62	15.74	15.32	15.37	15.82	15.93	16.23	16.41	16.04	15.79	15.86	17.43
2006	7	ASAFZ02CTS_01	11.87	14.55	15.20	14.46	13.73	13.22	13.05	13.57	14.23	14.57	14.49	14.76	15.72	15.79	16.22	16.24	16.00	15.79	16.29	17.13
2006	8	ASAFZ02CTS_01	12.46	13.62	13.29	12.57	12.14	11.77	11.55	11.98	12.46	12.53	12.84	13.69	14.17	14.73	15.37	15.44	15.36	15.39	16.32	16.86
2006	9	ASAFZ02CTS_01	17.90	19.12	19.88	19.33	17.91	16.31	14.96	13.88	13.15	12.44	12.27	12.74	13.02	13.56	14.19	14.39	14.46	14.98	15.73	16.13
2006	10	ASAFZ02CTS_01	13.54	16.69	17.55	17.90	17.34	16.74	16.00	15.37	14.53	13.70	13.07	12.70	13.24	13.45	13.74	14.16	14.21	14.65	15.49	15.81
2006	11	ASAFZ02CTS_01	12.03	15.02	16.02	16.38	16.09	15.85	15.31	15.15	14.62	14.17	13.64	13.62	13.48	13.69	14.29	14.38	14.24	14.63	15.29	15.77
2006	12	ASAFZ02CTS_01	13.89	16.91	15.81	15.94	16.05	15.81	15.54	15.18	15.44	14.88	14.38	13.98	13.98	13.99	14.25	14.40	14.40	14.74	15.18	15.80
2007	1	ASAFZ02CTS_01	0.08	0.11	0.13	0.13	0.13	0.12	0.12	0.11	0.11	0.12	0.11	0.12	0.12	0.12	0.12	0.12	0.13	0.13	0.14	0.14
2007	2	ASAFZ02CTS_01	0.18	0.21	0.21	0.19	0.17	0.15	0.14	0.14	0.14	0.15	0.15	0.14	0.14	0.14	0.14	0.14	0.14	0.13	0.14	0.14
2007	3	ASAFZ02CTS_01	0.14	0.17	0.16	0.16	0.19	0.18	0.18	0.18	0.18	0.18	0.18	0.18	0.18	0.18	0.19	0.18	0.19	0.19	0.20	0.20
2007	4	ASAFZ02CTS_01	0.09	0.13	0.15	0.15	0.14	0.14	0.14	0.14	0.14	0.14	0.14	0.14	0.14	0.14	0.15	0.15	0.15	0.15	0.16	0.16
2007	5	ASAFZ02CTS_01	0.10	0.16	0.16	0.16	0.14	0.14	0.14	0.14	0.13	0.14	0.13	0.13	0.13	0.14	0.13	0.13	0.13	0.13	0.13	0.13

（续）

年份	月份	样地代码	0～10	10～20	20～30	30～40	40～50	50～60	60～70	70～80	80～90	90～100	100～110	110～120	120～130	130～140	140～150	150～160	160～170	170～180	180～190	190～200
2007	6	ASAFZ02CTS_01	0.12	0.16	0.16	0.15	0.14	0.13	0.12	0.12	0.13	0.12	0.12	0.12	0.12	0.12	0.12	0.12	0.12	0.13	0.13	0.13
2007	7	ASAFZ02CTS_01	0.09	0.14	0.15	0.14	0.15	0.15	0.15	0.15	0.14	0.13	0.13	0.12	0.12	0.12	0.12	0.12	0.12	0.12	0.11	0.11
2007	8	ASAFZ02CTS_01	0.12	0.17	0.16	0.14	0.14	0.14	0.13	0.14	0.14	0.14	0.14	0.13	0.13	0.13	0.13	0.13	0.14	0.14	0.13	0.13
2007	9	ASAFZ02CTS_01	0.13	0.15	0.15	0.15	0.14	0.13	0.13	0.13	0.12	0.12	0.12	0.12	0.12	0.12	0.13	0.13	0.13	0.13	0.13	0.14
2007	10	ASAFZ02CTS_01	0.11	0.14	0.14	0.14	0.15	0.15	0.15	0.15	0.15	0.15	0.14	0.13	0.13	0.13	0.13	0.13	0.13	0.13	0.13	0.14
2007	11	ASAFZ02CTS_01	0.10	0.12	0.15	0.15	0.15	0.15	0.16	0.17	0.16	0.16	0.16	0.16	0.17	0.16	0.16	0.16	0.16	0.16	0.16	0.17
2007	12	ASAFZ02CTS_01	0.12	0.15	0.17	0.17	0.17	0.17	0.17	0.17	0.18	0.18	0.18	0.17	0.17	0.17	0.17	0.17	0.17	0.18	0.18	0.19
2005	4	ASAFZ03CTS_01	0.14	0.16	0.16	0.17	0.18	0.20	0.20	0.20	0.19	0.19	0.19	0.19	0.19	0.19	0.20	0.20	0.20	0.21	0.21	0.21
2005	5	ASAFZ03CTS_01	0.14	0.15	0.16	0.17	0.17	0.18	0.19	0.19	0.19	0.19	0.19	0.19	0.19	0.19	0.19	0.20	0.20	0.20	0.20	0.20
2005	6	ASAFZ03CTS_01	0.15	0.17	0.17	0.18	0.18	0.18	0.19	0.19	0.20	0.20	0.19	0.19	0.19	0.19	0.19	0.19	0.20	0.20	0.20	0.20
2005	7	ASAFZ03CTS_01	0.19	0.21	0.22	0.23	0.23	0.23	0.23	0.23	0.24	0.23	0.23	0.22	0.22	0.22	0.22	0.23	0.23	0.22	0.22	0.22
2005	8	ASAFZ03CTS_01	0.15	0.17	0.19	0.20	0.22	0.23	0.24	0.24	0.24	0.23	0.23	0.23	0.22	0.23	0.23	0.23	0.23	0.23	0.23	0.23
2005	9	ASAFZ03CTS_01	0.14	0.16	0.16	0.15	0.15	0.16	0.19	0.20	0.20	0.20	0.20	0.20	0.20	0.20	0.21	0.21	0.22	0.22	0.22	0.22
2005	10	ASAFZ03CTS_01	0.18	0.20	0.22	0.21	0.21	0.21	0.22	0.21	0.21	0.21	0.21	0.21	0.21	0.21	0.21	0.21	0.21	0.22	0.22	0.22
2005	11	ASAFZ03CTS_01	0.12	0.16	0.17	0.18	0.19	0.20	0.21	0.21	0.21	0.20	0.20	0.20	0.20	0.20	0.20	0.21	0.21	0.21	0.22	0.22
2005	12	ASAFZ03CTS_01	0.09	0.13	0.16	0.18	0.19	0.19	0.19	0.21	0.21	0.21	0.21	0.21	0.20	0.21	0.21	0.21	0.21	0.21	0.22	0.22
2006	1	ASAFZ03CTS_01	0.10	0.11	0.15	0.18	0.19	0.18	0.16	0.17	0.18	0.18	0.18	0.18	0.18	0.18	0.18	0.18	0.18	0.19	0.19	0.19
2006	2	ASAFZ03CTS_01	0.13	0.15	0.17	0.18	0.18	0.16	0.17	0.18	0.18	0.17	0.17	0.17	0.17	0.17	0.18	0.18	0.18	0.19	0.19	0.19
2006	3	ASAFZ03CTS_01	0.11	0.14	0.16	0.18	0.17	0.17	0.18	0.18	0.18	0.18	0.18	0.17	0.17	0.18	0.18	0.18	0.18	0.18	0.19	0.18
2006	4	ASAFZ03CTS_01	0.08	0.13	0.14	0.16	0.16	0.17	0.18	0.18	0.18	0.18	0.18	0.18	0.17	0.17	0.17	0.18	0.18	0.18	0.19	0.19
2006	5	ASAFZ03CTS_01	0.12	0.15	0.16	0.17	0.17	0.17	0.18	0.19	0.18	0.18	0.18	0.18	0.18	0.18	0.18	0.18	0.18	0.18	0.19	0.19
2006	6	ASAFZ03CTS_01	0.11	0.15	0.17	0.18	0.19	0.19	0.19	0.20	0.20	0.19	0.19	0.18	0.18	0.18	0.18	0.18	0.18	0.19	0.19	0.19
2006	7	ASAFZ03CTS_01	0.13	0.16	0.17	0.19	0.19	0.19	0.20	0.21	0.21	0.20	0.20	0.19	0.19	0.19	0.19	0.19	0.19	0.19	0.19	0.19
2006	8	ASAFZ03CTS_01	0.12	0.12	0.13	0.14	0.14	0.14	0.17	0.18	0.18	0.18	0.18	0.18	0.18	0.18	0.18	0.18	0.19	0.19	0.19	0.19
2006	9	ASAFZ03CTS_01	0.15	0.18	0.20	0.20	0.19	0.18	0.19	0.19	0.18	0.18	0.17	0.17	0.17	0.17	0.18	0.18	0.18	0.18	0.19	0.19
2006	10	ASAFZ03CTS_01	0.11	0.15	0.17	0.18	0.18	0.18	0.20	0.20	0.19	0.19	0.19	0.18	0.18	0.18	0.18	0.18	0.18	0.19	0.19	0.19
2006	11	ASAFZ03CTS_01	0.10	0.13	0.15	0.16	0.17	0.17	0.18	0.19	0.19	0.18	0.18	0.18	0.18	0.18	0.18	0.18	0.18	0.19	0.19	0.19
2006	12	ASAFZ03CTS_01	0.12	0.14	0.15	0.16	0.16	0.17	0.18	0.19	0.19	0.18	0.18	0.18	0.18	0.18	0.18	0.18	0.18	0.19	0.19	0.19
2007	1	ASAFZ03CTS_01	0.12	0.15	0.16	0.16	0.14	0.13	0.12	0.11	0.10	0.10	0.10	0.10	0.10	0.10	0.11	0.11	0.12	0.12	0.13	0.14
2007	2	ASAFZ03CTS_01	0.14	0.18	0.19	0.18	0.17	0.15	0.14	0.14	0.14	0.14	0.14	0.14	0.14	0.14	0.14	0.14	0.14	0.14	0.14	0.14
2007	3	ASAFZ03CTS_01	0.13	0.15	0.15	0.17	0.18	0.17	0.17	0.17	0.17	0.18	0.18	0.18	0.18	0.18	0.19	0.19	0.19	0.19	0.19	0.19
2007	4	ASAFZ03CTS_01	0.13	0.17	0.17	0.17	0.16	0.16	0.16	0.16	0.16	0.16	0.16	0.16	0.16	0.16	0.16	0.16	0.16	0.16	0.17	0.17
2007	5	ASAFZ03CTS_01	0.10	0.15	0.17	0.17	0.15	0.15	0.14	0.14	0.14	0.14	0.13	0.13	0.13	0.13	0.13	0.13	0.13	0.13	0.13	0.13
2007	6	ASAFZ03CTS_01	0.11	0.16	0.17	0.17	0.16	0.15	0.15	0.15	0.15	0.14	0.14	0.13	0.13	0.13	0.13	0.13	0.13	0.13	0.13	0.14
2007	7	ASAFZ03CTS_01	0.11	0.14	0.14	0.13	0.13	0.13	0.12	0.12	0.12	0.12	0.11	0.11	0.11	0.11	0.12	0.12	0.12	0.12	0.12	0.12

（续）

年份	月份	样地代码	0～10	10～20	20～30	30～40	40～50	50～60	60～70	70～80	80～90	90～100	100～110	110～120	120～130	130～140	140～150	150～160	160～170	170～180	180～190	190～200
2007	8	ASAFZ03CTS_01	0.11	0.15	0.15	0.14	0.14	0.14	0.14	0.13	0.13	0.13	0.13	0.13	0.12	0.12	0.13	0.13	0.13	0.14	0.13	0.13
2007	9	ASAFZ03CTS_01	0.12	0.15	0.15	0.15	0.15	0.15	0.14	0.14	0.14	0.14	0.14	0.14	0.14	0.14	0.14	0.14	0.14	0.14	0.14	0.14
2007	10	ASAFZ03CTS_01	0.12	0.14	0.14	0.13	0.13	0.14	0.14	0.14	0.15	0.14	0.13	0.13	0.13	0.13	0.13	0.12	0.12	0.13	0.13	0.14
2007	11	ASAFZ03CTS_01	0.10	0.12	0.14	0.15	0.15	0.15	0.15	0.16	0.16	0.15	0.15	0.15	0.16	0.15	0.15	0.15	0.15	0.15	0.15	0.15
2007	12	ASAFZ03CTS_01	0.09	0.13	0.14	0.15	0.16	0.16	0.17	0.18	0.19	0.17	0.18	0.17	0.18	0.17	0.17	0.18	0.17	0.18	0.18	0.19
2005	4	ASAQX01CTS_01	0.14	0.17	0.21	0.22	0.21	0.19	0.17	0.16	0.15	0.15	0.15	0.16	0.16	0.16	0.16	0.15	0.16	0.16	0.16	0.17
2005	5	ASAQX01CTS_01	0.19	0.21	0.22	0.21	0.19	0.18	0.16	0.15	0.15	0.15	0.16	0.16	0.16	0.16	0.16	0.16	0.16	0.16	0.16	0.16
2005	6	ASAQX01CTS_01	0.22	0.24	0.25	0.23	0.21	0.19	0.17	0.16	0.16	0.16	0.16	0.16	0.16	0.16	0.16	0.16	0.16	0.16	0.16	0.17
2005	7	ASAQX01CTS_01	0.25	0.27	0.27	0.26	0.24	0.22	0.20	0.19	0.19	0.19	0.18	0.18	0.17	0.17	0.17	0.17	0.17	0.17	0.17	0.18
2005	8	ASAQX01CTS_01	0.21	0.24	0.26	0.25	0.24	0.22	0.20	0.19	0.19	0.19	0.19	0.19	0.19	0.19	0.19	0.19	0.19	0.19	0.19	0.20
2005	9	ASAQX01CTS_01	0.20	0.23	0.25	0.23	0.21	0.19	0.17	0.17	0.17	0.18	0.18	0.18	0.18	0.18	0.18	0.18	0.18	0.18	0.18	0.19
2005	10	ASAQX01CTS_01	0.25	0.27	0.27	0.26	0.24	0.21	0.20	0.19	0.19	0.19	0.19	0.18	0.18	0.18	0.18	0.18	0.18	0.18	0.18	0.19
2005	11	ASAQX01CTS_01	0.17	0.21	0.23	0.24	0.22	0.20	0.18	0.17	0.18	0.18	0.18	0.18	0.18	0.18	0.18	0.18	0.18	0.18	0.18	0.20
2005	12	ASAQX01CTS_01	0.11	0.18	0.23	0.24	0.22	0.19	0.17	0.16	0.17	0.17	0.17	0.17	0.17	0.17	0.17	0.17	0.17	0.18	0.18	0.19
2006	1	ASAQX01CTS_01	0.10	0.16	0.23	0.25	0.23	0.22	0.18	0.16	0.15	0.16	0.16	0.16	0.16	0.17	0.17	0.17	0.17	0.17	0.17	0.18
2006	2	ASAQX01CTS_01	0.16	0.22	0.26	0.25	0.22	0.20	0.17	0.15	0.15	0.15	0.16	0.16	0.17	0.16	0.16	0.17	0.17	0.18	0.18	0.19
2006	3	ASAQX01CTS_01	0.18	0.23	0.24	0.24	0.21	0.18	0.16	0.15	0.15	0.16	0.16	0.16	0.16	0.16	0.16	0.16	0.17	0.17	0.17	0.17
2006	4	ASAQX01CTS_01	0.15	0.20	0.22	0.22	0.19	0.18	0.16	0.16	0.16	0.16	0.16	0.16	0.16	0.16	0.16	0.16	0.16	0.16	0.17	0.18
2006	5	ASAQX01CTS_01	0.15	0.20	0.21	0.21	0.19	0.17	0.16	0.15	0.15	0.16	0.16	0.16	0.16	0.16	0.16	0.16	0.16	0.16	0.17	0.18
2006	6	ASAQX01CTS_01	0.11	0.16	0.18	0.19	0.18	0.17	0.15	0.15	0.15	0.15	0.15	0.15	0.15	0.16	0.15	0.16	0.16	0.16	0.17	0.18
2006	7	ASAQX01CTS_01	0.19	0.24	0.25	0.37	0.22	0.20	0.17	0.16	0.16	0.16	0.15	0.16	0.16	0.16	0.16	0.16	0.16	0.16	0.17	0.18
2006	8	ASAQX01CTS_01	0.20	0.24	0.24	0.23	0.20	0.18	0.16	0.16	0.16	0.16	0.15	0.15	0.15	0.16	0.15	0.16	0.16	0.16	0.17	0.18
2006	9	ASAQX01CTS_01	0.23	0.27	0.27	0.27	0.24	0.22	0.20	0.19	0.19	0.19	0.18	0.18	0.18	0.17	0.17	0.17	0.17	0.17	0.17	0.18
2006	10	ASAQX01CTS_01	0.16	0.21	0.23	0.23	0.22	0.20	0.19	0.18	0.18	0.18	0.18	0.18	0.18	0.17	0.17	0.17	0.17	0.18	0.18	0.19
2006	11	ASAQX01CTS_01	0.12	0.16	0.19	0.20	0.19	0.17	0.16	0.16	0.16	0.17	0.17	0.17	0.17	0.17	0.16	0.16	0.17	0.17	0.18	0.19
2006	12	ASAQX01CTS_01	0.15	0.19	0.19	0.19	0.18	0.17	0.16	0.16	0.16	0.16	0.16	0.16	0.16	0.16	0.16	0.16	0.16	0.17	0.18	0.19
2007	1	ASAQX01CTS_01	0.14	0.17	0.19	0.19	0.17	0.16	0.15	0.15	0.15	0.15	0.14	0.14	0.14	0.13	0.13	0.13	0.13	0.13	0.14	0.14
2007	2	ASAQX01CTS_01	0.13	0.16	0.16	0.15	0.14	0.12	0.12	0.11	0.12	0.12	0.13	0.13	0.13	0.13	0.13	0.13	0.13	0.13	0.13	0.14
2007	3	ASAQX01CTS_01	0.13	0.15	0.16	0.16	0.17	0.17	0.16	0.16	0.16	0.16	0.16	0.16	0.17	0.16	0.17	0.17	0.17	0.17	0.17	0.17
2007	4	ASAQX01CTS_01	0.11	0.15	0.16	0.16	0.16	0.15	0.16	0.15	0.16	0.16	0.16	0.16	0.16	0.17	0.17	0.17	0.17	0.17	0.17	0.18
2007	5	ASAQX01CTS_01	0.09	0.13	0.14	0.13	0.12	0.12	0.11	0.11	0.11	0.11	0.11	0.11	0.12	0.13	0.13	0.13	0.13	0.13	0.13	0.13
2007	6	ASAQX01CTS_01	0.11	0.15	0.17	0.17	0.16	0.15	0.14	0.13	0.13	0.13	0.12	0.11	0.11	0.11	0.12	0.12	0.13	0.13	0.13	0.13
2007	7	ASAQX01CTS_01	0.13	0.17	0.16	0.15	0.15	0.15	0.15	0.15	0.15	0.15	0.15	0.14	0.14	0.13	0.13	0.13	0.13	0.12	0.12	0.13
2007	8	ASAQX01CTS_01	0.10	0.13	0.12	0.11	0.11	0.11	0.11	0.11	0.11	0.11	0.12	0.12	0.12	0.12	0.13	0.13	0.13	0.14	0.14	0.14
2007	9	ASAQX01CTS_01	0.11	0.15	0.16	0.15	0.14	0.14	0.13	0.13	0.13	0.13	0.13	0.13	0.12	0.13	0.13	0.13	0.13	0.13	0.13	0.13

（续）

年份	月份	样地代码	0～10	10～20	20～30	30～40	40～50	50～60	60～70	70～80	80～90	90～100	100～110	110～120	120～130	130～140	140～150	150～160	160～170	170～180	180～190	190～200
2007	10	ASAQX01CTS_01	0.11	0.14	0.14	0.15	0.15	0.15	0.16	0.16	0.16	0.16	0.15	0.15	0.15	0.15	0.15	0.14	0.14	0.14	0.15	0.15
2007	11	ASAQX01CTS_01	0.09	0.11	0.14	0.16	0.16	0.15	0.16	0.17	0.17	0.16	0.16	0.16	0.17	0.17	0.16	0.16	0.15	0.16	0.16	0.16
2007	12	ASAQX01CTS_01	0.11	0.12	0.13	0.14	0.16	0.16	0.18	0.18	0.18	0.17	0.16	0.15	0.15	0.16	0.16	0.16	0.17	0.17	0.17	0.17
2005	4	ASAQX02CTS_01	0.19	0.19	0.20	0.20	0.19	0.19	0.19	0.19	0.19	0.20	0.20	0.20	0.20	0.20	0.20	0.20	0.21	0.21	0.21	0.22
2005	5	ASAQX02CTS_01	0.15	0.16	0.17	0.18	0.19	0.18	0.18	0.18	0.19	0.19	0.20	0.20	0.20	0.21	0.21	0.22	0.22	0.22	0.22	0.22
2005	6	ASAQX02CTS_01	0.16	0.18	0.18	0.18	0.19	0.18	0.18	0.18	0.18	0.19	0.19	0.20	0.19	0.20	0.20	0.21	0.21	0.22	0.22	0.22
2005	7	ASAQX02CTS_01	0.20	0.21	0.21	0.21	0.21	0.21	0.20	0.19	0.19	0.19	0.19	0.20	0.20	0.20	0.20	0.21	0.21	0.21	0.22	0.22
2005	8	ASAQX02CTS_01	0.17	0.20	0.21	0.21	0.22	0.22	0.21	0.21	0.21	0.21	0.21	0.21	0.21	0.21	0.22	0.22	0.22	0.23	0.23	0.23
2005	9	ASAQX02CTS_01	0.19	0.22	0.22	0.22	0.21	0.21	0.22	0.21	0.20	0.21	0.21	0.21	0.21	0.22	0.22	0.22	0.23	0.23	0.23	0.24
2005	10	ASAQX02CTS_01	0.22	0.28	0.23	0.22	0.23	0.23	0.23	0.22	0.22	0.22	0.22	0.22	0.22	0.22	0.22	0.22	0.22	0.23	0.23	0.23
2005	11	ASAQX02CTS_01	0.14	0.17	0.19	0.20	0.21	0.21	0.21	0.21	0.21	0.21	0.21	0.22	0.22	0.22	0.22	0.22	0.22	0.23	0.23	0.23
2005	12	ASAQX02CTS_01	0.11	0.15	0.19	0.20	0.22	0.22	0.20	0.20	0.20	0.20	0.21	0.21	0.21	0.22	0.22	0.22	0.22	0.23	0.23	0.23
2006	1	ASAQX02CTS_01	0.10	0.13	0.17	0.19	0.21	0.22	0.18	0.17	0.16	0.17	0.17	0.18	0.18	0.18	0.19	0.19	0.20	0.20	0.20	0.20
2006	2	ASAQX02CTS_01	0.15	0.17	0.18	0.20	0.26	0.23	0.17	0.17	0.17	0.17	0.18	0.18	0.19	0.19	0.20	0.20	0.20	0.21	0.21	0.20
2006	3	ASAQX02CTS_01	0.14	0.17	0.18	0.19	0.21	0.20	0.18	0.17	0.17	0.17	0.18	0.18	0.18	0.18	0.19	0.19	0.19	0.20	0.20	0.18
2006	4	ASAQX02CTS_01	0.11	0.16	0.17	0.17	0.19	0.19	0.18	0.18	0.18	0.18	0.18	0.18	0.18	0.18	0.19	0.19	0.19	0.19	0.20	0.20
2006	5	ASAQX02CTS_01	0.15	0.17	0.17	0.17	0.18	0.18	0.17	0.17	0.17	0.18	0.18	0.18	0.18	0.18	0.18	0.19	0.20	0.20	0.20	0.20
2006	6	ASAQX02CTS_01	0.15	0.19	0.19	0.18	0.20	0.20	0.19	0.18	0.18	0.18	0.19	0.19	0.19	0.19	0.19	0.19	0.19	0.20	0.20	0.19
2006	7	ASAQX02CTS_01	0.18	0.21	0.21	0.20	0.22	0.22	0.21	0.21	0.21	0.20	0.21	0.21	0.20	0.20	0.20	0.20	0.20	0.21	0.29	0.21
2006	8	ASAQX02CTS_01	0.16	0.18	0.18	0.18	0.20	0.20	0.20	0.20	0.20	0.20	0.21	0.20	0.20	0.20	0.21	0.21	0.21	0.22	0.22	0.22
2006	9	ASAQX02CTS_01	0.20	0.22	0.22	0.21	0.23	0.22	0.22	0.21	0.21	0.21	0.22	0.21	0.21	0.21	0.21	0.21	0.22	0.22	0.22	0.22
2006	10	ASAQX02CTS_01	0.14	0.17	0.18	0.18	0.19	0.20	0.20	0.20	0.19	0.20	0.21	0.20	0.21	0.21	0.21	0.21	0.22	0.21	0.22	0.22
2006	11	ASAQX02CTS_01	0.12	0.15	0.16	0.17	0.19	0.19	0.19	0.19	0.19	0.19	0.20	0.20	0.20	0.29	0.20	0.20	0.21	0.21	0.21	0.22
2006	12	ASAQX02CTS_01	0.13	0.16	0.17	0.17	0.18	0.19	0.19	0.19	0.19	0.19	0.20	0.20	0.20	0.20	0.20	0.21	0.21	0.21	0.21	0.22
2007	1	ASAQX02CTS_01	0.16	0.20	0.20	0.19	0.18	0.15	0.14	0.13	0.13	0.13	0.13	0.12	0.13	0.14	0.14	0.14	0.14	0.14	0.14	0.15
2007	2	ASAQX02CTS_01	0.19	0.22	0.23	0.22	0.21	0.19	0.18	0.17	0.17	0.17	0.17	0.17	0.16	0.16	0.16	0.15	0.15	0.15	0.15	0.15
2007	3	ASAQX02CTS_01	0.13	0.15	0.16	0.15	0.17	0.17	0.16	0.16	0.16	0.16	0.16	0.16	0.16	0.16	0.17	0.17	0.17	0.17	0.17	0.17
2007	4	ASAQX02CTS_01	0.12	0.16	0.17	0.16	0.15	0.14	0.14	0.13	0.13	0.13	0.13	0.12	0.13	0.13	0.13	0.12	0.13	0.13	0.13	0.14
2007	5	ASAQX02CTS_01	0.11	0.17	0.18	0.18	0.17	0.17	0.16	0.16	0.16	0.16	0.16	0.15	0.15	0.15	0.14	0.14	0.14	0.14	0.14	0.14
2007	6	ASAQX02CTS_01	0.10	0.13	0.15	0.15	0.14	0.13	0.13	0.13	0.12	0.12	0.11	0.10	0.10	0.10	0.11	0.12	0.12	0.13	0.13	0.13
2007	7	ASAQX02CTS_01	0.13	0.17	0.16	0.15	0.14	0.14	0.14	0.13	0.13	0.13	0.13	0.12	0.12	0.12	0.12	0.13	0.13	0.13	0.13	0.13
2007	8	ASAQX02CTS_01	0.14	0.18	0.17	0.17	0.16	0.16	0.16	0.16	0.16	0.16	0.15	0.15	0.14	0.14	0.14	0.14	0.15	0.15	0.15	0.14
2007	9	ASAQX02CTS_01	0.09	0.12	0.13	0.13	0.12	0.11	0.11	0.11	0.11	0.11	0.12	0.13	0.13	0.13	0.13	0.13	0.12	0.12	0.13	0.13
2007	10	ASAQX02CTS_01	0.11	0.13	0.14	0.13	0.12	0.12	0.13	0.13	0.12	0.12	0.12	0.13	0.13	0.13	0.13	0.14	0.14	0.14	0.14	0.14
2007	11	ASAQX02CTS_01	0.11	0.14	0.17	0.18	0.19	0.19	0.20	0.21	0.20	0.20	0.20	0.20	0.20	0.19	0.18	0.18	0.18	0.18	0.18	0.18

（续）

年份	月份	样地代码	0～10	10～20	20～30	30～40	40～50	50～60	60～70	70～80	80～90	90～100	100～110	110～120	120～130	130～140	140～150	150～160	160～170	170～180	180～190	190～200
2007	12	ASAQX02CTS_01	0.09	0.11	0.12	0.14	0.16	0.16	0.19	0.18	0.18	0.17	0.16	0.15	0.15	0.16	0.16	0.16	0.17	0.17	0.17	0.17
2005	4	ASAZH01CTS_01	0.15	0.17	0.17	0.16	0.16	0.16	0.15	0.15	0.15	0.16	0.16	0.16	0.16	0.17	0.17	0.17	0.17	0.17	0.17	0.17
2005	5	ASAZH01CTS_01	0.17	0.16	0.17	0.16	0.16	0.15	0.15	0.15	0.15	0.15	0.15	0.15	0.15	0.16	0.16	0.16	0.16	0.16	0.16	0.17
2005	6	ASAZH01CTS_01	0.15	0.17	0.17	0.17	0.17	0.16	0.16	0.16	0.16	0.16	0.15	0.15	0.15	0.16	0.16	0.16	0.16	0.16	0.16	0.16
2005	7	ASAZH01CTS_01	0.17	0.19	0.19	0.19	0.18	0.17	0.16	0.16	0.16	0.16	0.16	0.15	0.15	0.16	0.16	0.16	0.16	0.16	0.17	0.17
2005	8	ASAZH01CTS_01	0.15	0.18	0.18	0.17	0.17	0.16	0.16	0.16	0.17	0.17	0.16	0.16	0.16	0.17	0.17	0.17	0.17	0.17	0.17	0.17
2005	9	ASAZH01CTS_01	0.14	0.17	0.16	0.14	0.13	0.13	0.13	0.13	0.13	0.14	0.14	0.14	0.15	0.15	0.16	0.16	0.16	0.16	0.17	0.17
2005	10	ASAZH01CTS_01	0.20	0.22	0.22	0.21	0.19	0.18	0.17	0.15	0.14	0.14	0.14	0.14	0.14	0.15	0.15	0.15	0.16	0.16	0.16	0.16
2005	11	ASAZH01CTS_01	0.13	0.18	0.19	0.19	0.18	0.17	0.16	0.16	0.16	0.15	0.15	0.15	0.15	0.15	0.16	0.16	0.16	0.16	0.16	0.16
2005	12	ASAZH01CTS_01	0.10	0.15	0.19	0.19	0.18	0.17	0.16	0.16	0.15	0.15	0.15	0.15	0.15	0.15	0.15	0.16	0.16	0.16	0.16	0.16
2006	1	ASAZH01CTS_01	0.10	0.15	0.20	0.21	0.20	0.18	0.15	0.15	0.15	0.15	0.15	0.15	0.15	0.15	0.16	0.16	0.16	0.16	0.16	0.16
2006	2	ASAZH01CTS_01	0.14	0.19	0.21	0.20	0.20	0.16	0.15	0.14	0.15	0.15	0.15	0.15	0.15	0.15	0.16	0.16	0.16	0.16	0.16	0.16
2006	3	ASAZH01CTS_01	0.13	0.17	0.19	0.19	0.18	0.16	0.15	0.15	0.15	0.15	0.15	0.14	0.17	0.15	0.16	0.16	0.16	0.16	0.16	0.15
2006	4	ASAZH01CTS_01	0.10	0.16	0.18	0.18	0.17	0.16	0.16	0.15	0.15	0.15	0.15	0.14	0.15	0.15	0.15	0.15	0.16	0.16	0.16	0.16
2006	5	ASAZH01CTS_01	0.13	0.17	0.18	0.18	0.17	0.16	0.15	0.15	0.15	0.15	0.15	0.14	0.15	0.15	0.15	0.16	0.16	0.16	0.16	0.16
2006	6	ASAZH01CTS_01	0.11	0.16	0.18	0.18	0.18	0.17	0.16	0.16	0.15	0.15	0.15	0.15	0.15	0.15	0.15	0.16	0.16	0.16	0.16	0.16
2006	7	ASAZH01CTS_01	0.12	0.16	0.17	0.16	0.15	0.14	0.14	0.14	0.14	0.15	0.15	0.14	0.14	0.15	0.19	0.16	0.16	0.16	0.16	0.16
2006	8	ASAZH01CTS_01	0.13	0.15	0.14	0.14	0.13	0.12	0.12	0.12	0.12	0.12	0.13	0.13	0.13	0.14	0.14	0.15	0.15	0.15	0.16	0.16
2006	9	ASAZH01CTS_01	0.18	0.22	0.22	0.20	0.18	0.16	0.15	0.13	0.12	0.12	0.12	0.12	0.12	0.13	0.13	0.13	0.14	0.14	0.15	0.15
2006	10	ASAZH01CTS_01	0.13	0.18	0.19	0.19	0.18	0.17	0.16	0.15	0.14	0.14	0.13	0.12	0.12	0.13	0.13	0.13	0.14	0.14	0.15	0.15
2006	11	ASAZH01CTS_01	0.11	0.16	0.17	0.17	0.17	0.16	0.15	0.15	0.15	0.14	0.14	0.13	0.13	0.13	0.13	0.14	0.14	0.14	0.15	0.15
2006	12	ASAZH01CTS_01	0.12	0.17	0.17	0.17	0.16	0.16	0.15	0.15	0.14	0.14	0.14	0.13	0.13	0.13	0.13	0.14	0.14	0.14	0.15	0.15
2007	1	ASAZH01CTS_01	0.09	0.12	0.12	0.13	0.12	0.11	0.10	0.10	0.13	0.11	0.11	0.11	0.12	0.12	0.12	0.12	0.13	0.13	0.14	0.14
2007	2	ASAZH01CTS_01	0.12	0.14	0.15	0.16	0.17	0.16	0.15	0.15	0.15	0.16	0.16	0.16	0.17	0.17	0.17	0.17	0.18	0.18	0.18	0.18
2007	3	ASAZH01CTS_01	0.15	0.18	0.17	0.17	0.19	0.19	0.19	0.19	0.19	0.19	0.19	0.19	0.18	0.19	0.19	0.19	0.19	0.19	0.19	0.19
2007	4	ASAZH01CTS_01	0.09	0.13	0.14	0.14	0.13	0.13	0.12	0.12	0.12	0.13	0.13	0.12	0.13	0.13	0.13	0.13	0.13	0.13	0.13	0.13
2007	5	ASAZH01CTS_01	0.12	0.17	0.17	0.17	0.15	0.14	0.13	0.13	0.13	0.13	0.13	0.12	0.12	0.12	0.13	0.12	0.13	0.13	0.13	0.13
2007	6	ASAZH01CTS_01	0.13	0.17	0.18	0.17	0.17	0.16	0.15	0.15	0.15	0.15	0.14	0.13	0.13	0.13	0.13	0.13	0.13	0.13	0.13	0.14
2007	7	ASAZH01CTS_01	0.10	0.13	0.14	0.13	0.12	0.12	0.13	0.12	0.13	0.13	0.13	0.12	0.12	0.12	0.13	0.13	0.13	0.12	0.12	0.12
2007	8	ASAZH01CTS_01	0.12	0.15	0.16	0.15	0.15	0.14	0.13	0.13	0.13	0.13	0.12	0.12	0.12	0.12	0.12	0.13	0.13	0.13	0.13	0.14
2007	9	ASAZH01CTS_01	0.12	0.15	0.15	0.15	0.14	0.14	0.14	0.14	0.14	0.15	0.15	0.15	0.15	0.15	0.15	0.15	0.14	0.14	0.14	0.14
2007	10	ASAZH01CTS_01	0.09	0.12	0.13	0.13	0.12	0.13	0.13	0.13	0.13	0.13	0.12	0.13	0.13	0.13	0.13	0.13	0.13	0.14	0.14	0.14
2007	11	ASAZH01CTS_01	0.11	0.13	0.14	0.15	0.14	0.14	0.15	0.16	0.17	0.16	0.15	0.16	0.16	0.16	0.16	0.16	0.17	0.17	0.17	0.17
2007	12	ASAZH01CTS_01	0.12	0.14	0.16	0.18	0.19	0.19	0.20	0.20	0.20	0.19	0.19	0.18	0.18	0.18	0.18	0.18	0.18	0.18	0.19	0.19

4.3.2 土壤重量含水量（烘干法）

表 4-25 土壤重量含水量

单位：%

年份	月份	样地代码	0～10	10～20	20～30	30～40	40～50	50～60	60～70	70～80	80～90	90～100	100～110	110～120	120～130	130～140	140～150	150～160	160～170	170～180	180～190	190～200
2005	4	ASAFZ01CHG_01	11.96	11.19	11.77	11.07	11.98	12.41	12.56	11.56	11.07	11.76	13.66	13.80	12.06	13.26	13.46	12.65	12.27	12.60	13.40	11.76
2005	6	ASAFZ01CHG_01	5.65	6.42	6.72	7.12	7.71	10.63	11.21	11.82	13.75	11.21	12.06	11.99	11.59	11.72	13.23	13.27	13.45	13.43	11.53	11.17
2005	8	ASAFZ01CHG_01	11.52	12.04	12.02	12.36	12.61	12.75	12.18	13.53	11.92	12.23	12.42	12.27	12.27	11.95	14.50	11.75	10.76	10.93	10.48	11.66
2005	10	ASAFZ01CHG_01	18.40	16.35	15.96	15.44	13.27	15.18	14.95	13.31	11.31	9.81	10.30	9.16	8.85	9.31	9.50	10.21	10.95	11.95	11.27	10.88
2006	4	ASAFZ01CHG_01	6.24	8.98	10.21	11.68	11.86	12.68	11.98	10.97	10.58	10.16	9.80	9.07	8.69	8.65	8.94	9.13	9.99	10.49	10.43	10.26
2006	6	ASAFZ01CHG_01	6.90	6.54	7.15	7.90	9.23	10.11	10.44	10.17	10.39	9.47	9.09	8.22	7.84	7.83	8.37	8.29	8.63	9.62	9.11	11.50
2006	8	ASAFZ01CHG_01	9.57	10.96	10.79	10.25	9.62	8.32	7.40	6.73	6.42	6.26	5.87	5.74	5.94	5.95	6.08	6.50	5.34	6.72	7.77	7.74
2006	10	ASAFZ01CHG_01	10.59	13.15	13.39	13.63	13.98	13.75	12.95	12.80	12.41	11.78	10.85	9.29	7.87	6.85	6.80	6.56	6.77	7.41	7.55	7.06
2007	4	ASAFZ01CHG_01	12.80	12.29	12.05	11.88	12.15	13.23	13.46	12.45	11.32	11.70	11.14	10.97	10.04	9.95	11.48	10.53	10.78	10.77	10.01	9.93
2007	6	ASAFZ01CHG_01	18.08	13.53	10.76	10.86	11.00	11.94	11.54	11.31	11.61	10.66	11.21	11.06	10.54	9.92	10.24	12.17	10.60	10.28	10.60	9.41
2007	8	ASAFZ01CHG_01	5.53	4.63	5.12	5.98	5.99	6.51	5.61	5.66	6.48	6.90	7.69	7.76	7.86	7.54	8.36	9.86	10.06	12.33	9.72	9.04
2007	10	ASAFZ01CHG_01	19.51	16.56	16.48	17.20	18.13	18.22	18.10	17.37	16.27	16.55	16.16	17.16	14.83	14.78	10.98	10.51	11.06	10.93	11.30	9.89
2007	4	ASAFZ01CHG_01	10.13	12.14	11.90	12.26	12.85	12.76	13.52	12.28	11.72	10.87	10.74	10.44	11.18	10.51	10.48	10.12	10.11	10.53	10.22	7.96
2007	6	ASAFZ01CHG_01	19.25	14.40	10.98	10.66	10.54	11.92	11.32	12.21	10.76	11.93	11.32	10.74	10.27	9.93	11.37	10.48	10.37	10.87	10.44	9.94
2007	8	ASAFZ01CHG_01	5.66	5.73	5.29	5.59	5.84	5.54	5.79	5.47	6.62	7.43	8.39	8.60	8.67	9.03	9.36	9.36	9.90	9.46	9.71	8.68
2007	10	ASAFZ01CHG_01	18.41	16.43	16.77	21.30	17.81	18.39	18.07	17.41	17.13	16.71	19.14	15.16	14.84	13.26	10.37	10.85	11.84	11.47	11.26	10.27
2007	4	ASAFZ01CHG_01	8.44	12.11	12.24	12.90	12.27	17.90	12.76	12.27	10.69	11.03	11.00	10.48	10.23	9.32	10.07	9.69	10.34	9.86	9.97	9.70
2007	6	ASAFZ01CHG_01	18.66	13.97	10.87	10.76	10.77	11.93	11.43	11.76	11.19	11.29	11.27	10.90	10.41	9.93	10.81	11.33	10.48	10.58	10.52	9.68
2007	8	ASAFZ01CHG_01	4.93	4.92	4.88	5.73	5.49	6.76	7.56	7.56	7.65	9.12	9.42	8.58	8.91	9.95	10.16	9.60	9.68	10.06	9.56	9.58
2007	10	ASAFZ01CHG_01	18.02	16.61	16.70	17.17	18.19	18.08	18.22	17.40	16.50	16.10	16.03	16.65	14.29	12.22	10.81	10.56	11.50	11.71	11.61	9.84
2005	4	ASAFZ02CHG_01	10.40	11.27	11.80	12.09	11.89	11.53	11.61	11.26	10.39	11.39	11.92	11.29	11.44	11.64	12.57	12.81	12.87	12.66	12.45	12.54
2005	6	ASAFZ02CHG_01	4.17	9.64	11.38	11.15	11.47	12.07	12.24	12.66	12.79	12.26	11.91	12.36	13.96	15.61	14.28	14.16	12.35	11.42	11.56	12.91
2005	8	ASAFZ02CHG_01	10.48	12.05	12.52	12.59	12.60	12.89	13.82	12.93	13.02	12.92	12.64	13.23	14.06	16.40	15.33	14.79	12.89	12.08	12.26	13.56
2005	10	ASAFZ02CHG_01	17.18	16.78	16.59	17.07	16.20	15.90	15.84	14.57	13.52	14.58	12.89	13.71	12.71	13.65	14.02	13.75	13.60	12.56	12.25	13.07
2006	4	ASAFZ02CHG_01	5.58	7.75	10.45	13.35	12.30	11.35	11.68	11.60	12.46	11.35	9.88	10.03	10.02	10.25	11.60	13.04	12.93	13.24	12.82	11.66
2006	6	ASAFZ02CHG_01	5.18	5.59	6.08	6.74	9.06	10.32	10.26	11.11	10.93	11.14	10.07	10.40	10.03	13.18	11.90	13.77	13.98	11.79	11.38	10.84
2006	8	ASAFZ02CHG_01	8.08	9.45	7.98	6.08	5.48	5.14	4.86	5.14	5.49	5.51	6.09	6.88	8.05	9.14	10.51	10.87	11.08	11.28	10.61	10.43
2006	10	ASAFZ02CHG_01	8.16	12.39	13.16	13.54	13.15	12.55	12.76	12.42	11.13	10.51	8.89	8.00	7.50	7.40	8.23	8.67	9.32	9.14	8.46	8.58
2007	4	ASAFZ02CHG_01	10.16	13.91	14.07	13.75	12.55	13.39	13.90	15.21	11.00	12.60	13.95	12.69	12.15	11.72	11.20	10.56	11.09	10.02	11.06	11.38
2007	6	ASAFZ02CHG_01	18.65	14.75	13.18	12.08	11.30	11.17	12.36	13.43	9.11	12.58	12.74	12.25	12.41	11.90	11.49	11.80	11.25	11.41	11.64	11.41
2007	8	ASAFZ02CHG_01	6.22	4.66	6.68	6.77	6.62	6.26	6.14	6.24	7.03	8.24	9.72	9.48	9.92	9.57	9.54	9.60	10.67	9.73	10.61	11.03
2007	10	ASAFZ02CHG_01	17.02	16.94	15.86	18.47	13.68	17.10	15.98	18.37	17.03	17.18	17.46	17.34	16.09	14.05	11.01	9.77	10.12	11.84	11.35	11.09

（续）

年份	月份	样地代码	0～10	10～20	20～30	30～40	40～50	50～60	60～70	70～80	80～90	90～100	100～110	110～120	120～130	130～140	140～150	150～160	160～170	170～180	180～190	190～200
2007	4	ASAFZ02CHG_01	9.66	14.00	14.32	12.66	12.30	10.83	12.08	9.59	12.91	12.99	12.78	12.42	10.23	9.10	11.02	11.17	17.67	10.83	10.82	11.06
2007	6	ASAFZ02CHG_01	17.59	14.12	13.28	12.55	10.24	11.70	12.07	12.15	9.14	12.02	12.35	12.15	12.05	12.22	11.62	11.88	11.11	10.96	11.01	11.41
2007	8	ASAFZ02CHG_01	6.61	7.33	6.20	6.82	4.69	5.26	5.44	6.35	7.50	8.08	10.72	9.49	9.79	9.98	9.05	13.38	9.52	9.96	10.49	10.39
2007	10	ASAFZ02CHG_01	17.26	17.91	16.20	17.52	14.09	19.48	18.75	11.79	12.22	17.36	16.38	15.92	14.99	13.73	11.62	10.86	10.35	11.14	11.25	11.25
2007	4	ASAFZ02CHG_01	11.33	14.48	14.56	13.49	12.35	13.28	15.72	11.66	10.10	12.51	13.52	13.14	13.50	13.80	10.46	10.50	15.24	11.27	11.07	11.25
2007	6	ASAFZ02CHG_01	18.12	14.44	13.23	12.32	10.77	11.44	12.22	12.79	9.12	12.30	12.55	12.20	12.23	12.06	11.55	11.84	11.18	11.19	11.32	11.41
2007	8	ASAFZ02CHG_01	5.79	6.78	6.78	6.46	5.74	4.88	4.59	5.26	6.56	8.00	9.79	9.60	9.93	10.21	9.49	9.87	9.92	9.71	10.74	12.31
2007	10	ASAFZ02CHG_01	17.27	18.45	18.61	17.42	17.94	19.15	19.61	12.37	15.32	17.29	16.93	16.45	15.65	14.36	16.65	11.42	9.60	10.78	11.52	11.52
2004	4	ASAFZ03CHG_01	6.77	8.19	8.77	8.68	9.33	10.11	10.02	10.32	9.70	9.33	9.12	8.91	8.79	8.67	9.28					
2004	5	ASAFZ03CHG_01	7.93	8.07	8.65	9.26	9.64	10.36	10.12	10.16	9.94	9.61	9.52	9.43	9.29	9.15	9.49					
2004	6	ASAFZ03CHG_01	9.90	9.51	9.20	10.13	10.21	10.30	10.18	10.38	10.04	9.85	10.00	10.15	10.24	10.32	10.28					
2004	7	ASAFZ03CHG_01	9.34	9.37	10.16	9.43	8.67	8.76	10.10	10.44	10.09	9.93	10.05	10.16	10.21	10.26	10.25					
2004	8	ASAFZ03CHG_01	15.89	15.27	17.22	14.58	14.92	14.73	14.78	13.03	12.47	12.81	12.51	12.24	13.37	13.00	13.91					
2004	9	ASAFZ03CHG_01	13.16	12.10	12.23	11.73	11.55	11.09	11.11	10.62	10.25	10.23	10.10	10.11	10.17	10.22	10.33					
2004	10	ASAFZ03CHG_01	10.87	10.16	10.36	10.54	10.93	10.96	11.03	11.13	10.16	10.35	9.80	10.11	10.20	10.51	10.65					
2005	4	ASAFZ03CHG_01	9.50	10.50	11.19	12.43	11.98	10.92	12.94	12.70	14.88	14.94	13.80	13.40	13.73	13.73	13.82	13.85	14.12	14.23	14.74	15.12
2005	6	ASAFZ03CHG_01	4.68	7.34	8.36	12.51	13.30	13.90	13.10	12.07	13.61	13.33	14.52	14.63	13.56	13.81	13.86	13.69	13.61	14.25	13.71	13.78
2005	8	ASAFZ03CHG_01	6.76	8.29	8.51	14.18	14.92	14.56	14.20	13.46	13.81	14.78	14.95	15.32	16.01	14.75	13.62	14.65	14.11	13.61	14.74	13.83
2005	10	ASAFZ03CHG_01	13.97	14.53	13.07	13.76	13.83	14.20	15.13	13.98	15.09	14.84	14.77	14.42	14.39	14.26	14.31	14.11	14.04	14.10	14.15	14.34
2006	4	ASAFZ03CHG_01	4.62	7.59	7.47	8.39	8.66	8.66	9.60	10.44	10.14	8.36	10.62	10.95	11.48	11.50	11.53	11.68	11.89	11.86	11.69	11.92
2006	6	ASAFZ03CHG_01	5.29	8.60	9.11	9.58	10.34	9.93	11.47	11.38	11.17	10.74	10.93	10.93	11.03	11.07	11.09	11.13	10.84	11.43	11.48	11.38
2006	8	ASAFZ03CHG_01	8.53	8.54	8.28	7.16	6.23	5.82	7.39	8.36	8.06	8.13	8.67	9.01	9.43	9.85	10.42	10.70	10.82	11.06	11.59	11.81
2006	10	ASAFZ03CHG_01	7.09	11.35	10.65	10.90	10.77	10.35	12.14	11.76	11.49	11.43	11.31	11.28	11.48	11.71	11.97	12.36	12.52	12.76	12.67	12.92
2007	4	ASAFZ03CHG_01	5.14	11.26	12.62	10.81	14.15	13.38	12.25	12.85	14.25	14.00	14.34	13.43	14.38	14.23	14.67	14.60	15.34	15.34	16.86	15.70
2007	6	ASAFZ03CHG_01	16.88	15.77	15.84	13.17	12.15	13.38	14.35	11.80	15.51	15.46	14.71	14.74	13.39	13.73	14.92	14.51	14.45	14.20	14.69	15.15
2007	8	ASAFZ03CHG_01	8.67	8.72	10.95	13.30	14.79	16.23	13.09	14.50	16.49	14.61	15.44	14.44	14.24	13.69	13.55	14.32	12.81	13.74	13.96	14.20
2007	10	ASAFZ03CHG_01	14.47	16.17	18.03	18.19	20.78	17.16	18.12	17.42	18.95	19.07	19.22	20.71	19.59	19.39	17.95	18.31	17.60	17.89	18.42	17.81
2007	4	ASAFZ03CHG_01	7.86	11.79	10.88	16.87	12.42	13.02	13.33	12.17	15.93	14.43	13.74	14.15	14.09	13.96	14.20	14.49	14.14	14.76	14.63	14.73
2007	6	ASAFZ03CHG_01	16.81	15.13	14.77	16.60	12.90	13.16	12.97	13.14	15.90	14.81	14.06	13.67	13.19	13.56	13.23	13.97	13.98	14.23	14.79	15.02
2007	8	ASAFZ03CHG_01	6.77	7.77	13.72	14.73	12.61	13.29	14.01	14.57	15.06	14.79	15.04	13.64	13.85	13.67	14.77	14.91	13.74	14.30	14.25	14.13
2007	10	ASAFZ03CHG_01	14.86	17.94	16.76	19.69	18.56	21.64	19.12	17.39	19.71	20.66	19.52	19.27	19.22	18.75	19.68	18.59	18.34	18.17	17.76	18.09
2007	4	ASAFZ03CHG_01	6.67	12.64	12.36	14.37	9.55	13.92	12.50	12.04	14.91	13.85	13.06	14.20	13.47	13.81	13.90	13.88	14.01	14.36	14.61	14.66
2007	6	ASAFZ03CHG_01	16.85	15.45	15.31	14.89	12.53	13.27	13.66	12.47	15.70	15.14	14.39	14.20	13.29	13.64	14.07	14.24	14.22	14.22	14.74	15.09
2007	8	ASAFZ03CHG_01	9.24	12.83	13.79	15.11	12.46	13.76	13.81	12.66	12.92	14.97	15.02	14.39	14.49	13.29	13.40	13.14	13.47	14.10	14.16	12.98
2007	10	ASAFZ03CHG_01	16.70	15.68	19.93	21.30	19.80	19.65	19.57	21.14	20.27	21.62	20.96	20.52	18.75	18.78	17.90	19.14	17.58	18.31	18.54	18.22
2005	4	ASAQX01CHG_01	14.11	14.09	15.50	16.01	14.83	13.61	13.03	12.79	12.73	12.75	12.54	12.52	12.84	12.77	12.37	12.98	13.35	12.96	13.60	13.93

（续）

年份	月份	样地代码	0～10	10～20	20～30	30～40	40～50	50～60	60～70	70～80	80～90	90～100	100～110	110～120	120～130	130～140	140～150	150～160	160～170	170～180	180～190	190～200
2005	6	ASAQX01CHG_01	13.69	14.18	14.77	13.91	13.97	13.18	12.66	12.69	12.28	12.19	12.20	12.10	12.14	11.92	11.60	11.91	11.38	11.73	12.16	12.29
2005	8	ASAQX01CHG_01	15.19	16.36	16.20	14.72	15.42	15.67	15.26	14.47	14.30	14.67	14.66	15.06	15.42	14.80	14.77	14.88	14.47	15.96	15.15	15.57
2005	10	ASAQX01CHG_01	19.03	20.00	18.99	16.83	16.61	16.30	15.77	15.15	15.48	14.91	15.13	14.89	14.42	15.01	14.21	14.26	13.95	14.61	13.59	14.12
2006	4	ASAQX01CHG_01	9.22	12.61	13.43	13.33	15.26	13.70	12.94	13.43	13.63	12.60	13.32	16.43	12.31	12.51	12.57	12.65	12.60	12.56	14.33	13.05
2006	6	ASAQX01CHG_01	10.28	9.55	9.25	11.02	10.90	11.21	11.32	11.64	12.00	12.33	12.17	11.68	10.99	11.10	11.93	10.62	11.61	11.25	11.12	11.61
2006	8	ASAQX01CHG_01	16.14	15.80	14.91	15.20	16.23	14.39	14.09	13.48	13.83	13.19	12.85	12.79	12.05	12.05	12.20	12.08	10.92	12.52	12.04	12.65
2006	10	ASAQX01CHG_01	7.09	11.35	10.65	10.90	10.77	10.35	12.14	11.76	11.49	11.43	11.31	11.28	11.48	11.71	11.97	12.36	12.52	12.76	12.67	12.92
2007	4	ASAQX01CHG_01	12.61	17.03	20.51	14.60	14.74	14.09	13.46	13.01	13.07	12.99	12.81	12.60	12.89	14.41	14.08	11.85	12.13	11.80	12.15	12.60
2007	6	ASAQX01CHG_01	17.78	13.47	8.24	6.17	6.74	7.06	7.73	9.15	8.99	10.70	10.84	11.06	11.36	11.84	13.64	11.42	11.80	11.78	12.11	12.36
2007	8	ASAQX01CHG_01	4.79	7.45	9.45	7.95	7.58	6.76	5.67	5.75	6.18	8.12	8.02	8.05	8.75	9.89	9.59	9.29	9.95	10.07	12.37	11.54
2007	10	ASAQX01CHG_01	21.16	19.01	25.59	18.13	18.80	18.84	18.57	18.23	18.37	17.13	17.65	17.28	17.05	15.77	14.44	14.10	13.02	18.18	11.81	11.60
2007	4	ASAQX01CHG_01	12.99	15.19	15.96	14.41	14.63	13.04	14.06	13.46	12.86	12.97	13.52	13.15	12.72	12.61	13.96	12.09	12.05	12.05	11.86	12.27
2007	6	ASAQX01CHG_01	18.15	13.47	6.74	6.35	6.87	7.72	9.85	9.17	11.18	10.68	11.35	11.47	12.87	11.59	11.31	11.73	12.12	11.87	11.85	12.73
2007	8	ASAQX01CHG_01	2.73	7.73	7.67	8.10	8.11	7.07	7.92	7.74	8.33	7.91	8.19	8.52	9.14	8.93	9.96	9.37	9.28	10.34	10.51	10.55
2007	10	ASAQX01CHG_01	22.03	22.06	21.36	17.55	17.96	18.24	18.87	19.21	19.54	18.41	16.79	17.00	16.86	16.68	15.28	14.61	13.07	11.94	11.54	11.46
2007	4	ASAQX01CHG_01	11.57	16.80	16.60	14.65	14.39	12.26	13.25	12.92	12.63	13.01	12.94	12.84	12.72	12.88	14.31	11.71	11.58	11.66	11.92	12.30
2007	6	ASAQX01CHG_01	17.97	13.47	7.49	6.26	6.81	7.39	8.79	9.16	10.08	10.69	11.09	11.27	12.12	11.71	12.47	11.58	11.96	11.82	11.98	12.54
2007	8	ASAQX01CHG_01	9.61	10.17	10.87	11.61	11.33	6.77	6.61	7.16	6.41	8.31	8.21	8.08	7.87	8.43	8.70	9.07	9.33	9.53	9.96	9.94
2007	10	ASAQX01CHG_01	22.04	22.15	21.17	17.23	18.43	18.92	18.94	17.97	17.77	18.23	18.11	17.11	16.99	16.97	16.39	15.26	13.90	13.21	11.92	11.94
2005	4	ASAQX02CHG_01	9.93	10.03	10.83	12.75	14.61	14.70	14.01	13.39	14.27	14.30	14.20	15.46	14.07	15.93	15.24	15.49	15.95	15.96	15.11	16.49
2005	6	ASAQX02CHG_01	4.95	5.32	7.43	11.56	12.87	13.20	12.44	13.20	13.16	13.11	13.46	13.44	13.46	13.61	13.66	14.78	14.41	14.04	14.59	14.51
2005	8	ASAQX02CHG_01	10.37	10.46	9.69	9.60	13.71	14.60	14.17	13.75	14.65	14.41	14.20	15.75	14.57	14.78	14.43	13.32	14.93	15.22	14.55	14.81
2005	10	ASAQX02CHG_01	13.21	14.06	12.12	12.43	15.04	15.82	17.10	15.49	15.68	15.52	15.56	14.88	14.57	14.98	14.92	15.19	15.23	15.42	15.89	15.88
2007	4	ASAQX02CHG_01	7.06	11.51	10.16	9.88	13.02	12.69	12.63	12.87	12.92	13.14	13.42	13.10	13.04	13.34	13.38	13.46	13.65	14.49	14.97	16.07
2007	6	ASAQX02CHG_01	18.78	14.55	15.59	9.70	9.59	10.68	10.80	11.17	11.45	11.70	12.10	12.36	12.33	12.63	12.27	13.15	13.38	13.38	13.61	14.11
2007	8	ASAQX02CHG_01	5.10	7.03	9.34	9.80	10.83	11.93	12.34	12.34	12.30	12.51	12.55	12.57	12.44	12.45	12.80	12.64	12.65	12.80	13.84	12.99
2007	10	ASAQX02CHG_01	19.42	15.71	15.29	13.96	16.14	15.93	17.60	17.42	17.74	18.50	18.11	17.66	17.41	17.71	16.97	17.61	17.66	18.88	19.33	18.33
2007	4	ASAQX02CHG_01	7.70	11.62	9.83	9.79	12.98	12.56	12.96	12.39	13.07	12.61	12.50	12.84	13.46	12.96	13.46	12.95	13.33	13.74	14.45	14.07
2007	6	ASAQX02CHG_01	18.04	14.40	10.98	10.24	9.25	10.48	10.37	10.65	11.33	11.30	12.09	12.16	11.97	12.47	12.58	12.71	12.95	12.80	13.53	13.49
2007	8	ASAQX02CHG_01	7.20	9.39	10.18	10.11	10.25	12.85	12.00	11.95	11.47	12.25	12.55	12.46	12.92	12.77	12.72	12.80	12.34	12.42	13.21	12.86
2007	10	ASAQX02CHG_01	18.22	17.40	15.34	12.96	14.74	16.43	17.24	18.06	18.56	17.83	18.54	18.64	17.95	17.96	18.42	18.99	18.68	18.56	16.66	19.56
2007	4	ASAQX02CHG_01	6.84	11.44	10.92	9.49	12.39	14.02	12.48	12.76	12.32	12.44	12.86	13.04	12.80	13.23	13.27	13.51	13.63	13.13	14.69	14.34
2007	6	ASAQX02CHG_01	18.41	14.48	13.29	9.97	9.42	10.58	10.59	10.91	11.39	11.50	12.10	12.26	12.15	12.55	12.43	12.93	13.17	13.09	13.57	13.80

（续）

年份	月份	样地代码	0～10	10～20	20～30	30～40	40～50	50～60	60～70	70～80	80～90	90～100	100～110	110～120	120～130	130～140	140～150	150～160	160～170	170～180	180～190	190～200
2007	8	ASAQX02CHG_01	6.55	8.12	9.61	10.61	11.79	12.61	12.51	12.80	12.62	12.68	12.58	12.64	12.43	12.57	12.97	12.67	12.50	11.87	13.12	13.43
2007	10	ASAQX02CHG_01	17.27	14.46	14.14	13.72	17.72	18.04	17.90	17.66	17.92	18.20	17.99	17.97	17.96	18.23	18.45	17.90	18.87	18.48	19.07	18.85
2006	4	ASAQX02CTS_01	5.10	6.84	9.20	10.78	12.56	14.57	13.45	13.35	11.91	13.06	13.43	14.13	13.58	13.83	14.00	14.27	16.50	17.49	16.84	16.96
2006	6	ASAQX02CTS_01	7.77	9.91	9.94	10.98	11.67	14.12	14.12	13.85	14.01	14.49	14.43	14.07	14.07	13.92	14.20	14.38	14.95	16.41	16.70	15.59
2006	8	ASAQX02CTS_01	11.22	11.86	12.01	12.04	12.36	15.30	15.31	15.06	14.93	14.95	13.75	15.18	14.90	15.52	16.23	15.61	18.09	18.97	16.94	17.91
2006	10	ASAQX02CTS_01	7.80	9.80	11.23	11.25	14.78	16.59	15.93	16.08	16.62	16.21	16.82	16.95	16.97	16.49	16.92	17.50	19.83	18.82	20.02	18.18
2004	4	ASAZH01CHG_01	9.35	10.59	11.40	10.68	10.66	10.44	10.51	10.87	9.92	9.52	10.17	9.60	8.96	12.92	10.33					
2004	5	ASAZH01CHG_01	9.52	10.02	10.48	10.20	10.55	10.00	10.08	10.02	10.30	10.72	11.08	9.05	9.29	11.85	11.18					
2004	6	ASAZH01CHG_01	10.22	10.14	10.74	10.70	10.25	10.10	10.01	10.26	10.28	10.62	10.99	9.92	9.49	11.41	10.52					
2004	7	ASAZH01CHG_01	10.07	10.37	10.30	10.17	10.14	9.76	10.13	10.34	10.46	10.67	11.11	10.31	9.83	11.44	10.51					
2004	8	ASAZH01CHG_01	16.50	17.30	16.20	15.56	15.29	14.92	14.64	13.87	14.06	14.07	13.12	12.78	12.30	12.50	12.39					
2004	9	ASAZH01CHG_01	14.03	14.56	14.04	16.01	14.51	14.29	13.23	13.24	13.08	12.59	13.30	13.59	13.34	13.51	13.62					
2004	10	ASAZH01CHG_01	10.86	11.32	11.16	11.72	11.50	11.42	12.16	11.80	10.63	12.55	11.27	11.95	11.36	11.42	11.09					
2005	4	ASAZH01CHG_01	12.19	12.72	12.20	12.85	12.28	11.89	11.41	11.95	11.56	11.06	10.79	11.51	11.74	10.95	12.59	12.45	12.21	12.02	12.48	12.41
2005	6	ASAZH01CHG_01	2.85	7.50	7.06	8.44	9.27	10.01	9.91	10.07	10.00	10.14	10.30	10.71	11.12	11.48	11.21	11.02	11.11	10.26	10.14	10.87
2005	8	ASAZH01CHG_01	10.11	10.90	9.97	9.94	9.03	9.83	9.60	9.55	9.16	9.42	8.92	9.99	10.74	10.41	11.19	11.01	10.89	9.66	8.76	10.98
2005	10	ASAZH01CHG_01	19.51	18.80	17.27	15.12	15.36	15.67	15.19	14.86	13.70	12.82	11.81	11.76	11.68	12.08	12.04	12.78	12.73	12.38	12.35	12.64
2006	4	ASAZH01CHG_01	6.84	8.58	11.69	12.17	12.53	12.13	10.95	10.32	9.39	9.19	8.62	8.35	9.74	10.36	11.03	11.86	12.19	12.06	12.44	12.06
2006	6	ASAZH01CHG_01	6.92	5.83	8.62	8.93	10.05	10.40	10.57	9.74	9.41	9.63	9.07	8.22	9.60	7.92	9.00	11.02	11.11	10.26	10.14	10.87
2006	8	ASAZH01CHG_01	9.96	10.27	9.61	8.29	6.69	7.75	7.49	7.62	6.92	6.47	8.77	7.13	7.04	7.63	8.37	8.02	8.44	8.75	9.71	9.62
2006	10	ASAZH01CHG_01	8.54	11.82	13.13	13.36	13.04	12.95	11.54	9.92	9.38	8.41	7.88	6.06	6.79	7.55	8.33	8.73	10.21	10.41	10.24	10.32
2007	4	ASAZH01CHG_01	7.76	13.93	12.95	13.21	13.91	12.71	12.20	12.26	11.59	11.66	11.10	10.15	12.76	10.80	10.93	10.88	10.47	10.03	10.74	11.36
2007	6	ASAZH01CHG_01	19.49	14.30	12.59	12.56	11.89	11.66	11.19	10.88	11.50	11.91	10.52	10.19	10.77	10.93	11.45	10.87	10.08	10.11	10.89	10.59
2007	8	ASAZH01CHG_01	5.78	5.49	4.98	5.18	6.11	5.35	5.63	5.70	6.49	6.62	7.63	8.08	9.31	9.67	9.96	9.47	9.30	9.36	9.80	9.50
2007	10	ASAZH01CHG_01	17.06	18.01	17.27	17.78	17.90	18.13	17.22	17.09	18.09	18.06	16.06	16.44	15.19	10.77	9.65	10.27	9.94	9.92	10.31	10.82
2007	4	ASAZH01CHG_01	10.10	14.25	13.35	13.74	11.90	12.40	12.74	12.44	12.52	12.47	10.70	11.34	11.11	10.84	10.88	10.82	10.85	10.44	11.09	11.80
2007	6	ASAZH01CHG_01	19.21	16.41	14.40	12.29	12.57	11.62	11.00	11.25	11.78	11.71	10.95	10.18	8.51	11.08	11.05	10.08	10.75	10.17	10.71	11.55
2007	8	ASAZH01CHG_01	5.46	6.05	5.54	6.28	5.28	5.59	6.26	7.16	7.41	7.92	7.57	8.56	9.33	10.21	10.02	9.39	9.17	9.51	10.36	10.67
2007	10	ASAZH01CHG_01	17.25	18.37	17.16	17.65	22.85	17.59	17.43	18.14	17.48	17.74	16.02	14.65	13.41	10.40	9.46	9.86	9.65	10.79	10.14	10.79
2007	4	ASAZH01CHG_01	8.49	13.68	12.67	13.10	13.63	12.27	11.89	12.29	12.50	12.36	11.17	10.26	12.69	10.26	11.05	10.58	9.96	10.21	10.61	11.41
2007	6	ASAZH01CHG_01	19.35	15.36	13.49	12.42	12.23	11.64	11.09	11.07	11.64	11.81	10.74	10.19	9.64	11.00	11.25	10.47	10.42	10.14	10.80	11.07
2007	8	ASAZH01CHG_01	4.55	6.25	6.31	6.54	6.80	6.48	6.55	6.76	8.06	8.44	8.03	8.00	8.55	9.53	10.81	10.27	9.87	9.36	9.88	10.06
2007	10	ASAZH01CHG_01	17.33	18.22	16.70	18.11	17.38	17.78	16.42	17.30	17.32	17.20	16.49	14.80	13.67	10.98	9.37	9.58	9.88	9.69	10.38	10.22

4.3.3 地表水、地下水水质状况

表 4-26 地表水、地下水水质状况

日期	水质采样点代码	水温（℃）	水质表现性状	pH	钙离子含量（mg/L）	镁离子含量（mg/L）	钾离子含量（mg/L）	钠离子含量（mg/L）	碳酸根离子含量（mg/L）	重碳酸根离子含量（mg/L）	氯化物（mg/L）	硫酸根离子（mg/L）	磷酸根离子（mg/L）	硝酸根（mg/L）	矿化度（mg/L）	总氮（mg/L）	总磷（mg/L）
2005-04-30	ASAZH01CDX_01	14	清	8.07	13.40	9.45	1.30	64.24	5.67	104.87	62.48	5.75	0.03	75.62	366.67	17.64	0.02
2005-05-31	ASAZH01CDX_01	16.5	清	8.11	45.47	25.84	2.99	126.33	7.13	176.38	130.64	10.73	0.02	190.54	760.00	51.08	0.02
2005-06-30	ASAZH01CDX_01	15.5	清	8.07	8.23	7.91	1.02	51.70	0.00	61.96	51.12	4.89	0.02	64.86	289.33	15.04	0.06
2005-07-31	ASAZH01CDX_01	17	清	8.08	21.74	19.04	1.25	63.48	5.17	97.57	66.74	6.40	0.01	90.43	388.00	23.42	0.06
2005-08-31	ASAZH01CDX_01	16	清	8.12	27.90	23.03	2.28	94.70	0.00	121.43	99.40	10.68	0.02	136.25	598.67	24.06	0.02
2005-09-30	ASAZH01CDX_01	18.5	清	8.29	33.39	27.07	2.26	105.10	7.89	132.89	116.44	11.81	0.01	157.67	673.33	37.90	0.02
2005-10-31	ASAZH01CDX_01	17	清	8.40	40.70	28.43	3.22	151.23	11.27	189.01	150.52	16.63	0.02	205.88	926.67	47.90	0.02
2005-11-30	ASAZH01CDX_01	16.5	清	8.32	28.80	37.69	4.64	206.10	7.13	133.18	213.00	21.05	0.01	306.33	1153.33	70.84	0.03
2005-12-31	ASAZH01CDX_01	16.0	清	8.25	78.02	50.73	4.69	204.65	16.87	132.16	218.68	22.99	0.02	314.62	1425.33	75.54	0.02
2006-01-31	ASAZH01CDX_01	10	清	8.19	40.38	58.75	3.19	157.36	0.00	141.85	116.80	128.94	0.02	168.70	797.50	42.17	0.01
2006-02-28	ASAZH01CDX_01	9.5	清	8.26	50.07	50.34	2.72	114.24	0.00	176.91	97.30	113.16	0.13	141.45	768.50	36.40	0.10
2006-03-30	ASAZH01CDX_01	11	清	8.22	42.09	45.41	2.79	97.52	0.00	163.60	94.09	104.90	0.02	139.38	719.50	37.48	0.05
2006-04-30	ASAZH01CDX_01	12	清	8.24	37.74	46.18	2.42	81.76	0.00	155.81	69.39	72.25	0.01	108.58	656.50	31.91	0.03
2006-05-31	ASAZH01CDX_01	14.5	清	8.20	46.17	58.70	4.11	128.96	0.00	172.04	142.74	154.46	0.01	220.42	1016.00	49.71	0.01
2006-06-30	ASAZH01CDX_01	14.5	清	8.13	39.93	42.47	3.60	74.16	0.00	162.31	91.79	95.40	0.02	144.05	665.50	35.17	0.01
2006-07-31	ASAZH01CDX_01	18	清	7.81	19.83	20.42	1.20	38.80	0.00	81.48	55.53	53.81	0.01	81.77	297.00	16.70	0.01
2006-08-31	ASAZH01CDX_01	18	清	8.00	24.03	12.72	0.61	23.84	0.00	91.22	1.81	5.83	0.03	0.28	266.00	10.64	0.03
2006-09-30	ASAZH01CDX_01	18	清	8.01	33.36	34.80	1.79	54.16	0.00	132.12	83.94	82.79	0.03	98.54	437.50	26.23	0.02
2006-10-31	ASAZH01CDX_01	16	清	8.10	26.70	39.60	2.21	74.64	0.00	107.77	83.75	85.39	0.03	128.67	517.50	29.11	0.01
2006-11-30	ASAZH01CDX_01	10	清	8.06	56.55	73.90	4.63	155.76	3.77	229.18	195.03	201.75	0.03	233.90	1048.00	54.22	0.01
2006-12-31	ASAZH01CDX_01	10	清	8.46	96.45	87.82	5.15	178.08	18.96	371.03	241.94	249.97	0.02	289.26	1385.50	67.47	0.00
2007-01-30	ASAZH01CDX_01	12	清	8.26	12.71	31.54	2.38	93.53	0.00	149.34	121.51	128.86	0.00	179.68	628.50	38.68	0.04
2007-02-28	ASAZH01CDX_01	12.5	清	8.10	17.40	34.78	4.14	117.45	0.00	194.31	160.59	160.65	0.04	207.37	755.00	44.03	0.05
2007-03-30	ASAZH01CDX_01	14	清	8.08	17.44	33.38	2.68	105.45	0.00	210.96	128.19	143.59	0.02	166.74	731.50	39.14	0.05
2007-04-30	ASAZH01CDX_01	14	清	8.21	14.77	32.64	2.51	95.23	0.00	197.96	102.13	107.48	0.00	188.82	664.00	36.45	0.04
2007-05-30	ASAZH01CDX_01	16	清	8.21	22.76	41.15	3.72	129.94	0.00	338.87	213.05	212.18	0.00	238.65	891.00	50.90	0.04
2007-06-30	ASAZH01CDX_01	16	清	8.34	16.93	33.33	2.97	95.12	0.00	297.95	129.37	120.45	0.00	170.25	733.50	38.18	0.04
2007-07-30	ASAZH01CDX_01	16	清	7.55	5.91	16.86	0.96	33.78	0.00	66.45	10.03	11.02	0.01	74.09	964.00	13.68	0.04
2007-08-30	ASAZH01CDX_01	16	清	7.79	9.70	23.51	1.49	50.23	0.00	96.04	18.52	17.62	0.02	80.26	268.50	20.17	0.01
2007-09-30	ASAZH01CDX_01	14	清	7.51	14.75	27.77	2.05	65.44	0.00	129.82	27.61	25.56	0.01	100.59	348.50	26.60	0.02
2007-10-30	ASAZH01CDX_01	14	清	8.17	22.36	39.79	3.65	117.91	0.00	184.53	93.11	89.02	0.03	192.07	285.00	44.90	0.02
2007-11-30	ASAZH01CDX_01	12	清	8.09	24.31	39.21	3.36	114.43	0.00	171.73	103.03	114.66	0.01	225.47	825.50	40.87	0.02
2007-12-30	ASAZH01CDX_01	12	清	8.41	68.95	62.09	5.22	205.21	0.00	360.45	149.79	157.43	0.01	369.16	1475.00	70.55	0.02

（续）

日期	水质采样点代码	水温（℃）	水质表现性状	pH	钙离子含量（mg/L）	镁离子含量（mg/L）	钾离子含量（mg/L）	钠离子含量（mg/L）	碳酸根离子含量（mg/L）	重碳酸根离子含量（mg/L）	氯化物（mg/L）	硫酸根离子（mg/L）	磷酸根离子（mg/L）	硝酸根（mg/L）	矿化度（mg/L）	总氮（mg/L）	总磷（mg/L）
2004-07-12	ASAFZ10CLB_01	13	较混浊	8.02	21.40	47.20	2.99	83.00	7.08	253.33	135.78	140.40	0.11	6.93			
2004-10-12	ASAFZ10CLB_01	11	较混浊	8.00	21.90	48.50	3.02	87.00	8.29	253.33	136.35	140.40	0.21	6.93			
2005-04-30	ASAFZ10CLB_01	10	较清	5.38	52.67	39.82	5.47	188.68	0.00	359.63	193.12	0.47	0.13	6.65	1004.00	5.64	0.11
2005-05-31	ASAFZ10CLB_01	14	浑浊	7.65	18.45	16.81	2.62	134.40	2.15	151.72	147.68	9.15	0.00	0.87	449.33	1.04	0.02
2005-06-30	ASAFZ10CLB_01	14.5	浑浊	8.33	8.94	5.97	3.05	130.20	0.00	79.91	147.68	9.48	0.03	1.97	446.67	1.60	0.06
2005-07-31	ASAFZ10CLB_01	18.5	较浑浊	8.81	6.36	5.07	1.41	71.71	3.09	69.25	76.68	5.20	0.02	2.99	252.00	1.83	0.06
2005-08-31	ASAFZ10CLB_01	19.5	较浑浊	8.77	6.00	5.50	2.29	95.51	4.67	83.56	79.52	6.66	0.02	4.54	342.67	2.42	0.04
2005-09-30	ASAFZ10CLB_01	12	较浑浊	8.88	5.05	4.85	2.43	101.09	8.25	106.25	96.56	7.12	0.03	5.84	354.67	2.47	0.05
2005-10-31	ASAFZ10CLB_01	9	较清	8.35	13.32	7.13	3.72	204.45	8.97	202.29	211.58	12.88	0.10	10.69	705.33	5.04	0.11
2005-11-30	ASAFZ10CLB_01	0.5	较清	7.99	15.77	7.79	3.31	184.07	8.18	192.58	195.96	11.88	0.11	10.66	649.33	3.51	0.11
2005-12-31	ASAFZ10CLB_01	结冰	较清	7.76	69.14	23.78	11.42	603.20	9.40	545.86	657.46	37.11	1.18	3.21	1997.33	13.76	0.51
2006-01-31	ASAFZ10CLB_01	0.5	较清	8.49	23.61	31.49	2.54	147.76	0.00	186.98	98.68	65.38	0.05	9.26	545.50	3.98	0.07
2006-02-28	ASAFZ10CLB_01	0.5	较清	8.26	18.54	18.31	1.67	81.20	0.00	139.58	71.45	55.88	0.02	5.68	363.50	1.79	0.04
2006-03-30	ASAFZ10CLB_01	6	较清	8.37	16.29	17.02	1.79	84.48	0.00	118.48	54.85	38.08	0.02	2.72	408.00	1.73	0.06
2006-04-30	ASAFZ10CLB_01	10	较清	8.27	23.94	24.00	3.68	130.00	0.00	168.15	174.54	121.04	0.99	5.36	572.50	4.97	0.59
2006-05-31	ASAFZ10CLB_01	13	浑浊	8.43	14.70	23.49	3.48	148.16	0.00	141.21	187.50	107.16	0.05	3.65	594.00	1.16	0.04
2006-06-30	ASAFZ10CLB_01	14	浑浊	8.57	11.73	15.85	2.45	76.08	0.00	112.64	76.13	66.38	0.02	2.20	383.50	1.18	0.02
2006-07-31	ASAFZ10CLB_01	18	较浑浊	7.98	13.44	19.68	3.52	116.08	0.00	111.67	165.44	91.54	0.06	3.99	498.50	1.92	0.06
2006-08-31	ASAFZ10CLB_01	19	较浑浊	7.87	10.98	4.51	1.83	24.32	0.00	70.44	24.46	24.03	0.05	1.75	192.50	0.66	0.04
2006-09-30	ASAFZ10CLB_01	11	较浑浊	8.00	12.09	9.34	1.28	43.20	0.00	79.53	41.65	33.41	0.03	3.76	194.00	1.18	0.03
2006-10-31	ASAFZ10CLB_01	9	较清	8.10	12.42	15.70	1.40	72.24	0.00	102.90	84.96	60.19	0.03	3.56	285.00	1.24	0.05
2006-11-30	ASAFZ10CLB_01	0.5	较清	8.03	16.11	17.85	2.03	81.28	0.00	115.89	94.80	63.56	0.21	10.65	330.00	4.41	0.17
2006-12-31	ASAFZ10CLB_01	0.5	较清	8.39	59.31	50.36	5.38	238.68	5.04	400.24	310.54	240.47	0.36	27.21	1035.50	7.52	0.23
2007-01-30	ASAFZ10CLB_01	0.5	较清	8.65	16.01	24.05	5.31	279.98	0.00	263.80	414.79	200.58	0.42	13.39	1085.50	7.59	0.19
2007-02-28	ASAFZ10CLB_01	0.5	较清	8.55	4.27	15.06	3.12	184.70	2.07	182.24	287.60	170.00	0.02	11.66	668.50	3.11	0.04
2007-03-30	ASAFZ10CLB_01	16	较清	8.24	8.38	15.45	2.68	110.81	0.00	200.06	115.42	70.33	0.13	6.09	457.50	2.78	0.08
2007-04-30	ASAFZ10CLB_01	18	较清	8.87	15.00	16.68	3.48	167.02	0.00	206.71	177.94	109.28	0.65	1.47	614.00	3.87	0.30
2007-05-30	ASAFZ10CLB_01	20	浑浊	8.47	8.33	15.04	4.24	201.59	0.00	256.14	261.54	197.59	0.19	6.50	720.50	2.16	0.07
2007-06-30	ASAFZ10CLB_01	22	浑浊	8.62	9.88	16.50	2.91	259.70	0.00	226.97	387.79	175.14	0.03	9.30	61.50	2.73	0.04
2007-07-30	ASAFZ10CLB_01	22.5	较浑浊	7.52	7.34	6.98	2.47	54.97	0.00	86.63	15.73	17.55	0.02	4.63	65.00	1.53	0.04
2007-08-30	ASAFZ10CLB_01	21.5	较浑浊	7.82	12.01	12.94	3.03	62.10	0.00	131.96	12.67	9.30	0.01	0.56	62.00	0.41	0.02
2007-09-30	ASAFZ10CLB_01	21	较浑浊	7.92	8.56	11.53	1.85	62.06	0.00	116.42	29.60	32.89	0.01	4.55	55.50	1.07	0.02
2007-10-30	ASAFZ10CLB_01	16	较清	8.14	8.98	12.44	2.44	79.10	0.00	127.43	12.36	11.33	0.03	6.64	1048.00	2.53	0.02
2007-11-30	ASAFZ10CLB_01	8	较清	8.17	14.97	19.25	3.99	132.58	0.00	217.03	40.78	35.00	0.56	7.51	580.00	5.24	0.19
2007-12-30	ASAFZ10CLB_01	2	较清	8.48	44.48	38.35	5.43	237.60	13.14	381.39	244.30	188.99	0.14	19.90	1179.50	6.70	0.07
2004-07-12	ASAZH01CDX_01	11	清	7.98	55.20	104.40	2.85	79.00	0.00	386.30	123.80	248.04	0.09	61.10			
2004-10-12	ASAZH01CDX_01	11	清	7.88	56.40	106.10	2.88	78.50	4.04	376.10	124.02	216.45	0.09	61.20			

4.3.4 地下水位

表 4-27 地下水位

日期	地下水位观测井代码	植被名称	地下水埋深（m）	地面高程（m）	备注
2004-04-18	ASAZH01CDX_01	大豆	12.20	1 033.26	井深 13m
2004-04-23	ASAZH01CDX_01	大豆	12.00	1 033.26	井深 13m
2004-05-14	ASAZH01CDX_01	大豆	11.85	1 033.26	井深 13m
2004-05-19	ASAZH01CDX_01	大豆	11.90	1 033.26	井深 13m
2004-05-23	ASAZH01CDX_01	大豆	11.70	1 033.26	井深 13m
2004-05-28	ASAZH01CDX_01	大豆	11.55	1 033.26	井深 13m
2004-06-02	ASAZH01CDX_01	大豆	11.50	1 033.26	井深 13m
2004-06-07	ASAZH01CDX_01	大豆	11.80	1 033.26	井深 13m
2004-06-20	ASAZH01CDX_01	大豆	11.85	1 033.26	井深 13m
2004-07-09	ASAZH01CDX_01	大豆	11.70	1 033.26	井深 13m
2004-07-13	ASAZH01CDX_01	大豆	11.75	1 033.26	井深 13m
2004-07-18	ASAZH01CDX_01	大豆	11.65	1 033.26	井深 13m
2004-07-24	ASAZH01CDX_01	大豆	11.80	1 033.26	井深 13m
2004-07-29	ASAZH01CDX_01	大豆	11.45	1 033.26	井深 13m
2004-08-05	ASAZH01CDX_01	大豆	11.55	1 033.26	井深 13m
2004-08-10	ASAZH01CDX_01	大豆	11.50	1 033.26	井深 13m
2004-08-24	ASAZH01CDX_01	大豆	11.40	1 033.26	井深 13m
2004-08-29	ASAZH01CDX_01	大豆	12.10	1 033.26	井深 13m
2004-09-10	ASAZH01CDX_01	大豆	12.00	1 033.26	井深 13m
2004-09-15	ASAZH01CDX_01	大豆	11.80	1 033.26	井深 13m
2004-10-16	ASAZH01CDX_01	大豆	12.10	1 033.26	井深 13m
2004-10-20	ASAZH01CDX_01	大豆	12.10	1 033.26	井深 13m
2005-04-25	ASAZH01CDX_01	玉米	11.40	1 033.26	井深 13m
2005-05-01	ASAZH01CDX_01	玉米	11.50	1 033.26	井深 13m
2005-05-05	ASAZH01CDX_01	玉米	11.60	1 033.26	井深 13m
2005-05-10	ASAZH01CDX_01	玉米	11.80	1 033.26	井深 13m
2005-05-15	ASAZH01CDX_01	玉米	11.60	1 033.26	井深 13m
2005-05-20	ASAZH01CDX_01	玉米	11.20	1 033.26	井深 13m
2005-05-25	ASAZH01CDX_01	玉米	10.80	1 033.26	井深 13m
2005-06-01	ASAZH01CDX_01	玉米	11.40	1 033.26	井深 13m
2005-06-05	ASAZH01CDX_01	玉米	11.70	1 033.26	井深 13m
2005-06-10	ASAZH01CDX_01	玉米	11.80	1 033.26	井深 13m
2005-06-15	ASAZH01CDX_01	玉米	11.70	1 033.26	井深 13m
2005-06-20	ASAZH01CDX_01	玉米	11.60	1 033.26	井深 13m
2005-06-25	ASAZH01CDX_01	玉米	11.80	1 033.26	井深 13m
2005-07-01	ASAZH01CDX_01	玉米	12.20	1 033.26	井深 13m
2005-07-05	ASAZH01CDX_01	玉米	11.70	1 033.26	井深 13m
2005-07-10	ASAZH01CDX_01	玉米	11.85	1 033.26	井深 13m
2005-07-15	ASAZH01CDX_01	玉米	12.50	1 033.26	井深 13m
2005-07-20	ASAZH01CDX_01	玉米	11.60	1 033.26	井深 13m
2005-07-25	ASAZH01CDX_01	玉米	11.30	1 033.26	井深 13m
2005-08-01	ASAZH01CDX_01	玉米	11.70	1 033.26	井深 13m
2005-08-05	ASAZH01CDX_01	玉米	11.88	1 033.26	井深 13m
2005-08-10	ASAZH01CDX_01	玉米	11.60	1 033.26	井深 13m
2005-08-15	ASAZH01CDX_01	玉米	11.50	1 033.26	井深 13m
2005-08-20	ASAZH01CDX_01	玉米	11.30	1 033.26	井深 13m

（续）

日期	地下水位观测井代码	植被名称	地下水埋深（m）	地面高程（m）	备注
2005-08-25	ASAZH01CDX_01	玉米	11.20	1 033.26	井深 13m
2005-09-01	ASAZH01CDX_01	玉米	11.30	1 033.26	井深 13m
2005-09-05	ASAZH01CDX_01	玉米	11.44	1 033.26	井深 13m
2005-09-10	ASAZH01CDX_01	玉米	11.43	1 033.26	井深 13m
2005-09-15	ASAZH01CDX_01	玉米	11.40	1 033.26	井深 13m
2005-09-20	ASAZH01CDX_01	玉米	11.38	1 033.26	井深 13m
2005-09-25	ASAZH01CDX_01	玉米	11.38	1 033.26	井深 13m
2005-10-01	ASAZH01CDX_01	玉米	11.40	1 033.26	井深 13m
2005-10-05	ASAZH01CDX_01	玉米	11.45	1 033.26	井深 13m
2005-10-10	ASAZH01CDX_01	玉米	11.40	1 033.26	井深 13m
2005-10-15	ASAZH01CDX_01	玉米	11.32	1 033.26	井深 13m
2005-10-20	ASAZH01CDX_01	玉米	11.30	1 033.26	井深 13m
2005-10-25	ASAZH01CDX_01	玉米	11.29	1 033.26	井深 13m
2005-11-01	ASAZH01CDX_01	玉米	11.28	1 033.26	井深 13m
2005-11-05	ASAZH01CDX_01	玉米	11.26	1 033.26	井深 13m
2005-11-10	ASAZH01CDX_01	玉米	11.24	1 033.26	井深 13m
2005-11-15	ASAZH01CDX_01	玉米	11.22	1 033.26	井深 13m
2005-11-20	ASAZH01CDX_01	玉米	11.22	1 033.26	井深 13m
2005-11-25	ASAZH01CDX_01	玉米	11.18	1 033.26	井深 13m
2005-12-01	ASAZH01CDX_01	玉米	11.20	1 033.26	井深 13m
2005-12-05	ASAZH01CDX_01	玉米	11.17	1 033.26	井深 13m
2005-12-10	ASAZH01CDX_01	玉米	11.19	1 033.26	井深 13m
2005-12-15	ASAZH01CDX_01	玉米	11.18	1 033.26	井深 13m
2005-12-20	ASAZH01CDX_01	玉米	11.23	1 033.26	井深 13m
2005-12-25	ASAZH01CDX_01	玉米	11.11	1 033.26	井深 13m
2006-01-01	ASAZH01CDX_01	玉米	11.24	1 033.26	井深 13m
2006-01-05	ASAZH01CDX_01	玉米	11.39	1 033.26	井深 13m
2006-01-10	ASAZH01CDX_01	玉米	11.40	1 033.26	井深 13m
2006-01-15	ASAZH01CDX_01	玉米	11.38	1 033.26	井深 13m
2006-01-20	ASAZH01CDX_01	玉米	11.35	1 033.26	井深 13m
2006-01-25	ASAZH01CDX_01	玉米	11.34	1 033.26	井深 13m
2006-02-01	ASAZH01CDX_01	玉米	11.32	1 033.26	井深 13m
2006-02-05	ASAZH01CDX_01	玉米	11.30	1 033.26	井深 13m
2006-02-10	ASAZH01CDX_01	玉米	11.28	1 033.26	井深 13m
2006-02-15	ASAZH01CDX_01	玉米	11.25	1 033.26	井深 13m
2006-02-20	ASAZH01CDX_01	玉米	11.29	1 033.26	井深 13m
2006-02-25	ASAZH01CDX_01	玉米	11.33	1 033.26	井深 13m
2006-03-01	ASAZH01CDX_01	玉米	11.30	1 033.26	井深 13m
2006-03-05	ASAZH01CDX_01	玉米	11.28	1 033.26	井深 13m
2006-03-10	ASAZH01CDX_01	玉米	11.30	1 033.26	井深 13m
2006-03-15	ASAZH01CDX_01	玉米	11.33	1 033.26	井深 13m
2006-03-20	ASAZH01CDX_01	玉米	11.35	1 033.26	井深 13m
2006-03-25	ASAZH01CDX_01	玉米	11.33	1 033.26	井深 13m
2006-04-01	ASAZH01CDX_01	玉米	11.30	1 033.26	井深 13m
2006-04-05	ASAZH01CDX_01	玉米	11.35	1 033.26	井深 13m
2006-04-10	ASAZH01CDX_01	玉米	11.85	1 033.26	井深 13m
2006-04-15	ASAZH01CDX_01	玉米	11.45	1 033.26	井深 13m
2006-04-20	ASAZH01CDX_01	玉米	12.00	1 033.26	井深 13m

（续）

日期	地下水位观测井代码	植被名称	地下水埋深（m）	地面高程（m）	备注
2006-04-25	ASAZH01CDX_01	玉米	11.80	1 033.26	井深13m
2006-05-01	ASAZH01CDX_01	玉米	11.65	1 033.26	井深13m
2006-05-05	ASAZH01CDX_01	玉米	11.45	1 033.26	井深13m
2006-05-10	ASAZH01CDX_01	玉米	11.40	1 033.26	井深13m
2006-05-15	ASAZH01CDX_01	玉米	11.47	1 033.26	井深13m
2006-05-20	ASAZH01CDX_01	玉米	11.41	1 033.26	井深13m
2006-05-25	ASAZH01CDX_01	玉米	11.40	1 033.26	井深13m
2006-06-01	ASAZH01CDX_01	玉米	11.43	1 033.26	井深13m
2006-06-05	ASAZH01CDX_01	玉米	11.40	1 033.26	井深13m
2006-06-10	ASAZH01CDX_01	玉米	11.37	1 033.26	井深13m
2006-06-15	ASAZH01CDX_01	玉米	11.33	1 033.26	井深13m
2006-06-20	ASAZH01CDX_01	玉米	11.30	1 033.26	井深13m
2006-06-25	ASAZH01CDX_01	玉米	11.28	1 033.26	井深13m
2006-07-01	ASAZH01CDX_01	玉米	11.25	1 033.26	井深13m
2006-07-05	ASAZH01CDX_01	玉米	11.23	1 033.26	井深13m
2006-07-10	ASAZH01CDX_01	玉米	11.43	1 033.26	井深13m
2006-07-15	ASAZH01CDX_01	玉米	11.90	1 033.26	井深13m
2006-07-20	ASAZH01CDX_01	玉米	11.55	1 033.26	井深13m
2006-07-25	ASAZH01CDX_01	玉米	11.58	1 033.26	井深13m
2006-08-01	ASAZH01CDX_01	玉米	11.40	1 033.26	井深13m
2006-08-05	ASAZH01CDX_01	玉米	11.44	1 033.26	井深13m
2006-08-10	ASAZH01CDX_01	玉米	11.40	1 033.26	井深13m
2006-08-15	ASAZH01CDX_01	玉米	11.38	1 033.26	井深13m
2006-08-20	ASAZH01CDX_01	玉米	11.50	1 033.26	井深13m
2006-08-25	ASAZH01CDX_01	玉米	11.46	1 033.26	井深13m
2006-09-01	ASAZH01CDX_01	玉米	11.44	1 033.26	井深13m
2006-09-05	ASAZH01CDX_01	玉米	11.40	1 033.26	井深13m
2006-09-10	ASAZH01CDX_01	玉米	11.38	1 033.26	井深13m
2006-09-15	ASAZH01CDX_01	玉米	11.40	1 033.26	井深13m
2006-09-20	ASAZH01CDX_01	玉米	11.72	1 033.26	井深13m
2006-09-25	ASAZH01CDX_01	玉米	11.78	1 033.26	井深13m
2006-10-01	ASAZH01CDX_01	玉米	11.55	1 033.26	井深13m
2006-10-05	ASAZH01CDX_01	玉米	11.40	1 033.26	井深13m
2006-10-10	ASAZH01CDX_01	玉米	11.48	1 033.26	井深13m
2006-10-15	ASAZH01CDX_01	玉米	11.70	1 033.26	井深13m
2006-10-20	ASAZH01CDX_01	玉米	11.72	1 033.26	井深13m
2006-10-25	ASAZH01CDX_01	玉米	11.74	1 033.26	井深13m
2006-11-01	ASAZH01CDX_01	玉米	11.70	1 033.26	井深13m
2006-11-05	ASAZH01CDX_01	玉米	11.50	1 033.26	井深13m
2006-11-10	ASAZH01CDX_01	玉米	11.40	1 033.26	井深13m
2006-11-15	ASAZH01CDX_01	玉米	11.55	1 033.26	井深13m
2006-11-20	ASAZH01CDX_01	玉米	11.63	1 033.26	井深13m
2006-11-25	ASAZH01CDX_01	玉米	11.70	1 033.26	井深13m
2006-12-01	ASAZH01CDX_01	玉米	11.65	1 033.26	井深13m
2006-12-05	ASAZH01CDX_01	玉米	11.60	1 033.26	井深13m
2006-12-10	ASAZH01CDX_01	玉米	11.56	1 033.26	井深13m
2006-12-15	ASAZH01CDX_01	玉米	11.50	1 033.26	井深13m
2006-12-20	ASAZH01CDX_01	玉米	11.45	1 033.26	井深13m

（续）

日期	地下水位观测井代码	植被名称	地下水埋深（m）	地面高程（m）	备注
2006-12-25	ASAZH01CDX_01	玉米	11.42	1 033.26	井深 13m
2007-01-01	ASAZH01CDX_01	大豆	13.60	1 033.26	井深 13m
2007-01-05	ASAZH01CDX_01	大豆	12.50	1 033.26	井深 13m
2007-01-10	ASAZH01CDX_01	大豆	12.90	1 033.26	井深 13m
2007-01-15	ASAZH01CDX_01	大豆	13.50	1 033.26	井深 13m
2007-01-20	ASAZH01CDX_01	大豆	12.80	1 033.26	井深 13m
2007-01-25	ASAZH01CDX_01	大豆	12.00	1 033.26	井深 13m
2007-02-01	ASAZH01CDX_01	大豆	12.00	1 033.26	井深 13m
2007-02-05	ASAZH01CDX_01	大豆	11.80	1 033.26	井深 13m
2007-02-10	ASAZH01CDX_01	大豆	11.70	1 033.26	井深 13m
2007-02-15	ASAZH01CDX_01	大豆	11.60	1 033.26	井深 13m
2007-02-20	ASAZH01CDX_01	大豆	11.50	1 033.26	井深 13m
2007-02-25	ASAZH01CDX_01	大豆	11.50	1 033.26	井深 13m
2007-03-01	ASAZH01CDX_01	大豆	12.00	1 033.26	井深 13m
2007-03-05	ASAZH01CDX_01	大豆	12.20	1 033.26	井深 13m
2007-03-10	ASAZH01CDX_01	大豆	12.10	1 033.26	井深 13m
2007-03-15	ASAZH01CDX_01	大豆	11.80	1 033.26	井深 13m
2007-03-20	ASAZH01CDX_01	大豆	12.00	1 033.26	井深 13m
2007-03-25	ASAZH01CDX_01	大豆	12.20	1 033.26	井深 13m
2007-04-01	ASAZH01CDX_01	大豆	12.00	1 033.26	井深 13m
2007-04-05	ASAZH01CDX_01	大豆	12.20	1 033.26	井深 13m
2007-04-10	ASAZH01CDX_01	大豆	12.00	1 033.26	井深 13m
2007-04-15	ASAZH01CDX_01	大豆	11.80	1 033.26	井深 13m
2007-04-20	ASAZH01CDX_01	大豆	12.00	1 033.26	井深 13m
2007-04-25	ASAZH01CDX_01	大豆	12.30	1 033.26	井深 13m
2007-05-01	ASAZH01CDX_01	大豆	12.30	1 033.26	井深 13m
2007-05-05	ASAZH01CDX_01	大豆	12.00	1 033.26	井深 13m
2007-05-10	ASAZH01CDX_01	大豆	11.80	1 033.26	井深 13m
2007-05-15	ASAZH01CDX_01	大豆	11.60	1 033.26	井深 13m
2007-05-20	ASAZH01CDX_01	大豆	11.40	1 033.26	井深 13m
2007-05-25	ASAZH01CDX_01	大豆	11.80	1 033.26	井深 13m
2007-06-01	ASAZH01CDX_01	大豆	12.00	1 033.26	井深 13m
2007-06-05	ASAZH01CDX_01	大豆	12.20	1 033.26	井深 13m
2007-06-10	ASAZH01CDX_01	大豆	12.00	1 033.26	井深 13m
2007-06-15	ASAZH01CDX_01	大豆	11.90	1 033.26	井深 13m
2007-06-20	ASAZH01CDX_01	大豆	11.70	1 033.26	井深 13m
2007-06-25	ASAZH01CDX_01	大豆	12.00	1 033.26	井深 13m
2007-07-01	ASAZH01CDX_01	大豆	12.40	1 033.26	井深 13m
2007-07-05	ASAZH01CDX_01	大豆	12.00	1 033.26	井深 13m
2007-07-10	ASAZH01CDX_01	大豆	12.30	1 033.26	井深 13m
2007-07-15	ASAZH01CDX_01	大豆	12.00	1 033.26	井深 13m
2007-07-20	ASAZH01CDX_01	大豆	11.80	1 033.26	井深 13m
2007-07-25	ASAZH01CDX_01	大豆	11.60	1 033.26	井深 13m
2007-08-01	ASAZH01CDX_01	大豆	11.80	1 033.26	井深 13m
2007-08-05	ASAZH01CDX_01	大豆	11.60	1 033.26	井深 13m
2007-08-10	ASAZH01CDX_01	大豆	12.00	1 033.26	井深 13m
2007-08-15	ASAZH01CDX_01	大豆	12.40	1 033.26	井深 13m
2007-08-20	ASAZH01CDX_01	大豆	12.80	1 033.26	井深 13m

（续）

日期	地下水位观测井代码	植被名称	地下水埋深（m）	地面高程（m）	备注
2007-08-25	ASAZH01CDX_01	大豆	12.10	1 033.26	井深13m
2007-09-01	ASAZH01CDX_01	大豆	11.80	1 033.26	井深13m
2007-09-05	ASAZH01CDX_01	大豆	12.20	1 033.26	井深13m
2007-09-10	ASAZH01CDX_01	大豆	11.60	1 033.26	井深13m
2007-09-15	ASAZH01CDX_01	大豆	11.20	1 033.26	井深13m
2007-09-20	ASAZH01CDX_01	大豆	11.80	1 033.26	井深13m
2007-09-25	ASAZH01CDX_01	大豆	12.20	1 033.26	井深13m
2007-10-01	ASAZH01CDX_01	大豆	12.00	1 033.26	井深13m
2007-10-05	ASAZH01CDX_01	大豆	11.80	1 033.26	井深13m
2007-10-10	ASAZH01CDX_01	大豆	11.70	1 033.26	井深13m
2007-10-15	ASAZH01CDX_01	大豆	11.90	1 033.26	井深13m
2007-10-20	ASAZH01CDX_01	大豆	11.60	1 033.26	井深13m
2007-10-25	ASAZH01CDX_01	大豆	11.80	1 033.26	井深13m
2007-11-01	ASAZH01CDX_01	大豆	12.60	1 033.26	井深13m
2007-11-05	ASAZH01CDX_01	大豆	12.30	1 033.26	井深13m
2007-11-10	ASAZH01CDX_01	大豆	12.00	1 033.26	井深13m
2007-11-15	ASAZH01CDX_01	大豆	11.80	1 033.26	井深13m
2007-11-20	ASAZH01CDX_01	大豆	11.60	1 033.26	井深13m
2007-11-25	ASAZH01CDX_01	大豆	11.30	1 033.26	井深13m
2007-12-01	ASAZH01CDX_01	大豆	11.20	1 033.26	井深13m
2007-12-05	ASAZH01CDX_01	大豆	11.20	1 033.26	井深13m
2007-12-10	ASAZH01CDX_01	大豆	11.10	1 033.26	井深13m
2007-12-15	ASAZH01CDX_01	大豆	11.10	1 033.26	井深13m
2007-12-20	ASAZH01CDX_01	大豆	11.00	1 033.26	井深13m
2007-12-25	ASAZH01CDX_01	大豆	10.90	1 033.26	井深13m

4.3.5 农田蒸散日报表（水量平衡法）

表 4-28 农田蒸散日报表（水量平衡法）

日期	观测场地名称	作物名称	作物生育期	观测土层厚度（cm）	上日土层储水量（mm）	该日土层储水量（mm）	时段降雨量（mm）	时段地表径流量（mm）	时段灌溉量（mm）	平均日蒸散量（mm/d）
2004-04-22	ASAZH01	大豆	播种期	150		190.90	0.00	0.00	0.00	
2004-05-15	ASAZH01	大豆	出苗期	150	190.90	191.02	19.10	0.00	0.00	0.83
2004-06-05	ASAZH01	大豆	出苗期	150	191.02	191.04	12.40	0.00	0.00	0.59
2004-07-10	ASAZH01	大豆	开花期	150	191.04	214.32	87.60	0.00	0.00	1.84
2004-08-25	ASAZH01	大豆	结荚期	150	214.32	266.50	324.50	0.00	0.00	5.92
2004-09-15	ASAZH01	大豆	成熟期	150	266.50	208.00	13.30	0.00	0.00	3.42
2004-10-20	ASAZH01	大豆	收获期	150	208.00	215.15	29.10	0.00	0.00	0.63
2004-04-22	ASAFZ03	大豆	播种期	150		167.08	0.00	0.00	0.00	
2004-05-15	ASAFZ03	大豆	出苗期	150	167.08	169.99	19.10	0.00	0.00	0.70
2004-06-05	ASAFZ03	大豆	出苗期	150	169.99	185.83	12.40	0.00	0.00	0.16
2004-07-10	ASAFZ03	大豆	开花期	150	185.83	181.79	87.60	0.00	0.00	2.62
2004-08-25	ASAFZ03	大豆	结荚期	150	181.79	262.00	324.50	0.00	0.00	5.31
2004-09-15	ASAFZ03	大豆	成熟期	150	262.00	202.00	13.30	0.00	0.00	3.49
2004-10-20	ASAFZ03	大豆	收获期	150	202.00	194.26	29.10	0.00	0.00	1.05
2005-04-23	ASAZH01	玉米	播种期	200		324.32	0.00	0.00	0.00	
2005-05-05	ASAZH01	玉米	出苗期	200	324.32	310.62	10.80	0.00	0.00	1.88

（续）

日期	观测场地名称	作物名称	作物生育期	观测土层厚度（cm）	上日土层储水量（mm）	该日土层储水量（mm）	时段降雨量（mm）	时段地表径流量（mm）	时段灌溉量（mm）	平均日蒸散量（mm/d）
2005-05-29	ASAZH01	玉米	五叶期	200	310.62	329.92	46.10	0.00	0.00	1.07
2005-06-17	ASAZH01	玉米	拔节期	200	329.92	310.99	53.60	0.00	0.00	3.63
2005-07-17	ASAZH01	玉米	抽雄期	200	310.99	310.99	115.60	0.00	0.00	3.73
2005-07-19	ASAZH01	玉米	吐丝期	200	310.99	355.48	53.20	0.00	0.00	2.90
2005-09-14	ASAZH01	玉米	成熟期	200	355.48	275.49	129.00	0.00	0.00	3.60
2005-10-04	ASAZH01	玉米	收获期	200	275.49	339.15	105.80	0.00	0.00	2.01
2005-04-23	ASAFZ01	玉米	播种期	200		315.76	0.00	0.00	0.00	
2005-05-05	ASAFZ01	玉米	出苗期	200	315.76	315.19	10.80	0.00	0.00	0.87
2005-05-29	ASAFZ01	玉米	五叶期	200	315.19	323.96	46.10	0.00	0.00	1.49
2005-06-17	ASAFZ01	玉米	拔节期	200	323.96	310.89	53.60	0.00	0.00	3.33
2005-07-17	ASAFZ01	玉米	抽雄期	200	310.89	297.75	115.60	0.00	0.00	4.15
2005-07-19	ASAFZ01	玉米	吐丝期	200	297.75	329.60	53.20	0.00	0.00	7.12
2005-09-14	ASAFZ01	玉米	成熟期	200	329.60	262.81	129.00	0.00	0.00	3.38
2005-10-04	ASAFZ01	玉米	收获期	200	262.81	327.68	105.80	0.00	0.00	1.95
2005-04-23	ASAFZ02	玉米	播种期	200		308.24	0.00	0.00	0.00	
2005-05-05	ASAFZ02	玉米	出苗期	200	308.24	308.81	10.80	0.00	0.00	0.79
2005-05-29	ASAFZ02	玉米	五叶期	200	308.81	339.62	46.10	0.00	0.00	0.61
2005-06-17	ASAFZ02	玉米	拔节期	200	339.62	329.45	53.60	0.00	0.00	3.19
2005-07-17	ASAFZ02	玉米	抽雄期	200	329.45	314.72	115.60	0.00	0.00	4.20
2005-07-19	ASAFZ02	玉米	吐丝期	200	314.72	353.18	53.20	0.00	0.00	4.91
2005-09-14	ASAFZ02	玉米	成熟期	200	353.18	283.00	129.00	0.00	0.00	3.43
2005-10-04	ASAFZ02	玉米	收获期	200	283.00	352.37	105.80	0.00	0.00	1.73
2005-05-18	ASAFZ03	谷子	播种期	200		362.26	0.00	0.00	0.00	
2005-05-27	ASAFZ03	谷子	出苗期	200	362.26	356.45	22.00	0.00	0.00	2.78
2005-07-12	ASAFZ03	谷子	拔节期	200	356.45	426.03	174.00	0.00	0.00	2.27
2005-08-07	ASAFZ03	谷子	抽穗期	200	426.03	443.32	123.00	0.00	0.00	3.92
2005-09-29	ASAFZ03	谷子	成熟期	200	443.32	414.95	160.20	0.00	0.00	3.49
2005-10-07	ASAFZ03	谷子	收获期	200	414.95	411.42	4.80	0.00	0.00	0.93
2006-04-21	ASAZH01	玉米	播种期	200		307.18	0.00	0.00	0.00	
2006-05-03	ASAZH01	玉米	出苗期	200	307.18	310.83	19.50	0.00	0.00	1.32
2006-06-03	ASAZH01	玉米	五叶期	200	310.83	330.97	97.60	0.00	0.00	2.58
2006-06-17	ASAZH01	玉米	拔节期	200	330.97	310.05	3.00	0.00	0.00	1.71
2006-07-15	ASAZH01	玉米	抽雄期	200	310.05	318.11	124.10	0.00	0.00	4.00
2006-07-19	ASAZH01	玉米	吐丝期	200	318.11	284.27	0.00	0.00	0.00	6.77
2006-09-06	ASAZH01	玉米	成熟期	200	284.27	311.06	207.00	0.00	0.00	3.75
2006-09-25	ASAZH01	玉米	收获期	200	311.06	306.58	17.60	0.00	0.00	1.10
2006-04-21	ASAFZ01	玉米	播种期	200		296.24	0.00	0.00	0.00	
2006-05-03	ASAFZ01	玉米	出苗期	200	296.24	301.01	19.50	0.00	0.00	1.13
2006-06-03	ASAFZ01	玉米	五叶期	200	301.01	315.76	97.60	0.00	0.00	2.76
2006-06-17	ASAFZ01	玉米	拔节期	200	315.76	294.29	3.00	0.00	0.00	1.75
2006-07-15	ASAFZ01	玉米	抽雄期	200	294.29	277.07	124.10	0.00	0.00	4.87
2006-07-19	ASAFZ01	玉米	吐丝期	200	277.07	260.73	0.00	0.00	0.00	3.27
2006-09-06	ASAFZ01	玉米	成熟期	200	260.73	313.68	207.00	0.00	0.00	3.21
2006-09-25	ASAFZ01	玉米	收获期	200	313.68	298.87	17.60	0.00	0.00	1.62
2006-04-21	ASAFZ02	玉米	播种期	200		309.91	0.00	0.00	0.00	
2006-05-03	ASAFZ02	玉米	出苗期	200	309.91	311.99	19.50	0.00	0.00	1.45

（续）

日期	观测场地名称	作物名称	作物生育期	观测土层厚度（cm）	上日土层储水量（mm）	该日土层储水量（mm）	时段降雨量（mm）	时段地表径流量（mm）	时段灌溉量（mm）	平均日蒸散量（mm/d）
2006-06-03	ASAFZ02	玉米	五叶期	200	311.99	333.56	97.60	0.00	0.00	2.53
2006-06-17	ASAFZ02	玉米	拔节期	200	333.56	313.26	3.00	0.00	0.00	1.66
2006-07-15	ASAFZ02	玉米	抽雄期	200	313.26	294.48	124.10	0.00	0.00	4.93
2006-07-19	ASAFZ02	玉米	吐丝期	200	294.48	278.73	0.00	0.00	0.00	3.15
2006-09-06	ASAFZ02	玉米	成熟期	200	278.73	323.90	207.00	0.00	0.00	3.37
2006-09-25	ASAFZ02	玉米	收获期	200	323.90	302.33	17.60	0.00	0.00	1.96
2006-04-22	ASAFZ03	豆子	播种期	200		334.89		0.00	0.00	
2006-05-12	ASAFZ03	豆子	出苗期	200	334.89	362.27	46.90	0.00	0.00	0.98
2006-07-11	ASAFZ03	豆子	开花期	200	362.27	390.32	186.70	0.00	0.00	2.64
2006-07-22	ASAFZ03	豆子	结荚期	200	390.32	360.11	49.00	0.00	0.00	6.60
2006-08-08	ASAFZ03	豆子	鼓粒期	200	360.11	339.87	20.30	0.00	0.00	2.38
2006-09-20	ASAFZ03	豆子	成熟期	200	339.87	360.34	154.00	0.00	0.00	3.18
2006-09-28	ASAFZ03	豆子	收获期	200	360.34	364.32	41.40	0.00	0.00	4.16

4.3.6 土壤水分常数

表 4-29 土壤水分常数

年份	样地代码	作物名称	采样深度（cm）	作物生育期	土壤完全持水量（%）	土壤田间持水量（%）	土壤凋萎含水量（%）	土壤孔隙度总量（%）	容重	特征曲线方程	备注
2001	ASAZH01ABC _ 01	谷子	0～20	出苗期		19.80	3.40	57.00	1.14	$\theta=38.24\times\Psi m^{(-0.7267)}$	$R^2=0.9295$，r=0.96 θ为土壤含水量 Ψm=土壤基质势
2001	ASAZH01ABC _ 01	谷子	20～40	出苗期		19.80	3.40	57.00	1.14		
2001	ASAZH01ABC _ 01	谷子	40～60	出苗期		20.10	3.60	57.00	1.14		
2001	ASAZH01ABC _ 01	谷子	60～80	出苗期		20.10	3.60	57.00	1.21		
2001	ASAZH01ABC _ 01	谷子	80～100	出苗期		20.30	3.60	56.30	1.21		
2001	ASAZH01ABC _ 01	谷子	100～120	出苗期		20.30	3.60	56.30	1.21		
2001	ASAZH01ABC _ 01	谷子	120～140	出苗期		19.60	3.50	55.80	1.21		
2001	ASAZH01ABC _ 01	谷子	140～160	出苗期		20.00	3.50	55.20	1.21		
2001	ASAZH01ABC _ 01	谷子	160～180	出苗期		20.30	3.50	55.20	1.30		
2001	ASAZH01ABC _ 01	谷子	180～200	出苗期		20.10	3.50	55.30	1.30		
2005	ASAZH01ABC _ 01	玉米	0～10	收获后	50.70	20.38	7.25	49.30	1.24	$\theta=13.556\times\Psi m^{(-0.2311)}$	$R^2=0.973$
2005	ASAZH01ABC _ 01	玉米	10～20	收获后	46.09	17.86	8.12	53.91	1.24	$\theta=14.73\times\Psi m^{(-0.22)}$	$R^2=0.921$
2005	ASAZH01ABC _ 01	玉米	20～30	收获后	46.23	19.01	6.35	53.77	1.35	$\theta=12.49\times\Psi m^{(-0.25)}$	$R^2=0.957$
2005	ASAZH01ABC _ 01	玉米	30～40	收获后	46.63	19.31	5.85	53.37	1.32	$\theta=12.15\times\Psi m^{(-0.27)}$	$R^2=0.942$
2005	ASAZH01ABC _ 01	玉米	40～50	收获后	47.02	19.22	6.17	52.98	1.32	$\theta=12.14\times\Psi m^{(-0.25)}$	$R^2=0.959$
2005	ASAZH01ABC _ 01	玉米	50～60	收获后	49.01	20.32	6.11	50.99	1.32	$\theta=12.02\times\Psi m^{(-0.25)}$	$R^2=0.953$
2005	ASAZH01ABC _ 01	玉米	60～70	收获后	47.73	23.02	5.94	52.27	1.30	$\theta=12.02\times\Psi m^{(-0.26)}$	$R^2=0.954$
2005	ASAZH01ABC _ 01	玉米	70～80	收获后	48.52	22.57	7.78	51.48	1.30	$\theta=14.12\times\Psi m^{(-0.22)}$	$R^2=0.949$
2005	ASAZH01ABC _ 01	玉米	80～90	收获后	48.26	21.61	6.40	51.74	1.32	$\theta=12.26\times\Psi m^{(-0.24)}$	$R^2=0.961$
2005	ASAZH01ABC _ 01	玉米	90～100	收获后	50.72	23.24	7.51	49.28	1.32	$\theta=13.63\times\Psi m^{(-0.22)}$	$R^2=0.945$
2005	ASAZH01ABC _ 01	玉米	100～110	收获后	45.03	16.34	5.66	54.97	1.31	$\theta=11.13\times\Psi m^{(-0.25)}$	$R^2=0.943$
2005	ASAZH01ABC _ 01	玉米	110～120	收获后	42.47	15.54	5.07	57.53	1.31	$\theta=10.53\times\Psi m^{(-0.27)}$	$R^2=0.904$
2005	ASAZH01ABC _ 01	玉米	120～130	收获后	41.49	15.72	5.41	58.51	1.31	$\theta=10.65\times\Psi m^{(-0.25)}$	$R^2=0.936$
2005	ASAZH01ABC _ 01	玉米	130～140	收获后	41.17	15.44	5.23	58.83	1.31	$\theta=10.3\times\Psi m^{(-0.25)}$	$R^2=0.927$
2005	ASAZH01ABC _ 01	玉米	140～150	收获后	40.16	15.81	5.52	59.84	1.31	$\theta=10.86\times\Psi m^{(-0.25)}$	$R^2=0.936$

（续）

年份	样地代码	作物名称	采样深度（cm）	作物生育期	土壤完全持水量（%）	土壤田间持水量（%）	土壤凋萎含水量（%）	土壤孔隙度总量（%）	容重	特征曲线方程	备注
2005	ASAZH01ABC _ 01	玉米	150～160	收获后	42.57	18.10	7.50	57.43	1.31	$\theta=13.25\times\Psi m^{(-0.21)}$	$R^2=0.954$
2005	ASAZH01ABC _ 01	玉米	160～170	收获后	41.49	17.62	6.48	58.51	1.32	$\theta=12.42\times\Psi m^{(-0.24)}$	$R^2=0.961$
2005	ASAZH01ABC _ 01	玉米	170～180	收获后	44.12	19.56	8.40	55.88	1.30	$\theta=14.43\times\Psi m^{(-0.2)}$	$R^2=0.959$
2005	ASAZH01ABC _ 01	玉米	180～190	收获后	42.55	18.13	6.82	57.45	1.31	$\theta=12.72\times\Psi m^{(-0.23)}$	$R^2=0.945$
2005	ASAZH01ABC _ 01	玉米	190～200	收获后	42.58	17.50	6.52	57.42	1.31	$\theta=12.16\times\Psi m^{(-0.23)}$	$R^2=0.961$
2005	ASAFZ03ABC _ 01	谷子	0～10	收获后	44.81	19.80	6.73	55.19	1.19	$\theta=13.572\times\Psi m^{(-0.259)}$	$R^2=0.916$
2005	ASAFZ03ABC _ 01	谷子	10～20	收获后	45.91	20.24	5.46	54.09	1.19	$\theta=11.53\times\Psi m^{(-0.2757)}$	$R^2=0.941$
2005	ASAFZ03ABC _ 01	谷子	20～30	收获后	42.02	18.36	5.73	57.98	1.33	$\theta=11.894\times\Psi m^{(-0.27)}$	$R^2=0.95$
2005	ASAFZ03ABC _ 01	谷子	30～40	收获后	42.93	18.17	5.54	57.07	1.24	$\theta=12.079\times\Psi m^{(-0.2876)}$	$R^2=0.926$
2005	ASAFZ03ABC _ 01	谷子	40～50	收获后	41.94	18.18	5.81	58.06	1.24	$\theta=12.352\times\Psi m^{(-0.2783)}$	$R^2=0.947$
2005	ASAFZ03ABC _ 01	谷子	50～60	收获后	43.32	17.85	6.75	56.68	1.22	$\theta=13.474\times\Psi m^{(-0.2552)}$	$R^2=0.928$
2005	ASAFZ03ABC _ 01	谷子	60～70	收获后	43.06	17.81	8.10	56.94	1.30	$\theta=15.714\times\Psi m^{(-0.2445)}$	$R^2=0.967$
2005	ASAFZ03ABC _ 01	谷子	70～80	收获后	53.49	19.67	7.37	46.51	1.30	$\theta=14.583\times\Psi m^{(-0.2519)}$	$R^2=0.961$
2005	ASAFZ03ABC _ 01	谷子	80～90	收获后	35.88	17.92	7.24	64.12	1.30	$\theta=14.496\times\Psi m^{(-0.2564)}$	$R^2=0.952$
2005	ASAFZ03ABC _ 01	谷子	90～100	收获后	44.32	19.05	8.74	55.68	1.31	$\theta=16.202\times\Psi m^{(-0.2279)}$	$R^2=0.945$
2005	ASAFZ03ABC _ 01	谷子	100～110	收获后	45.03	16.34	5.66	54.97	1.31	$\theta=11.13\times\Psi m^{(-0.25)}$	$R^2=0.943$
2005	ASAFZ03ABC _ 01	谷子	110～120	收获后	42.47	15.54	5.07	57.53	1.31	$\theta=10.53\times\Psi m^{(-0.27)}$	$R^2=0.904$
2005	ASAFZ03ABC _ 01	谷子	120～130	收获后	41.49	15.72	5.41	58.51	1.32	$\theta=10.65\times\Psi m^{(-0.25)}$	$R^2=0.936$
2005	ASAFZ03ABC _ 01	谷子	130～140	收获后	41.17	15.44	5.23	58.83	1.32	$\theta=10.3\times\Psi m^{(-0.25)}$	$R^2=0.927$
2005	ASAFZ03ABC _ 01	谷子	140～150	收获后	40.16	15.81	5.52	59.84	1.32	$\theta=10.86\times\Psi m^{(-0.25)}$	$R^2=0.936$
2005	ASAFZ03ABC _ 01	谷子	150～160	收获后	42.57	18.10	7.50	57.43	1.28	$\theta=13.25\times\Psi m^{(-0.21)}$	$R^2=0.954$
2005	ASAFZ03ABC _ 01	谷子	160～170	收获后	41.49	17.62	6.48	58.51	1.28	$\theta=12.42\times\Psi m^{(-0.24)}$	$R^2=0.961$
2005	ASAFZ03ABC _ 01	谷子	170～180	收获后	44.12	19.56	8.40	55.88	1.30	$\theta=14.43\times\Psi m^{(-0.2)}$	$R^2=0.959$
2005	ASAFZ03ABC _ 01	谷子	180～190	收获后	42.55	18.13	6.82	57.45	1.29	$\theta=12.72\times\Psi m^{(-0.23)}$	$R^2=0.945$
2005	ASAFZ03ABC _ 01	谷子	190～200	收获后	42.58	17.50	6.52	57.42	1.29	$\theta=12.16\times\Psi m^{(-0.23)}$	$R^2=0.961$

4.3.7 雨水水质状况

表 4-30 雨水水质状况

日期	样地代码	水温（℃）	pH	矿化度（mg/L）	硫酸根（mg/L）	非溶性物质总含量（mg/L）	备注
2004-07-12	ASAQX01CYS _ 01	14.0	8.10		131.62	痕量	7 月降水总和
2004-10-12	ASAQX01CYS _ 01	11.0	7.96		80.73	痕量	7 月降水总和
2005-04-30	ASAQX01CYS _ 01	12.0	7.72	106.67	3.61	1.15	4 月降水总和
2005-05-31	ASAQX01CYS _ 01	15.5	7.59	106.67	1.52	1.68	5 月降水总和
2005-06-30	ASAQX01CYS _ 01	14.5	6.87	86.67	2.21	0.88	6 月降水总和
2005-07-31	ASAQX01CYS _ 01	16.5	7.31	44.00	0.72	1.35	7 月降水总和
2005-08-31	ASAQX01CYS _ 01	16.5	7.82	20.00	0.35	1.08	8 月降水总和
2005-09-30	ASAQX01CYS _ 01	18.0	7.47	29.33	0.61	1.29	9 月降水总和
2005-10-31	ASAQX01CYS _ 01	15.0	7.54	80.00	2.11	0.92	10 月降水总和
2005-11-30	ASAQX01CYS _ 01	/	/	/	/	/	11 月无降水
2005-12-31	ASAQX01CYS _ 01	1.5	7.07	53.33	1.31	0.52	12 月降水、雪水总和
2006-01-31	ASAQX01CYS _ 01	0.5	7.34	107.00	33.65	0.30	1 月降水总和过滤
2006-02-28	ASAQX01CYS _ 01	1.0	7.82	88.50	12.29	0.20	2 月降水总和过滤
2006-03-31	ASAQX01CYS _ 01	12.9	7.70	60.00	11.93	0.20	3 月降水总和过滤

（续）

日期	样地代码	水温（℃）	pH	矿化度（mg/L）	硫酸根（mg/L）	非溶性物质总含量（mg/L）	备注
2006-04-30	ASAQX01CYS_01	13.2	8.00	150.50	50.40	0.90	4月降水总和过滤
2006-05-31	ASAQX01CYS_01	13.5	7.83	17.00	10.04	0.76	5月降水总和过滤
2006-06-30	ASAQX01CYS_01	13.3	8.03	58.50	16.75	0.38	6月降水总和过滤
2006-07-31	ASAQX01CYS_01	27.5	7.05	13.50	5.82	0.56	7月降水总和过滤
2006-08-31	ASAQX01CYS_01	27.2	7.70	24.00	80.31	0.45	8月降水总和过滤
2006-09-30	ASAQX01CYS_01	17.5	7.02	16.50	8.22	0.80	9月降水总和过滤
2006-10-31	ASAQX01CYS_01	10.5	7.42	96.00	56.58	0.24	10月降水总和过滤
2006-11-30	ASAQX01CYS_01	5.5	7.79	42.00	12.28	0.28	11月降水总和过滤
2006-12-31	ASAQX01CYS_01	4.5	7.32	54.50	13.34	0.50	12月降水总和过滤

4.3.8 水面蒸发量

表 4-31 水面蒸发量

观测地点：川地气象场；仪器：E601B型　　　　单位：mm

年份	日期	样地代码	4月	5月	6月	7月	8月	9月	10月
2005	1	ASAQX01CZF_01	2.40	4.00	1.80	1.00	4.40	4.90	1.00
2005	2	ASAQX01CZF_01	2.80	4.20	3.20	3.10	3.70	5.40	1.40
2005	3	ASAQX01CZF_01	2.70	3.80	5.10	2.50	5.70	5.40	1.40
2005	4	ASAQX01CZF_01	3.00	3.00	4.70	3.40	5.10	2.60	1.80
2005	5	ASAQX01CZF_01	2.40	3.40	1.90	4.00	5.10	3.20	1.00
2005	6	ASAQX01CZF_01	2.90	4.40	4.50	4.60	3.70	3.80	2.00
2005	7	ASAQX01CZF_01	1.80	3.30	5.10	4.50	1.10	4.10	3.80
2005	8	ASAQX01CZF_01	1.00	4.90	3.70	4.20	2.10	3.80	2.20
2005	9	ASAQX01CZF_01	3.50	4.60	4.50	5.30	1.60	4.10	2.10
2005	10	ASAQX01CZF_01	1.60	4.00	6.70	7.30	3.70	4.20	2.00
2005	11	ASAQX01CZF_01	2.50	5.10	5.40	5.70	4.60	3.10	0.70
2005	12	ASAQX01CZF_01	3.40	4.70	5.40	5.60	2.70	3.30	0.50
2005	13	ASAQX01CZF_01	3.20	2.90	4.70	5.70	1.90	3.50	5.10
2005	14	ASAQX01CZF_01	4.10	2.90	6.40	5.20	2.70	2.80	1.80
2005	15	ASAQX01CZF_01	2.70	2.70	6.30	4.70	5.70	0.90	1.80
2005	16	ASAQX01CZF_01	1.70	0.00	5.50	4.30	5.60	1.20	2.30
2005	17	ASAQX01CZF_01	2.10	3.00	4.80	4.00	3.40	3.40	1.80
2005	18	ASAQX01CZF_01	2.00	3.50	6.10	2.70	2.60	2.90	0.90
2005	19	ASAQX01CZF_01	3.00	3.90	5.30	3.80	3.60	0.70	0.00
2005	20	ASAQX01CZF_01	3.70	3.40	5.60	5.10	3.40	1.70	0.20
2005	21	ASAQX01CZF_01	3.10	2.40	6.00	3.00	3.60	1.90	1.60
2005	22	ASAQX01CZF_01	2.40	3.20	5.80	4.30	3.80	1.50	1.10
2005	23	ASAQX01CZF_01	2.50	5.40	7.20	3.40	3.30	1.70	1.30
2005	24	ASAQX01CZF_01	2.80	4.60	4.50	3.90	3.20	2.10	2.10
2005	25	ASAQX01CZF_01	2.80	4.00	2.70	3.80	3.40	2.70	1.70
2005	26	ASAQX01CZF_01	2.90	2.60	4.90	4.20	5.20	2.10	2.10
2005	27	ASAQX01CZF_01	2.90	2.30	4.90	6.70	2.90	1.30	2.40
2005	28	ASAQX01CZF_01	3.90	4.40	4.40	5.10	3.40	1.90	1.20
2005	29	ASAQX01CZF_01	2.90	3.10	2.40	4.80	2.30	2.00	1.60
2005	30	ASAQX01CZF_01	3.50	2.00	2.00	3.70	4.10	1.10	1.60
2005	31	ASAQX01CZF_01		2.50		2.50	3.20		1.60
2006	1	ASAQX01CZF_01	0.70	7.00	4.90	4.70	4.40	1.40	1.50

（续）

年份	日期	样地代码	4月	5月	6月	7月	8月	9月	10月
2006	2	ASAQX01CZF _ 01	3.40	3.50	3.50	2.30	3.30	2.30	1.20
2006	3	ASAQX01CZF _ 01	4.10	1.60	2.10	1.60	3.90	2.00	1.10
2006	4	ASAQX01CZF _ 01	4.50	2.50	5.20	1.90	4.70	8.20	1.50
2006	5	ASAQX01CZF _ 01	1.60	1.70	4.50	2.60	3.70	3.00	2.00
2006	6	ASAQX01CZF _ 01	3.30	1.70	3.10	4.90	3.70	2.60	1.10
2006	7	ASAQX01CZF _ 01	2.90	2.00	8.00	4.10	3.10	1.50	1.40
2006	8	ASAQX01CZF _ 01	3.70	3.60	5.00	3.40	3.90	6.40	1.50
2006	9	ASAQX01CZF _ 01	3.60	7.50	2.90	3.70	4.00	4.20	0.30
2006	10	ASAQX01CZF _ 01	5.00	4.10	4.30	6.20	5.50	3.60	2.30
2006	11	ASAQX01CZF _ 01	5.80	2.80	7.20	3.60	4.60	2.60	3.10
2006	12	ASAQX01CZF _ 01	3.40	1.30	4.70	3.70	4.50	2.30	2.70
2006	13	ASAQX01CZF _ 01	0.90	1.50	4.60	3.30	5.60	3.10	2.30
2006	14	ASAQX01CZF _ 01	0.40	1.20	5.60	2.20	1.50	2.60	2.70
2006	15	ASAQX01CZF _ 01	3.80	4.30	4.70	3.20	3.00	3.10	2.80
2006	16	ASAQX01CZF _ 01	4.00	4.60	5.50	3.40	3.10	3.40	2.10
2006	17	ASAQX01CZF _ 01	3.90	4.10	5.80	3.30	5.20	3.20	2.80
2006	18	ASAQX01CZF _ 01	5.50	4.70	5.90	4.80	6.20	1.90	1.60
2006	19	ASAQX01CZF _ 01	5.00	5.00	6.80	2.70	2.80	1.50	1.60
2006	20	ASAQX01CZF _ 01	3.90	5.50	3.50	2.90	1.40	2.10	1.80
2006	21	ASAQX01CZF _ 01	3.00	1.60	1.40	1.90	6.40	1.00	1.70
2006	22	ASAQX01CZF _ 01	5.70	3.20	2.90	2.10	2.60	0.80	3.60
2006	23	ASAQX01CZF _ 01	5.80	4.20	4.20	1.90	2.50	1.30	2.60
2006	24	ASAQX01CZF _ 01	4.60	1.70	2.60	3.50	2.10	0.30	1.10
2006	25	ASAQX01CZF _ 01	4.80	3.10	2.50	4.00	3.60	1.70	2.10
2006	26	ASAQX01CZF _ 01	6.10	6.40	4.10	3.60	0.60	1.80	2.10
2006	27	ASAQX01CZF _ 01	4.10	4.80	3.60	2.70	2.90	0.80	1.50
2006	28	ASAQX01CZF _ 01	5.80	4.60	1.90	5.20	0.70	1.20	1.60
2006	29	ASAQX01CZF _ 01	5.80	4.30	3.90	3.10	0.50	1.30	4.70
2006	30	ASAQX01CZF _ 01	6.20	5.10	4.20	3.40	1.40	0.80	1.60
2006	31	ASAQX01CZF _ 01		4.70		2.60	1.10		1.70
2007	1	ASAQX01CZF _ 01	7.25	4.83	5.25	4.49	4.23	3.54	0.75
2007	2	ASAQX01CZF _ 01	6.79	4.89	5.62	2.86	5.17	3.65	1.43
2007	3	ASAQX01CZF _ 01	3.56	6.83	4.97	2.19	4.71	2.70	2.96
2007	4	ASAQX01CZF _ 01	3.24	5.28	6.23	2.30	4.23	3.20	1.26
2007	5	ASAQX01CZF _ 01	4.06	6.49	7.39	2.46	3.64	3.42	1.43
2007	6	ASAQX01CZF _ 01	3.24	6.35	4.93	1.87	2.27	3.03	4.47
2007	7	ASAQX01CZF _ 01	4.34	5.81	5.51	2.73	2.81	0.63	4.29
2007	8	ASAQX01CZF _ 01	3.54	5.14	6.47	3.66	3.67	1.79	2.00
2007	9	ASAQX01CZF _ 01	4.68	5.26	5.75	5.69	2.80	3.02	3.93
2007	10	ASAQX01CZF _ 01	4.10	3.33	2.98	6.20	3.82	2.78	2.26
2007	11	ASAQX01CZF _ 01	3.08	5.56	3.17	6.45	5.02	2.25	0.51
2007	12	ASAQX01CZF _ 01	5.75	4.64	3.63	5.18	6.20	1.05	0.59
2007	13	ASAQX01CZF _ 01	3.46	6.78	2.24	2.72	6.06	1.44	1.63
2007	14	ASAQX01CZF _ 01	2.76	9.13	4.33	2.81	5.33	3.30	2.00
2007	15	ASAQX01CZF _ 01	9.11	7.57	4.97	3.74	5.36	3.78	2.12
2007	16	ASAQX01CZF _ 01	3.05	7.68	4.20	4.61	4.76	3.45	2.08
2007	17	ASAQX01CZF _ 01	4.40	6.25	2.13	4.40	4.85	2.71	1.80
2007	18	ASAQX01CZF _ 01	3.73	6.51	2.58	6.25	4.15	3.59	2.79

（续）

年份	日期	样地代码	4月	5月	6月	7月	8月	9月	10月
2007	19	ASAQX01CZF_01	5.51	4.25	2.52	4.86	3.95	3.60	2.59
2007	20	ASAQX01CZF_01	4.31	3.56	2.52	1.38	4.60	3.51	1.53
2007	21	ASAQX01CZF_01	5.53	5.37	2.06	3.73	5.08	4.53	1.59
2007	22	ASAQX01CZF_01	5.13	2.53	3.34	3.58	4.58	3.94	1.68
2007	23	ASAQX01CZF_01	2.75	6.09	3.93	3.16	4.05	3.79	1.39
2007	24	ASAQX01CZF_01	3.63	4.57	3.87	2.34	3.63	3.01	1.11
2007	25	ASAQX01CZF_01	3.91	4.56	4.66	1.47	4.14	2.33	1.46
2007	26	ASAQX01CZF_01	4.31	6.62	3.44	4.46	3.39	1.01	1.43
2007	27	ASAQX01CZF_01	4.54	5.37	4.27	1.97	1.80	1.73	3.64
2007	28	ASAQX01CZF_01	3.90	5.39	3.86	3.69	1.49	6.38	3.02
2007	29	ASAQX01CZF_01	3.58	2.33	2.72	2.18	4.06	6.79	1.75
2007	30	ASAQX01CZF_01	9.87	4.32	4.06	2.52	4.01	2.02	1.92
2007	31	ASAQX01CZF_01		0.98		2.91	2.28		1.83

4.3.9 农田蒸散月报表（大型蒸渗仪）

表4-32 农田蒸散月报表（大型蒸渗仪）

年份	月份	样地代码	白天蒸散总量（mm）	夜间蒸散总量（mm）	昼夜蒸散总量（mm）	灌溉量（mm）	月降雨量（mm）	昼夜净蒸散总量（mm）	备注
2005	4	ASAFZ03CZS_01	0.62	2.87	3.50	0.0	18.00	21.50	白天为：9～20点，夜间为：21～8点。
2005	5	ASAFZ03CZS_01	−2.80	7.20	4.30	0.0	96.00	100.30	
2005	6	ASAFZ03CZS_01	−15.78	46.14	30.40	0.0	47.90	78.30	
2005	7	ASAFZ03CZS_01	−5.77	162.85	157.13	0.0	196.80	353.93	
2005	8	ASAFZ03CZS_01	−82.76	200.04	117.25	0.0	58.70	175.95	
2005	9	ASAFZ03CZS_01	−52.49	41.35	−11.15	0.0	113.70	102.55	
2005	10	ASAFZ03CZS_01	0.34	19.64	20.01	0.0	9.80	29.81	
2005	11	ASAFZ03CZS_01	1.79	11.21	12.97	0.0	4.20	17.17	
2005	12	ASAFZ03CZS_01	10.26	−7.03	3.23	0.0	0.80	4.03	
2006	1	ASAFZ03CZS_01	4.87	4.72	9.56	0.0	21.00	30.58	
2006	2	ASAFZ03CZS_01	12.97	−1.76	11.18	0.0	15.30	26.49	
2006	3	ASAFZ03CZS_01	5.30	7.84	13.17	0.0	1.80	14.97	
2006	4	ASAFZ03CZS_01	−8.21	7.52	−0.68	0.0	11.30	10.61	
2006	5	ASAFZ03CZS_01	−8.82	11.63	2.82	0.0	87.80	90.61	
2006	6	ASAFZ03CZS_01	−9.07	14.59	5.52	0.0	57.40	62.92	
2006	7	ASAFZ03CZS_01	−49.69	−2.30	−52.01	0.0	141.30	89.29	
2006	8	ASAFZ03CZS_01	−31.38	212.31	180.93	0.0	64.90	245.83	
2006	9	ASAFZ03CZS_01	−24.96	56.14	31.14	0.0	75.00	106.15	
2006	10	ASAFZ03CZS_01	−5.62	34.21	28.63	0.0	7.10	35.72	
2006	11	ASAFZ03CZS_01	−8.12	0.12	−8.01	0.0	8.20	0.21	
2006	12	ASAFZ03CZS_01	−1.64	3.53	1.92	0.0	3.10	5.02	
2007	1	ASAFZ03CZS_01	−2.80	7.03	4.23	0.0	1.20	5.43	
2007	2	ASAFZ03CZS_01	−10.87	8.67	−2.20	0.0	12.10	9.90	
2007	3	ASAFZ03CZS_01	−9.85	3.46	−6.39	0.0	47.10	40.71	
2007	4	ASAFZ03CZS_01	0.36	19.78	20.14	0.0	2.30	22.44	
2007	5	ASAFZ03CZS_01	−17.11	10.26	−6.85	0.0	34.00	27.15	
2007	6	ASAFZ03CZS_01	−3.60	−25.55	−29.15	0.0	68.70	39.55	
2007	7	ASAFZ03CZS_01	−36.98	28.48	−8.50	0.0	82.90	74.40	
2007	8	ASAFZ03CZS_01	−6.27	89.06	82.79	0.0	42.00	124.79	
2007	9	ASAFZ03CZS_01	−29.69	13.64	−16.04	0.0	115.70	99.66	
2007	10	ASAFZ03CZS_01	−5.62	34.24	28.62	0.0	95.80	124.42	
2007	11	ASAFZ03CZS_01	−1.39	5.50	4.11	0.0	0.00	4.11	
2007	12	ASAFZ03CZS_01	−2.62	2.02	−0.60	0.0	1.50	0.90	

4.4　川地气象观测场自动气象观测数据

4.4.1　逐月海平面气压

表 4－33　逐月海平面气压

单位：hPa

年份	月份	日平均值月平均	日最大值月平均	日最小值月平均	月极大值	极大值日期	月极小值	极小值日期
2004	9	810.0	1 016.8	1 007.6	1 029.2	30	998.1	15
2004	10	790.5	1 025.6	1 015.4	1 039.7	26	1 006.2	7
2004	11	819.3	1 029.6	1 018.4	1 046.6	25	1 003.9	6
2004	12	794.1	1 030.2	1 019.9	1 047.7	31	1 008.7	18
2005	1				1 042.4	1	1 007.7	27
2005	2	876.5	1 027.3	1 015.8	1 044.2	19	999.2	23
2005	3	787.8	1 025.0	1 012.1	1 044.6	4	996.7	9
2005	4	807.6	1 015.4	1 002.8	1 025.3	3	985.8	29
2005	5	775.1	1 007.9	998.1	1 016.3	18	988.2	4
2005	6	798.4	1 002.3	992.7	1 011.1	6	986.4	12
2005	7	771.3	1 002.8	995.5	1 007.2	20	990.5	13
2005	8	776.7	1 006.1	998.9	1 012.9	19	989.8	1
2005	9	809.0	1 015.0	1 007.3	1 019.6	22	998.9	10
2005	10	791.6	1 026.3	1 017.2	1 035.9	28	1 009.4	10
2005	11	813.5	1 027.9	1 016.8	1 038.4	21	1 005.4	4
2005	12	788.4	1 038.0	1 026.4	1 050.4	21	1 017.1	28
2006	1		1 031.7	1 021.8	1 049.5	6	1 005.2	28
2006	2	1 026.5	1 031.5	1 019.7	1 042.8	9	1 000.2	20
2006	3	1 017.6	1 023.6	1 009.6	1 045.0	12	992.3	31
2006	4	1 008.8	1 014.9	1 002.1	1 032.8	12	987.2	30
2006	5	1 008.2	1 012.6	1 001.8	1 029.5	13	991.9	19
2006	6	1 001.8	1 006.0	996.0	1 011.9	20	990.0	30
2006	7	999.4	1 002.7	992.3	1 008.6	23	890.8	5
2006	8	1 004.4	1 007.2	1 000.5	1 014.5	21	994.4	12
2006	9	1 013.9	1 017.5	1 010.3	1 030.1	9	1 001.2	7
2006	10	1 018.3	1 022.4	1 012.3	1 031.5	25	1 004.3	15
2006	11	1 022.2	1 026.4	1 016.1	1 037.3	14	1 006.0	3
2006	12	1 029.7	1 033.8	1 023.8	1 043.1	9	1 013.9	24

4.4.2　逐月大气压

表 4－34　逐月大气压

单位：hPa

年份	月份	日平均值月平均	日最大值月平均	日最小值月平均	月极大值	极大值日期	月极小值	极小值日期
2004	9	717.9	899.7	894.9	910.0	30	888.4	15
2004	10	688.1	904.7	899.9	914.4	26	894.6	8
2004	11	721.7	905.4	899.7	918.2	25	891.4	6
2004	12	698.4	904.6	899.1	915.0	31	891.4	19
2005	1				911.2	1	886.9	28
2005	2	770.4	901.9	895.3	912.5	19	885.5	23
2005	3	694.7	902.0	895.0	914.3	4	885.8	9

（续）

年份	月份	日平均值月平均	日最大值月平均	日最小值月平均	月极大值	极大值日期	月极小值	极小值日期
2005	4	715.1	896.9	890.3	904.2	19	878.2	6
2005	5	687.8	892.5	887.1	897.9	18	880.1	6
2005	6	709.7	889.2	884.5	894.7	6	880.1	26
2005	7	685.8	890.3	886.9	894.6	20	883.5	26
2005	8	689.9	892.6	889.0	897.6	18	882.9	2
2005	9	717.0	898.5	894.3	902.4	13	890.3	10
2005	10	698.6	904.5	899.5	910.1	28	894.7	25
2005	11	716.0	903.1	897.9	912.2	21	891.1	4
2005	12	690.6	907.7	901.9	916.9	21	896.4	28
2006	1		903.5	897.7	914.4	5	886.2	28
2006	2	901.6	904.7	897.6	913.1	8	885.5	20
2006	3	896.5	899.5	892.4	914.5	12	881.5	31
2006	4	891.9	895.1	888.2	907.1	12	878.9	10
2006	5	892.9	895.0	889.2	908.6	13	881.7	1
2006	6	888.6	890.5	885.9	896.5	20	881.7	9
2006	7	887.6	889.1	885.7	893.7	23	881.8	7
2006	8	891.3	892.9	889.2	898.7	20	886.0	7
2006	9	897.3	899.4	895.5	906.9	9	889.0	7
2006	10	899.8	901.7	897.4	908.0	25	892.1	15
2006	11	899.9	902.1	897.2	910.3	14	892.4	7
2006	12	903.4	905.9	900.9	912.3	9	894.1	25

4.4.3 逐月水汽压

表 4-35 逐月水汽压

单位：hPa

年份	月份	日平均值月平均	日最大值月平均	日最小值月平均	月极大值	极大值日期	月极小值	极小值日期
2004	9	9.3	14.3	9.0	18.7	6	2.4	30
2004	10	5.3	8.6	5.1	13.6	10	1.9	25
2004	11	2.8	4.6	2.8	9.3	9	1.3	25
2004	12	2.5	4.1	2.5	8.2	2	0.8	30
2005	1				4.1	22	0.6	29
2005	2	2.1	3.3	1.8	6.0	27	0.6	18
2005	3	2.2	3.6	2.1	7.7	21	0.4	13
2005	4	3.3	6.0	2.6	12.7	30	1.0	19
2005	5	7.4	12.4	6.9	19.0	30	1.9	5
2005	6	9.6	14.9	8.4	19.9	30	5.0	9
2005	7	14.5	21.4	15.6	25.8	30	8.1	9
2005	8	13.7	20.1	14.8	27.5	11	10.2	20
2005	9	11.0	16.0	11.5	19.3	15	6.3	17
2005	10	6.3	9.7	6.4	14.2	1	2.7	16
2005	11	3.2	5.1	3.0	10.2	12	1.2	21
2005	12	1.2	2.0	1.3	5.1	30	0.6	4
2006	1		3.6	2.5	5.3	28	0.7	5
2006	2	2.9	3.8	2.1	5.5	24	1.0	16
2006	3	2.7	3.8	1.8	7.5	21	0.5	12

（续）

年份	月份	日平均值月平均	日最大值月平均	日最小值月平均	月极大值	极大值日期	月极小值	极小值日期
2006	4	4.4	6.4	2.7	13.6	21	1.4	23
2006	5	9.7	12.1	6.9	17.9	4	3.1	10
2006	6	13.0	16.0	9.7	21.7	29	3.6	8
2006	7	20.8	23.7	17.5	29.8	14	10.9	24
2006	8	20.0	22.2	17.8	27.1	13	13.6	20
2006	9	13.4	15.0	11.0	22.7	3	4.4	8
2006	10	9.3	11.4	7.1	14.6	16	3.5	22
2006	11	4.5	5.4	3.7	7.6	23	1.8	14
2006	12	2.9	3.5	2.3	5.4	25	1.1	16

4.4.4　逐月相对湿度

表 4－36　逐月相对湿度

单位：%

年份	月份	日平均值月平均	日最小值月平均	月极小值	极小值日期
2004	9	56	38	19	9
2004	10	49	30	10	7
2004	11	42	25	14	17
2004	12	47	36	12	19
2005	1			14	31
2005	2	42	28	9	22
2005	3	25	16	6	13
2005	4	24	10	5	27
2005	5	37	25	6	1
2005	6	39	21	9	20
2005	7	52	40	14	12
2005	8	56	43	24	13
2005	9	57	45	16	3
2005	10	55	39	13	15
2005	11	42	22	12	25
2005	12	32	22	11	23
2006	1		46	17	14
2006	2	52	27	13	19
2006	3	33	12	5	29
2006	4	32	12	5	30
2006	5	53	24	8	1
2006	6	56	26	9	16
2006	7	72	45	19	1
2006	8	77	52	26	16
2006	9	76	49	21	17
2006	10	68	32	15	17
2006	11	60	31	13	3
2006	12	63	35	14	14

4.4.5 逐月降水量

表 4-37 逐月降水量

单位：mm

年份	月份	月合计	月小时降水极大植
2004	9	34.4	16.8
2004	10	18.0	2.4
2004	11	0.2	0.2
2004	12	5.2	0.4
2005	1	3.4	3.4
2005	2	2.2	0.4
2005	3	2.4	0.8
2005	4	14.4	3.8
2005	5	95.2	26.4
2005	6	40.0	7.8
2005	7	213.6	31.2
2005	8	57.2	11.4
2005	9	103.6	6.6
2005	10	12.8	1.6
2005	11	2.2	1.0
2005	12	0.8	0.4
2006	1	8.6	1.8
2006	2	8.0	1.4
2006	3	1.4	0.8
2006	4	11.4	2.8
2006	5	82.4	6.4
2006	6	66.0	15.8
2006	7	145.4	17.2
2006	8	90.0	14.0
2006	9	74.6	12.2
2006	10	0.0	0.0
2006	11	13.4	24.0
2006	12	2.0	0.4

4.4.6 逐月气温

表 4-38 逐月气温

单位：℃

年份	月份	日平均值月平均	日最大值月平均	日最小值月平均	月极大值	极大值日期	月极小值	极小值日期
2004	9	12.37	23.30	10.20	28.9	9	4.4	21
2004	10	6.88	17.45	2.84	24.6	7	−4.2	26
2004	11	1.27	8.30	−4.25	21.2	3	−13.3	26
2004	12	−1.66	−0.05	−5.89	13.5	14	−16.3	30
2005	1				5.2	27	−18.8	1
2005	2	−2.44	4.85	−8.57	16.2	23	−15.9	19
2005	3	3.38	13.17	−3.12	23.0	9	−13.1	13
2005	4	10.96	22.95	4.67	33.2	28	−2.7	13
2005	5	14.22	25.55	10.97	30.5	12	3.7	6
2005	6	18.36	32.05	14.82	39.9	22	9.8	2

（续）

年份	月份	日平均值月平均	日最大值月平均	日最小值月平均	月极大值	极大值日期	月极小值	极小值日期
2005	7	18.20	30.74	17.82	38.0	12	13.5	3
2005	8	16.34	28.05	16.08	34.2	1	10.6	21
2005	9	14.20	24.76	12.65	32.4	8	8.1	17
2005	10	7.03	16.42	3.54	22.6	10	−3.2	31
2005	11	2.89	12.63	−3.24	21.3	4	−9.7	29
2005	12	−5.04	1.94	−12.32	7.7	22	−17.5	15
2006	1		1.81	−9.89	9.9	28	−19.4	6
2006	2	−0.90	6.58	−6.54	17.2	20	−12.2	17
2006	3	5.55	15.10	−2.57	26.1	31	−12.3	13
2006	4	13.50	22.34	4.54	36.2	30	−4.1	13
2006	5	17.49	25.95	10.09	34.3	1	4.1	10
2006	6	21.36	30.53	13.77	38.8	17	8.7	14
2006	7	23.89	30.73	18.39	36.6	1	13.8	25
2006	8	22.06	28.34	17.39	34.8	12	13.1	26
2006	9	15.70	21.31	10.78	28.1	2	2.0	9
2006	10	12.07	21.53	5.65	27.4	9	0.1	23
2006	11	3.81	12.50	−2.36	23.2	3	−7.6	15
2006	12	−3.37	4.28	−8.77	9.3	11	−12.7	17

4.4.7　逐月露点温度

表 4-39　逐月露点温度

单位:℃

年份	月份	日平均值月平均	日最大值月平均	日最小值月平均	月极大值	极大值日期	月极小值	极小值日期
2004	9	7.06	12.16	4.52	16.5	6	−12.2	30
2004	10	0.65	4.37	−3.61	11.5	10	−15.1	25
2004	11	−6.50	−4.64	−11.00	5.9	9	−19.2	25
2004	12	−7.49	−6.15	−12.79	4.2	2	−24.4	30
2005	1				−5.4	22	−28.3	29
2005	2	−11.37	−8.97	−16.47	−0.3	27	−27.9	18
2005	3	−9.62	−8.68	−15.74	3.3	21	−31.5	13
2005	4	−5.15	−1.34	−12.12	10.5	30	−23.0	19
2005	5	3.54	9.06	−0.33	16.7	30	−15.4	5
2005	6	7.34	12.77	3.86	17.5	30	−2.7	9
2005	7	12.58	18.50	13.11	21.7	30	4.0	9
2005	8	11.83	17.39	12.49	22.7	11	7.3	20
2005	9	9.18	13.92	8.65	17.0	15	0.5	17
2005	10	2.36	6.06	−0.68	12.2	1	−10.7	16
2005	11	−5.21	−3.49	−10.45	7.3	12	−20.3	28
2005	12	−14.05	−15.58	−20.91	−2.6	30	−28.4	4
2006	1		−7.51	−12.69	−2.0	28	−25.8	5
2006	2	−11.01	−7.07	−14.58	−1.3	24	−23.0	16
2006	3	−11.97	−7.54	−17.23	2.9	21	−30.9	12
2006	4	−5.66	−0.41	−11.22	11.5	21	−18.8	23
2006	5	5.85	9.40	0.82	15.8	4	−9.0	10
2006	6	10.14	13.59	5.49	18.9	29	−7.2	8

（续）

年份	月份	日平均值月平均	日最大值月平均	日最小值月平均	月极大值	极大值日期	月极小值	极小值日期
2006	7	18.01	20.17	15.21	24.0	14	8.3	24
2006	8	17.41	19.14	15.57	22.4	13	11.5	20
2006	9	10.93	12.74	7.77	19.5	3	−4.5	8
2006	10	5.38	8.62	1.36	12.6	16	−7.3	22
2006	11	−4.56	−1.92	−7.11	3.0	23	−15.6	14
2006	12	−10.24	−7.88	−13.38	−1.6	25	−22.0	16

4.4.8 逐月太阳辐射总量

表 4－40　逐月太阳辐射总量

年份	月份	总辐射总量（MJ/m²）	反射辐射总量（MJ/m²）	紫外辐射总量（MJ/m²）	净辐射总量（MJ/m²）	光合有效辐射总量（mol/m²/s）	日照小时数（h）
2004	9	462.471	87.975	14.625	165.779	855.757	169.3
2004	10	454.333	90.842	12.670	116.536	746.158	196.5
2004	11	351.660	72.543	10.486	49.167	537.186	194.0
2004	12	278.014	86.443	7.902	1.418	373.023	146.6
2005	1	275.069	62.781	63.434	23.591	361.960	142.4
2005	2	339.578	81.489	43.930	62.986	429.926	153.2
2005	3	495.341	120.258	16.785	136.556	700.532	223.7
2005	4	593.660	149.000	21.520	201.638	1 044.145	241.0
2005	5	626.878	152.543	24.183	234.861	1 165.808	244.7
2005	6	669.305	158.262	26.967	292.012	1 300.179	242.5
2005	7	616.710	137.307	25.912	295.697	1 221.270	213.5
2005	8	545.884	116.692	24.782	275.980	1 028.598	189.7
2005	9	397.690	85.033	16.191	159.910	738.737	156.7
2005	10	339.479	67.733	13.354	113.098	628.750	156.2
2005	11	286.103	61.103	9.849	57.786	479.640	183.6
2005	12	213.077	51.634	6.518	0.455	324.076	170.4
2006	1	178.615	92.397	5.579	6.994	291.830	105.9
2006	2	295.066	77.666	10.064	68.748	469.529	168.5
2006	3	490.597	101.267	16.658	151.577	788.028	228.7
2006	4	528.346	106.513	18.372	191.619	910.023	206.3
2006	5	618.698	95.556	24.103	274.881	1 176.409	229.6
2006	6	637.165	90.246	25.761	306.214	1 249.346	230.2
2006	7	565.524	88.925	24.089	306.832	1 125.250	193.2
2006	8	439.135	75.004	19.443	225.734	897.036	143.7
2006	9	331.492	62.596	14.412	147.978	653.900	115.2
2006	10	356.774	69.901	14.311	139.242	668.413	174.1
2006	11	277.687	63.761	9.928	55.628	483.969	183.4
2006	12	219.827	55.071	7.448	14.363	367.312	149.4

4.4.9 逐月太阳辐射极值及其出现时间

表 4-41 逐月太阳辐射极值及其出现时间

年份	月份	总辐射总量日极值（W/m²）	总辐射总量日极值出现日期	总辐射总量日极值出现时间	反射辐射总量日极值（W/m²）	反射辐射总量日极值出现日期	反射辐射总量日极值出现时间	紫外辐射总量日极值（W/m²）	紫外辐射总量日极值出现日期	紫外辐射总量日极值出现时间	净辐射总量日极值（W/m²）	净辐射总量日极值出现日期	净辐射总量日极值出现时间	光合有效辐射总量日极值（$\mu mol/m^2/s$）	光合有效辐射总量日极值出现日期	光合有效辐射总量日极值出现时间
2004	9	984	14	13：07	214.8	8	12：07	44.34	14	12：17	828.0	14	12：17	2 341	14	12：17
2004	10	864	1	12：02	204.2	1	12：02	36.94	1	12：17	677.0	10	12：17	1 900	1	12：17
2004	11	738	12	11：26	175.8	12	11：24	30.25	1	12：17	471.2	2	12：17	1 504	1	12：17
2004	12	648	19	11：08	377.0	22	11：38	24.15	31	12：17	389.2	4	11：17	1 157	19	12：17
2005	1	715	29	12：28	301.4	1	13：29	26.46	31	12：17	379.3	23	11：52	1 281	31	12：17
2005	2	883	23	12：28	300.5	17	14：15	30.58	23	11：17	541.9	23	11：17	1 363	23	11：17
2005	3	948	23	11：48	250.6	17	11：57	43.23	24	12：17	617.6	24	12：17	1 827	26	12：17
2005	4	1 111	26	12：09	280.8	24	12：08	49.17	24	12：17	775.6	25	11：17	2 336	24	12：17
2005	5	1 179	24	13：05	318.0	24	13：04	52.94	17	12：17	836.1	28	11：17	2 489	22	11：17
2005	6	1 257	26	12：16	348.5	26	12：16	56.65	28	12：17	855.5	28	12：17	2 761	28	12：17
2005	7	1 157	4	12：20	322.0	11	11：36	55.05	10	12：17	905.1	4	11：17	2 670	10	12：17
2005	8	1 240	12	10：54	249.9	3	13：10	52.95	17	10：17	1 024.0	17	10：17	2 789	17	10：17
2005	9	993	18	10：11	228.2	13	10：50	45.29	8	12：17	722.2	25	11：17	2 004	8	12：17
2005	10	1 002	4	11：12	182.2	13	10：43	40.08	7	11：17	712.9	4	11：17	1 851	7	11：17
2005	11	756	3	10：37	160.7	3	10：37	28.04	5	12：17	504.4	5	12：17	1 377	1	11：17
2005	12	583	12	14：03	251.0	31	11：42	22.11	5	12：43	326.5	5	12：43	1 081	4	13：43
2006	1	614	27	13：00	483.8	27	13：00	22.50	31	13：43	383.4	31	13：43	1 066	31	12：43
2006	2	757	28	13：50	591.7	28	13：22	34.20	28	14：43	490.5	25	13：43	1 536	28	13：43
2006	3	1 024	25	13：49	353.3	1	11：44	40.80	28	13：43	598.8	25	13：43	1 883	25	13：43
2006	4	1 031	27	11：45	240.5	12	8：25	46.20	23	12：17	717.4	28	11：17	2 203	27	11：17
2006	5	1 291	9	11：38	207.0	9	11：38	56.50	23	12：17	914.8	22	11：17	2 662	23	12：17
2006	6	1 208	22	11：57	168.9	21	11：03	52.00	8	12：17	891.8	4	12：17	2 527	14	12：17
2006	7	1 300	23	12：28	192.4	11	10：51	56.30	23	12：17	951.2	23	12：29	2 753	23	12：17
2006	8	1 116	24	12：14	193.0	21	13：53	55.00	21	12：17	891.3	21	11：17	2 558	21	12：17
2006	9	1 123	6	12：16	190.2	14	12：31	48.80	8	12：17	828.8	2	13：17	2 270	6	12：16
2006	10	879	4	12：38	152.4	4	12：51	40.40	4	11：17	744.9	2	11：17	1 905	4	12：17
2006	11	788	2	11：45	159.6	2	11：44	29.70	1	11：17	493.5	2	11：45	1 453	10	13：43
2006	12	553	9	10：45	204.3	31	12：22	22.60	2	11：17	341.3	2	12：17	1 149	2	12：17

4.4.10 逐月地表温度

表 4-42 逐月地表温度

单位：℃

年份	月份	日平均值月平均	日最大值月平均	日最小值月平均	月极大值	极大值日期	月极小值	极小值日期
2004	9	13.80	29.46	10.85	47.1	9	4.6	21
2004	10	7.73	24.23	2.48	32.0	7	−3.3	26
2004	11	1.19	13.43	−4.31	23.9	3	−11.0	26
2004	12	−2.10	4.42	−6.35	11.7	14	−14.8	31
2005	1				11.5	23	−15.7	19
2005	2	−1.53	12.99	−9.50	25.3	23	−15.7	20
2005	3	5.35	25.67	−3.74	38.8	27	−12.0	13
2005	4	13.21	37.97	3.34	52.1	28	−2.9	13
2005	5	17.35	39.41	10.18	53.1	11	2.5	6
2005	6	21.58	47.70	14.42	61.5	22	8.7	2
2005	7	20.50	41.19	17.91	53.8	12	13.6	3
2005	8	19.60	42.37	16.45	56.2	4	11.1	21
2005	9	16.62	35.03	12.96	51.3	8	8.3	17
2005	10	7.02	19.53	3.42	26.4	9	−3.0	31
2005	11	1.60	13.60	−3.79	21.9	4	−9.2	30
2005	12	−5.45	5.90	−13.69	11.1	22	−18.5	17
2006	1		0.75	−8.11	11.1	16	−16.7	6
2006	2	0.19	13.73	−6.81	27.6	25	−11.7	7
2006	3	8.00	29.62	−3.93	45.8	31	−11.7	13
2006	4	17.35	40.02	3.21	56.9	30	−5.4	13
2006	5	21.59	41.51	9.76	56.5	31	2.8	14
2006	6	26.73	49.83	13.60	64.5	17	7.6	14
2006	7	27.80	42.52	19.16	62.6	1	15.1	25
2006	8	25.42	39.69	17.91	56.1	12	13.5	26
2006	9	17.89	29.14	10.95	45.9	16	2.9	9
2006	10	13.93	33.41	4.17	43.8	9	−1.8	26
2006	11	4.41	21.50	−3.96	34.7	1	−8.2	15
2006	12	−3.15	10.07	−10.04	17.4	11	−14.4	28

4.4.11 逐月 5cm 地温

表 4-43 逐月 5cm 地温

单位：℃

年份	月份	日平均值月平均	日最大值月平均	日最小值月平均	月极大值	极大值日期	月极小值	极小值日期
2004	9	13.95	22.38	14.42	27.1	12	9.5	21
2004	10	8.03	15.99	6.52	20.7	7	1.8	26
2004	11	1.96	6.13	0.36	14.1	3	−4.3	27
2004	12	−1.23	−0.76	−2.60	3.3	3	−9.7	31
2005	1				−0.9	27	−10.6	2
2005	2	−1.91	0.70	−4.33	6.2	28	−9.1	20
2005	3	3.91	10.62	1.16	20.3	30	−2.9	13
2005	4	11.40	21.45	7.84	29.8	29	2.1	13
2005	5	15.82	26.53	14.76	31.2	25	9.2	6
2005	6	19.64	31.41	18.93	38.1	22	13.1	2

（续）

年份	月份	日平均值月平均	日最大值月平均	日最小值月平均	月极大值	极大值日期	月极小值	极小值日期
2005	7	19.56	31.16	20.83	37.1	13	15.9	3
2005	8	18.61	30.11	19.77	35.3	4	16.3	21
2005	9	16.24	25.48	16.50	33.2	1	12.7	23
2005	10	7.84	14.52	6.95	19.2	4	1.4	31
2005	11	2.65	6.73	0.85	14.0	4	−3.0	30
2005	12	−3.87	−1.85	−7.71	−0.2	1	−11.1	17
2006	1		−2.09	−5.22	−0.4	31	−11.0	6
2006	2	−0.71	1.57	−2.52	10.0	25	−7.3	7
2006	3	5.89	12.22	1.58	22.3	31	−3.1	2
2006	4	14.97	21.54	9.06	30.3	30	2.1	13
2006	5	19.56	26.87	14.02	34.0	31	7.8	14
2006	6	24.06	31.66	18.27	37.7	17	14.0	14
2006	7	26.25	31.82	21.98	37.8	1	18.6	25
2006	8	24.70	30.09	21.04	44.1	11	17.6	26
2006	9	17.70	22.11	14.14	28.2	2	8.6	10
2006	10	13.66	19.88	9.21	24.9	9	4.1	31
2006	11	4.89	9.95	1.50	17.3	3	−0.7	30
2006	12	−2.36	−0.65	−4.44	−0.1	1	−7.3	28

4.4.12　逐月 10cm 地温

表 4－44　逐月 10cm 地温

单位:℃

年份	月份	日平均值月平均	日最大值月平均	日最小值月平均	月极大值	极大值日期	月极小值	极小值日期
2004	9	14.02	21.31	15.08	25.1	12	7.9	28
2004	10	8.18	14.65	7.56	18.7	7	3.2	26
2004	11	2.25	5.49	1.32	12.2	3	−2.7	27
2004	12	−1.04	−0.81	−1.98	1.4	3	−8.7	31
2005	1				−1.4	27	−9.7	2
2005	2	−1.96	−0.36	−3.76	3.8	28	−8.0	20
2005	3	3.62	8.64	1.78	17.7	30	−3.2	23
2005	4	11.15	19.28	8.71	27.5	30	1.2	8
2005	5	15.62	24.77	15.63	28.6	25	11.0	6
2005	6	19.41	29.48	19.93	35.6	22	14.4	2
2005	7	19.38	29.45	21.65	34.5	13	16.6	3
2005	8	18.50	28.38	20.58	32.4	4	17.6	21
2005	9	16.24	24.14	17.34	30.8	1	13.7	23
2005	10	8.07	13.59	7.94	17.6	4	2.6	31
2005	11	2.97	6.00	1.85	12.3	4	−1.4	30
2005	12	−3.48	−2.29	−6.54	−0.2	1	−9.7	17
2006	1		−2.32	−4.69	−0.8	31	−9.8	6
2006	2	−0.80	0.54	−1.88	7.1	25	−6.0	7
2006	3	5.58	10.18	2.32	19.1	31	−2.0	2
2006	4	14.70	19.56	10.10	27.4	30	3.7	13
2006	5	19.32	25.05	15.04	31.2	31	9.3	14
2006	6	23.79	29.44	19.27	35.1	18	15.6	14
2006	7	25.99	30.27	22.61	34.8	1	19.5	25
2006	8	24.62	28.82	21.70	42.5	11	18.5	26
2006	9	17.73	21.07	14.93	26.5	2	10.2	10
2006	10	13.77	18.23	10.35	22.4	9	5.3	31
2006	11	5.20	8.78	2.51	15.0	3	0.1	30
2006	12	−2.04	−0.80	−3.51	0.2	1	−6.1	28

4.4.13 逐月 15cm 地温

表 4－45 逐月 15cm 地温

单位：℃

年份	月份	日平均值月平均	日最大值月平均	日最小值月平均	月极大值	极大值日期	月极小值	极小值日期
2004	9	14.12	20.33	15.77	23.5	5	7.0	28
2004	10	8.39	13.52	8.64	16.9	7	4.7	26
2004	11	2.64	5.11	2.33	10.6	3	−1.0	26
2004	12	−0.73	−0.63	−1.27	0.5	3	−7.2	31
2005	1				−1.9	26	−8.5	2
2005	2	−1.94	−1.09	−3.23	1.1	28	−6.7	2
2005	3	3.30	6.87	2.22	15.2	30	−3.4	23
2005	4	10.86	17.35	9.58	27.5	30	−0.1	8
2005	5	15.39	23.13	16.50	26.0	25	10.7	26
2005	6	19.14	27.75	20.77	32.9	22	15.7	2
2005	7	19.19	27.94	22.41	32.0	14	17.4	3
2005	8	18.38	26.86	21.37	29.7	1	18.9	17
2005	9	16.27	23.01	18.20	28.5	1	14.7	23
2005	10	8.39	12.97	9.03	17.2	1	3.9	31
2005	11	3.37	5.79	2.83	11.3	5	−0.1	30
2005	12	−2.97	−2.40	−5.28	0.1	1	−8.3	18
2006	1		−2.41	−4.11	−1.1	31	−8.5	7
2006	2	−0.84	−0.18	−1.43	4.0	25	−4.6	7
2006	3	5.27	8.44	3.00	16.4	31	−0.8	2
2006	4	14.38	17.72	11.10	24.7	30	5.3	13
2006	5	19.05	23.22	15.98	28.3	31	10.7	14
2006	6	23.46	27.53	20.20	32.3	18	17.1	14
2006	7	25.71	28.86	23.22	32.0	1	20.2	23
2006	8	24.55	27.67	22.39	40.3	11	19.4	26
2006	9	17.81	20.20	15.76	25.0	2	12.1	10
2006	10	13.94	16.91	11.43	20.1	8	6.7	31
2006	11	5.63	7.93	3.66	13.1	1	0.7	30
2006	12	−1.57	−0.78	−2.46	0.7	1	−4.8	28

4.4.14 逐月 20cm 地温

表 4－46 逐月 20cm 地温

单位：℃

年份	月份	日平均值月平均	日最大值月平均	日最小值月平均	月极大值	极大值日期	月极小值	极小值日期
2004	9	14.21	19.76	16.26	22.8	5	7.0	28
2004	10	8.57	13.02	9.38	15.9	7	5.8	26
2004	11	2.94	5.10	2.99	9.8	3	−0.7	26
2004	12	−0.46	−0.39	−0.80	0.6	3	−6.1	31
2005	1				−2.0	27	−7.5	2
2005	2	−1.88	−1.37	−2.90	−0.2	3	−6.0	2
2005	3	3.03	5.77	2.38	13.7	30	−3.4	23
2005	4	10.62	16.16	10.09	27.0	30	−0.2	8
2005	5	15.20	22.05	17.01	24.4	25	9.9	26
2005	6	18.90	26.54	21.17	31.2	22	16.4	2

（续）

年份	月份	日平均值月平均	日最大值月平均	日最小值月平均	月极大值	极大值日期	月极小值	极小值日期
2005	7	19.05	27.00	22.88	30.5	14	18.0	3
2005	8	18.31	26.09	21.86	28.5	16	19.6	17
2005	9	16.30	22.35	18.77	26.9	1	15.5	23
2005	10	8.63	12.76	9.80	17.2	1	4.9	31
2005	11	3.68	5.79	3.53	10.8	5	0.3	30
2005	12	−2.51	−2.27	−4.29	0.5	1	−7.0	18
2006	1		−2.41	−3.65	−1.2	31	−7.5	7
2006	2	−0.83	−0.45	−1.18	1.8	25	−3.6	7
2006	3	5.02	7.36	3.38	14.7	31	−0.3	2
2006	4	14.13	16.57	11.72	23.0	30	6.4	13
2006	5	18.84	21.99	16.55	26.4	31	11.6	14
2006	6	23.19	26.26	20.77	30.4	18	18.0	14
2006	7	25.45	27.86	23.56	30.3	1	20.6	23
2006	8	24.48	26.94	22.83	38.4	11	19.9	29
2006	9	17.89	19.75	16.33	24.3	3	13.5	10
2006	10	14.09	16.35	12.15	19.5	5	7.6	31
2006	11	5.99	7.68	4.48	12.1	1	1.2	30
2006	12	−1.16	−0.65	−1.73	1.2	1	−3.8	28

4.4.15　逐月 40cm 地温

表 4－47　逐月 40cm 地温

单位：℃

年份	月份	日平均值月平均	日最大值月平均	日最小值月平均	月极大值	极大值日期	月极小值	极小值日期
2004	9	14.44	18.47	17.54	21.1	6	9.9	28
2004	10	9.40	12.52	11.65	16.4	1	8.6	28
2004	11	4.38	5.99	5.33	9.7	1	0.7	26
2004	12	0.87	1.16	1.02	1.9	4	−0.7	31
2005	1				−0.8	1	−3.0	31
2005	2	−1.33	−1.33	−1.74	−0.4	28	−3.0	2
2005	3	1.98	2.65	2.04	9.8	31	−2.0	23
2005	4	9.41	12.17	10.43	17.5	30	−0.5	8
2005	5	14.04	18.49	17.30	20.2	14	9.2	26
2005	6	17.59	22.41	21.21	26.2	24	17.5	11
2005	7	18.20	23.94	23.21	26.1	16	19.7	3
2005	8	17.85	23.41	22.59	25.2	6	21.2	26
2005	9	16.32	20.78	20.02	23.3	2	16.9	29
2005	10	9.71	12.85	12.19	17.1	1	8.2	31
2005	11	5.04	6.52	5.97	10.1	6	2.6	30
2005	12	−0.50	−0.47	−0.83	2.5	1	−2.6	22
2006	1		−1.70	−1.96	−1.0	31	−3.7	8
2006	2	−0.62	−0.55	−0.68	−0.2	27	−1.4	9
2006	3	3.91	4.32	3.53	9.5	31	−0.2	1
2006	4	12.69	13.01	12.09	17.0	30	9.1	14
2006	5	17.56	18.07	17.12	20.4	20	13.8	14
2006	6	21.66	22.24	21.15	27.4	28	19.3	7
2006	7	23.98	24.40	23.58	26.0	19	21.7	23
2006	8	23.83	24.20	23.42	27.6	13	21.1	29
2006	9	18.17	18.43	17.77	22.5	4	16.2	28
2006	10	14.68	15.05	14.16	16.6	1	10.4	24
2006	11	7.61	7.93	7.22	11.2	1	3.6	30
2006	12	0.90	0.96	0.78	3.5	1	−1.1	26

4.4.16 逐月 60cm 地温

表 4－48 逐月 60cm 地温

单位：℃

年份	月份	日平均值月平均	日最大值月平均	日最小值月平均	月极大值	极大值日期	月极小值	极小值日期
2004	9	14.53	18.35	17.92	20.4	6	11.7	28
2004	10	10.07	13.14	12.77	16.9	1	10.1	28
2004	11	5.57	7.31	6.87	10.4	1	1.8	26
2004	12	1.91	2.52	2.36	3.5	1	1.1	31
2005	1				1.1	1	−1.1	26
2005	2	−0.69	−0.74	−0.86	−0.4	3	−1.3	2
2005	3	1.44	1.84	1.44	8	31	−0.8	23
2005	4	8.43	10.75	9.48	14.9	30	−0.4	8
2005	5	12.95	16.83	16.15	18.1	26	8.0	26
2005	6	16.4	20.65	19.92	23.7	24	15.8	11
2005	7	17.41	22.69	22.36	24.2	17	20.0	3
2005	8	17.4	22.59	22.21	23.8	5	20.5	13
2005	9	16.24	20.44	20.14	22.0	2	17.5	30
2005	10	10.53	13.71	13.44	17.4	1	9.9	31
2005	11	6.17	7.81	7.58	10.4	6	4.4	30
2005	12	1.05	1.49	1.33	4.4	1	−0.5	30
2006	1		−0.60	−0.67	−0.2	5	−1.2	9
2006	2	−0.23	−0.21	−0.24	0.0	26	−0.4	1
2006	3	3.44	3.68	3.21	7.9	31	0.0	1
2006	4	11.44	11.56	11.08	14.8	30	7.9	1
2006	5	16.39	16.60	16.12	18.1	31	14.2	14
2006	6	20.3	20.61	20.04	26.6	28	18.1	1
2006	7	22.74	22.95	22.55	24.2	20	21.4	1
2006	8	23.12	23.26	22.91	25.6	13	21.1	31
2006	9	18.37	18.5	18.22	21.6	4	16.7	29
2006	10	15.13	15.24	14.89	16.8	1	11.9	24
2006	11	8.94	9.03	8.79	12	1	5.5	30
2006	12	2.6	2.68	2.51	5.5	1	0.7	26

4.4.17 逐月 2min 风速及风向

表 4－49 逐月 2min 风速及风向

年份	月份	月平均风速（m/s）	月最多风向	最大风速（m/s）	最大风风向（°）	最大风出现日期
2004	9	0.8	NE	7.3	50	30
2004	10	0.8	NE	8.4	36	20
2004	11	1.0	NE	7.7	42	9
2004	12	0.9	NE	6.1	42	30
2005	1		NE	6.7	37	28
2005	2	1.0	NE	5.2	40	24
2005	3	1.3	NE	8.9	31	3
2005	4	1.2	NE	9.7	41	12
2005	5	1.2	NE	10.4	54	5
2005	6	1.0	NE	6.1	61	26
2005	7	0.7	NE	5.4	67	10

（续）

年份	月份	月平均风速（m/s）	月最多风向	最大风速（m/s）	最大风风向（°）	最大风出现日期
2005	8	0.7	NE	8.3	32	1
2005	9	0.6	C	5.1	36	13
2005	10	0.8	C	8.1	46	13
2005	11	0.9	C	6.4	44	28
2005	12	0.9	C	6.7	59	21
2006	1		NE	5.7	42	14
2006	2	1.1	C	7.3	46	6
2006	3	1.2	C	9.3	45	31
2006	4	1.4	NE	10.2	36	28
2006	5	1.1	C	8.5	46	8
2006	6	0.9	C	7.8	53	9
2006	7	0.6	C	6.4	48	8
2006	8	0.7	NE	6.6	53	20
2006	9	0.8	NE	6.1	49	8
2006	10	0.7	NE	4.2	38	16
2006	11	1.1	NE	6.2	31	2
2006	12	0.8	NE	5.8	47	16

4.4.18　逐月 10min 风速及风向

表 4-50　逐月 10min 风速及风向

年份	月份	月平均风速（m/s）	月最多风向	最大风速（m/s）	最大风风向（°）	最大风出现日期
2004	9	0.8	NE	7.9	52	30
2004	10	0.8	C	7.9	44	20
2004	11	1.0	C	7.7	49	9
2004	12	0.9	NE	4.7	49	26
2005	1		NE	6.2	43	28
2005	2	1.0	NE	4.8	38	18
2005	3	1.3	NE	7.4	38	17
2005	4	1.2	NE	8.4	43	12
2005	5	1.3	NE	8	46	5
2005	6	1.0	NE	4.8	196	23
2005	7	0.7	NE	5.1	84	26
2005	8	0.7	NE	7.6	44	1
2005	9	0.7	C	5.4	57	13
2005	10	0.8	C	7	49	13
2005	11	0.9	C	5.3	50	28
2005	12	0.9	C	5.6	46	3
2006	1		NE	5	46	14
2006	2	1.0	C	5.8	42	21
2006	3	1.2	C	8.8	52	27
2006	4	1.4	NE	9.2	40	28
2006	5	1.1	C	8.1	44	8
2006	6	0.9	C	8.7	52	9
2006	7	0.6	C	6	47	8
2006	8	0.7	NE	5.7	55	20
2006	9	0.8	NE	5.8	53	8
2006	10	0.7	C	4	58	8
2006	11	0.9	NE	6.6	40	2
2006	12	0.8	NE	6.5	44	16

4.4.19 逐月 10min 极大风速及风向

表 4-51 逐月 10min 极大风速及风向

年份	月份	月极大风速（m/s）	月极大风风向（°）	月极大风出现日期
2004	9	16.1	38	30
2004	10	14.3	43	20
2004	11	14.6	33	9
2004	12	9.8	51	30
2005	1	11.0	38	28
2005	2	11.6	44	18
2005	3	14.8	42	3
2005	4	18.0	45	12
2005	5	16.8	46	5
2005	6	10.3	44	14
2005	7	11.7	62	26
2005	8	14.6	48	1
2005	9	9.8	61	13
2005	10	13.6	49	13
2005	11	11.8	50	28
2005	12	14.7	49	21
2006	1	10.0	40	4
2006	2	12.5	51	6
2006	3	16.9	65	9
2006	4	18.9	38	28
2006	5	15.4	45	9
2006	6	17.9	53	9
2006	7	10.9	51	8
2006	8	10.9	47	20
2006	9	10.4	53	8
2006	10	7.2	60	8
2006	11	13.6	62	5
2006	12	11.8	46	16

4.4.20 逐月 1h 极大风速及风向

表 4-52 逐月 1h 极大风速及风向

年份	月份	月极大风速（m/s）	月极大风风向（°）	月极大风出现日期
2004	9	16.5	39	30
2004	10	14.3	41	20
2004	11	15.2	39	9
2004	12	15.2	53	30
2005	1	15.2	45	29
2005	2	11.6	53	18
2005	3	16.5	66	3
2005	4	18.0	62	12
2005	5	19.6	28	5
2005	6	16.8	38	18
2005	7	16.0	60	27
2005	8	14.6	51	1

（续）

年份	月份	月极大风速（m/s）	月极大风风向（°）	月极大风出现日期
2005	9	11.5	24	7
2005	10	15.5	39	13
2005	11	13.5	41	28
2005	12	14.7	53	21
2006	1	10.4	68	4
2006	2	13.9	51	6
2006	3	19.6	39	27
2006	4	18.9	32	28
2006	5	16.1	51	9
2006	6	24.3	53	9
2006	7	18.2	38	23
2006	8	12.1	36	20
2006	9	18.5	51	8
2006	10	9.7	28	6
2006	11	13.6	41	5
2006	12	11.8	32	16

第五章

研究数据取得成果

5.1 取得科研成果

安塞站自从1986年以来，由站主要科研人员主持完成的科技项目，获得国家奖2项，省（部）科技进步奖23项。获得专利3项。

（1）黄土高原杏子河流域自然资源与水土保持，获中国科学院和陕西省科技进步三等奖（1986）。

（2）陕北黄土丘陵区水土保持农林牧综合治理中间试验，获中国科学院和陕西省科技进步三等奖（1987）。

（3）黄土丘陵沟壑区水土保持型生态农业研究，获陕西省科技进步一等奖（1991）。

（4）黄土丘陵区水土流失规律与水土保持措施优化配置研究，获中国科学院科技进步三等奖（1991）。

（5）黄土高原综合治理试验示范区航空遥感监测，中国科学院科技进步三等奖（1991）。

（6）黄土丘陵沟壑区水土保持型生态农业研究，陕西省科技进步一等奖（1992）。

（7）黄土高原综合治理定位试验示范综合研究，获国家科技进步一等奖（1992），安塞站排名第二。

（8）黄土高原综合治理定位试验示范综合研究，获中国科学院科技进步一等奖（1992）。

（9）安塞县1988—2000年经济社会发展战略规划，获陕西省科技进步三等奖（1993）。

（10）黄土高原小流域水土流失综合治理遥感监测，获中国科学院科技进步三等奖（1993）。

（11）黄土丘陵区农业资源合理利用机制研究，陕西省科技进步三等奖（1995）.

（12）中国黄土高原生态农业，获第7届西南、西北地区优秀科技图书一等奖（1998）；国家新闻出版署全国优秀科技图书暨科技进步（科技著作）三等奖（1999）。

（13）黄土区水分—养分—小麦生长及水分有效性研究，获陕西省科技进步一等奖（2000）

（14）黄土高原土壤水分及其动力学，获陕西省科学院科技进步一等奖（2003）。

表5-1　2001—2007年安塞站科研项目获奖

序号	获奖项目名称	等级	年度	排　名
1	安塞丘陵沟壑区提高水土保持型生态农业系统总体功能的研究	国家科技进步二等奖	2001年	卢宗凡　梁一民　刘国彬　候喜禄　郑剑英　李代琼　苏敏　李锐　江忠善
2	黄土丘陵沟壑区土地利用与土壤侵蚀	国家自然科学二等奖	2005年	傅伯杰　刘宝元　陈利顶　刘国彬　谢昆青
3	黄土高原水土保持与生态环境建设重大问题研究	陕西省科学技术一等奖	2003年	刘国彬　穆兴民　李　锐　焦菊英　上官周平　谢永生　王百群　王万中　郭忠升　徐学选
4	黄土高原设施蔬菜持续高产的机理与技术	陕西省科学技术二等奖	2005年	梁银丽　陈志杰　徐福利　严勇敢　杜社妮　张成娥　雷红　戚建华
5	陕北丘陵沟壑区（安塞）水土保持型生态农业持续发展研究	陕西省科学进步三等奖	2003年	刘文兆　梁一民　候喜禄　刘国彬　张兴昌　王继军　白岗栓　范兴科　张晓萍　吴瑞俊

（续）

序号	获奖项目名称	等级	年度	排　名
6	黄土区水—土—作物关系及其最优调控原理与技术研究	陕西省科学进步一等奖	2004年	康绍忠　**梁银丽**　蔡焕杰　郑粉莉　张富仓　黄明斌　胡笑涛　刘贤赵　张建华　宋孝玉
7	土壤—植物系统水动力学研究	中国科学院自然科学一等奖	2001年	邵明安　上官周平　李玉山　**梁银丽**　张正斌　杨文治　康绍忠　山仑
8	黄土高原中部丘陵区中尺度生态农业建设综合研究	陕西省科学技术二等奖	2003年	田均良　张翼　**梁一民**　刘普灵　邓西平
9	黄土高原粮食生产与持续发展研究	陕西省科技进步二等奖	2001年	上官周平　彭珂珊　彭琳　**刘国彬**　穆兴民
10	人工汇集雨水利用技术研究	教育部二等奖	2003年	吴普特　黄占斌　高建恩　杨新民　张富　岳宝蓉　李秧秧　**陈云明**　范兴科　冯浩
11	干旱多风环境下苗木成活机理与造林关键技术	陕西省科学技术二等奖	2007年	梁宗锁　韩蕊莲

注：名字加粗部分为安塞站固定成员

获得专利

● 刘国彬，梁一民，巨丰生．一种草量测定装置，1995年国家实用新型专利，ZL94222942.8。

● 刘国彬．一种生物拉力测定装置，1998年国家实用新型专利，ZL97208485.1。

● 孙力安，梁一民，刘国彬，巨丰生．一种地下生物量采样手钻的钻头，1995年国家实用新型专利，ZL94222941.x。

5.2 成果介绍

5.2.1 黄土高原侵蚀环境退化生态系统恢复研究与试验示范

本项成果依托CERN长期监测任务、中国科学院知识创新重大项目（KZCX1-06）、连续25年国家科技攻关课题及中日国际合作项目—安塞站长期定位监测纸坊沟小流域生态恢复模式及延安707km^{2}示范区长期监测结果完成。

安塞纸坊沟小流域位于陕北黄土高原丘陵沟壑区。年平均降水量500mm，流域面积8.27km^2。人口密度51人/km^2。在实施综合治理前，土壤侵蚀模数达14 000t/（km^2·a），水土流失严重，农民生活贫困。如何恢复退化的生态系统，遏制水土流失，改善当地经济，是一个巨大的挑战。针对黄土高原严重水土流失综合治理和生态环境建设对科学技术的重大需求，以黄土高原退化生态系统恢复为目标、以生态过程研究为核心，以安塞站试验示范流域长期监测与定位试验研究为基础。探索了该区水土流失治理及生态恢复的科学依据、途径及关键技术。建立了不同尺度的生态恢复试验示范体系。积累了一批生态环境演变与恢复过程的长期观测数据。

水土保持型生态农业建设理论与模式。水土流失区水土保持措施的实施往往受到落后的经济条件制约。因此水土流失治理，退化生态系统的恢复重建是一个漫长的过程，需要分阶段、分步实施。安塞站的科学家提出了水土保持型生态农业理论。所谓水土保持型生态农业，即以水土保持为主要手段，以建设良性发展的生态经济系统为核心，形成可持续的农业生产系统，达到生态效益、经济效益和社会效益的有机统一。水土流失严重地区建立水土保持型生态农业有三项任务：①高效率地生产多种产品，使农民生活富裕；②改善生存环境，绿化、美化环境，形成优越的生产条件和生活条件；③提高劳动力素质，使人类能够自觉地适应和改造自然。黄土丘陵沟壑区生态系统和经济系统严重失调，利用传统农业的耕作方法和生产经营方式不可能解决，只有生态农业才能解决这些问题。积极进行水土保持型生态农业建设，对黄土丘陵沟壑区农村经济发展和农业现代化建设，有着重要的战略意义，亦是这一地区的战略目标。

建设水土保持型生态农业指导思想是：以强化降雨就地入渗，防治水土流失为中心，以土地资源合理利用为前提；以恢复植被、建设基本农田、发展经济林和养殖业为主导措施。在生态系统严重退化的黄土丘陵沟壑区，建设水土保持型生态农业必须分3个阶段实施：①生态系统起始恢复阶段：通过生物措施和工程措施增加地面的覆盖度和减少径流形成的立地条件，需要时间10～15年；②生态系统稳定发展阶段：创造条件，进一步协调系统内部的关系，促进系统稳定发展，防止可能引起系统衰退条件的产生，需要时间5～10年；③生态系统良性循环发展阶段：是水土保持型生态农业的高级阶段，农业生态系统和农业经济系统达到了有机的统一。这是人们期望达到的阶段，已具备改造、利用、保护土地资源的能力（表5-2）。

建设水土保持型生态农业的四项主导措施：①恢复植被：水土保持造林工程的建设，应以防护（防止水土流失）和解决农村生物能源（烧柴）为主，不宜提倡建设用材林基地，应坚持以灌木为主，实行灌、乔结合。②建设基本农田：在坡耕地上修建水平梯田、隔坡梯田等基本农田，不仅可以强化降水就地入渗，防止水土流失和干旱，为作物稳产高产创造良好条件，而且也是大面积退耕建设植被的保证。③发展经济林：是提高这一地区经济效益尤其是林业经济效益的突破口，在适宜种植经济林的地区，有计划地发展经济林。在无灌溉条件下的山地果园，不宜采用密植栽培和矮化栽培，前者可能因底墒过渡消耗，土层干燥，引起果树供水不足。④发展养殖业：是繁荣该地区经济，增加群众收入的主要产业。

经过20年水土保持生态建设，纸坊沟流域生态与环境得到显著改善。林草植被覆被率已达57%以上，在人口持续增加的情况下，人均粮食稳定到400kg，满足该区自给需求。人均收入增加到3 200元，土壤侵蚀模数由14 000t/（km^2·a）降低到2 000t/（km^2·a）左右。成功恢复重建了退化的生态系统，使之进入良性循环阶段。土地生产力和林草植被接近1938年该区生态系统没有破坏的水平。纸坊沟小流域的水土保持型生态农业模式已成为当地的样板，并推广应于该区世界粮食计划署杏子河流域项目和世界银行贷款延河流域项目的综合治理。

探索了中尺度示范区生态农业模式与区域适宜性，将小流域生态系统恢复研究扩大到中尺度，建立了延安707km^2试验示范区，成功探索了中尺度3种不同生态农业模式。发展完善了黄土高原生态环境建设和农村经济发展试验示范研究体系，为黄土高原地区多尺度生态经济建设示范样板提供了技术支撑。

研究表明，建立中尺度生态经济建设示范区，是推动退耕还林还草生态建设和经济可持续发展的有效途径。中尺度是相对于小流域的地域概念，可界定为乡际（若干个乡）或县级的地域范围。在黄土丘陵沟壑区面积可几百到上千km^2。在中尺度的地域范围内，可以克服小流域资源、人力体量小的不足，在确定农村经济与土地利用结构调整方案、生态农业建设目标等方面可以与区域生态建设规划及区域农村经济发展战略、农村产业布局有更直接的关联，使生态治理与政府部门治理规划，经济发展规模化产业更有效地结合，同时加快科技成果转化与推广。在对不同类型区小流域治理试验研究的基础上，适时开展了中国科学院与陕西省合作中尺度生态建设试验示范研究，以实施区域性退耕还林（草）为契机，提出与区域经济社会和环境条件相适应的农果复合型、高效设施农业型、林牧型等生态农业示范模式和技术支撑体系，确立了这几种模式发展的原则、途径及适用性。以舍饲养羊、经济林果、设施农业为主的产业培育与技术示范与地方政府紧密结合，该研究项目为地方政府生态环境建设的决策和生态建设规划的制定提供了科学支撑，成功地促进了区域植被建设与农业结构调整、培育后续产业的同步实现。示范区内已全面实现退耕还林（草）与封禁以促进植被的自然恢复，植被覆盖面积达到52%（表5-3）。

表 5-2 生态系统建设的三个阶段指标

阶段	时间（年）	治理度（%）	基本农田（亩/人）	单产（kg/亩）
起始恢复	10～15	40	1.0～1.5	50～75
稳定发展	5～10	60	1.5～2.0	75～150
良性循环		80	＞2.0	＞200

为探索大尺度生态治理与经济发展相结合的模式与途径，水利部提出在已有 707km^2 中尺度示范区的基础上，与中国科学院和陕西省联合共建 8 万 km^2 的“陕北水土保持生态建设示范区”，并于 2002 年 9 月签订了联合共建协议，陕北示范区包括陕西榆林、延安两市 25 个县（区）。基于我们在黄土丘陵区中尺度的研究成果，明确由我们负责陕北示范区的科技支撑体系建设。至此，与原已建立的黄土高原野外长期试验站、小流域试验研究与示范区、中尺度试验研究与示范区一起，在黄土高原地区形成了多尺度生态环境建设试验示范研究体系。将黄土高原以小流域为单元的水土流失治理和资源环境定位研究推进到了一个新的阶段。

表 5-3 延安中尺度试验示范区实施效果

试区	年份	总面积（km^2）	人口（人）	耕地（亩）	其中：基本农田（亩）	林地（亩）	其中：经济林（亩）	人工草地（亩）	粮田面积（亩）	亩产（kg）	人均产粮（kg）	人均纯收入（元）	还林还草（亩）
县南沟试区	2000	59	2 729	8 006	3 998	11 382	1 952	1 250	6 405	160.7	377	1368	5 404
	2001	59	2 702	6 489	4 137	20 628	3 745	4 193	5 691	178.8	378	1 875	8 806
	2002	59	2 698	6 023	4 131	22 835	4 696	4 113	5 166	230.1	441	1 928	2 667
	2003	59	2 723	5 414	4 546	26 451	4 209	1 509	4 584	237	399	2 058	2 528
	2004	59	2 929	5 411	4 591	27 808	4 305	1 578.5	4 664	246	391.7	2 980	1 450
	2005	59	3 000	5 801	5 201	27 958	4 138	1 161.5	4 602.7	274.6	421.3	2 677	150
燕沟试区	2000	122	6 398	25 475	16 845	38 099	1 779	3 057	26 468	121.5	503	1 435	15 444
	2001	122	6 456	17 523	17 480	46 838	2 196	5 810	14 018	214.4	466	1 568	13 797
	2002	122	6 514	17 523	17 480	47 388	2 195	6 360	13 168	223.7	452	1781	550
	2003	122	7 035	17 523	17 480	47 498	2 195	6 470	13 158	246.3	461	1 968	110
	2004	122	7 066	17 223	17 180	48 098	2 495	6 170	12 858	258.2	470	2 136	300
	2005	122	7 098	17 223	17 180	48 348	2 245	5 920	13 108	276.8	492	2 478	250
河庄坪10个川道村	2000	10	3 786	6 529	3 795	5 886	1 589	925	6 390	236	398	1 690	1 000
	2001	10	3 786	6 529	3 791	5 938	1 589	1 125	6 330	280	468	1 830	600
	2002	10	3 792	6 529	3 781	5 985	1 589	1 238	5 290	350	488	2 030	500
	2003	10	3 795	4 841	3 750	6 089	1 693	1 860	4 562	315	378	2 360	728
	2004	10	3 801	4 835	3 726	6 510	1 732	2 015	4 150	360	352	2 400	520
	2005	10	3 805	4 820	3 715	6 830	1 890	2 068	4 020	385	350	2 430	310
合计（平均）	2000	191	12 913	40 010	24 638	55 367	5 320	5 232	39 263	173	426	1 498	21 848
	2001	191	12 944	30 541	25 408	73 404	7 530	11 128	26 039	224	437	1 758	23 203
	2002	191	13 004	30 075	25 392	76 208	8 480	11 711	23 624	268	460	1 913	3 717
	2003	191	13 553	27 778	25 776	80 038	8 097	9 839	22 304	266	413	2 129	3 366
	2004	191	13 796	27 469	25 497	82 416	8 532	9 764	21 672	288	405	2 505	2 270
	2005	191	13 903	27 844	26 096	83 136	8 273	9 150	21 731	312	421	2 528	710

黄土高原典型流域生态退化与恢复重建过程。研究了纸坊沟小流域自 1938 年以来人口、土地利用、生产力、经济收入及构成、林草植被变化过程以及与此相应的流域土壤抗冲性、水稳性团聚体、有机质和入渗特征的变化。揭示了流域土地利用格局的时空演变及生态环境受损与恢复、重建过程。建立了纸坊沟小流域 60 年生态经济演变过程的监测体系和数据库系统。安塞纸坊沟流域 60 年来人

口、土地利用、植被及生产力演变系统数据积累，被认为是国内目前最系统的小流域生态系统资料。为研究黄土高原生态系统退化、恢复、重建过程提供了实证。60 年生态经济过程分析表明，我国黄土高原流域生态与环境经历了破坏、持续破坏和逐步恢复过程。国家政策导向是影响生态经济系统演变的关键因素；黄土高原小流域退化生态系统经过 20 年的集中连续治理，可以恢复进入良性循环（图 5－1）。

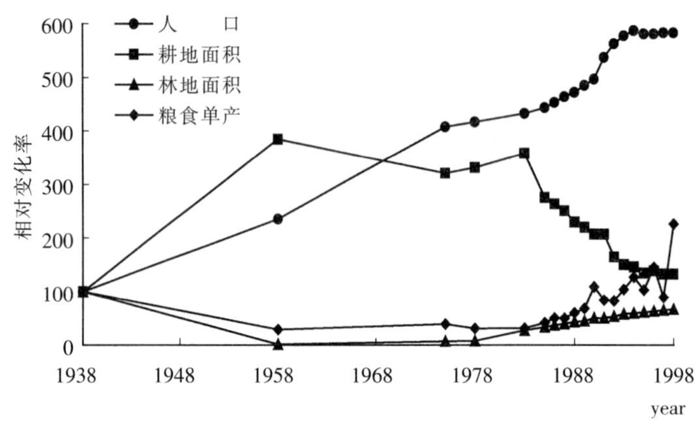

图 5－1　纸坊沟流域人口、土地和产量 60 年动态变化

安塞纸坊沟小流域位于黄土高原腹地，属丘陵沟壑区第二副区，植被区划上属于暖温性森林草原地带，是黄土高原东南部森林地带和西北部草原地带的过渡带。纸坊沟小流域和黄土丘陵区大部分地区一样，历史上曾有广茂的森林、草原，是农牧交错地带。明清以来，随着"屯垦"和移民戍边，森林草原开始遭到破坏，加之随人口增长和盛行的广种薄收、倒山种植习惯，林草植被遭到越来越严重的破坏，水土流失加剧，生态环境恶化，形成"越垦越穷，越穷越垦"的恶性循环。据调查，1938 年，纸坊沟小流域人口密度为 11.4 人/km^2，乔灌林覆被率 51.2%，林草总覆被率达 76.5%；户均大牲畜 2.3 头，羊 20 只；耕垦指数为 13.4%，粮食亩产 96.6kg。到 1958 年，仅仅 20 年，人口密度增至 26.7 人/km^2（包括移民），开垦指数达 51.5%，乔灌植被破坏已尽，仅占总土地面积的 0.4%，土壤侵蚀模数达 15 000t/（km^2·a）；粮食亩产下降到 27.7kg，生态系统完全退化。1959—1978 的 20 年生态系统进一步退化，人口密度 47.4 人/km^2，人均土地 31.7 亩，但已无荒可开、无地轮歇、无林可砍，群众靠挖草根解决燃料问题，户均大家畜 1.1 头，羊 7 只，"三料"俱缺，人均农地 14 亩，群众不能解决温饱。1976 年水保所开始在该流域推广水土保持和农业增产措施，但由于思想认识和广种薄收习惯没有改变，起步艰难，时有反复。如 1983 年因土地承包到户，又出现乱开荒的现象，耕垦指数由 1978 年的 44.3%增至 47.9%，虽然开始实施了造林种草，退耕还林还草仍十分困难，粮食单产难以提高，平均亩产长期徘徊在 30 公斤左右。

1985 年以后，纸坊沟小流域被列入国家"七五"科技攻关项目，安塞站科技人员开展了水土保持型生态农业的研究。经过 20 年科技支撑项目实施的集中综合治理，农田由 1983 年的 5 945 亩退到 1995 年的 2 236 亩，退耕率为 62%，农林牧用地比例由 1∶0.3∶0.5 调整为 1∶1.7∶2.1。1995 年，人均农田 4.1 亩，其中基本农田 2.4 亩，人均林地 7.1 亩，其中经济林 1.2 亩，有效林草植被（盖度 0.6 以上的林草地）覆被率达 41.2；输沙模数减至 2 600t/（km^2·a），扭转了生态、经济相互制约和恶性循环的局面，并为可持续发展奠定了基础。到 2000 年流域输沙模数基本稳定在 1 100t/（km^2·a），接近于黄土区容许流失量 1 000t/（km^2·a）国家标准。农林草土地利用比例为 1∶4.1∶4.1（图 5－2）。农业单产达到 201kg/亩。人均纯收入达到 3 000 元以上。安塞纸坊沟的实践表明，以小流域为单元，经过 10～15 年的连续综合治理，退化的生态系统可以恢复重建，实现生态经济良性循环。

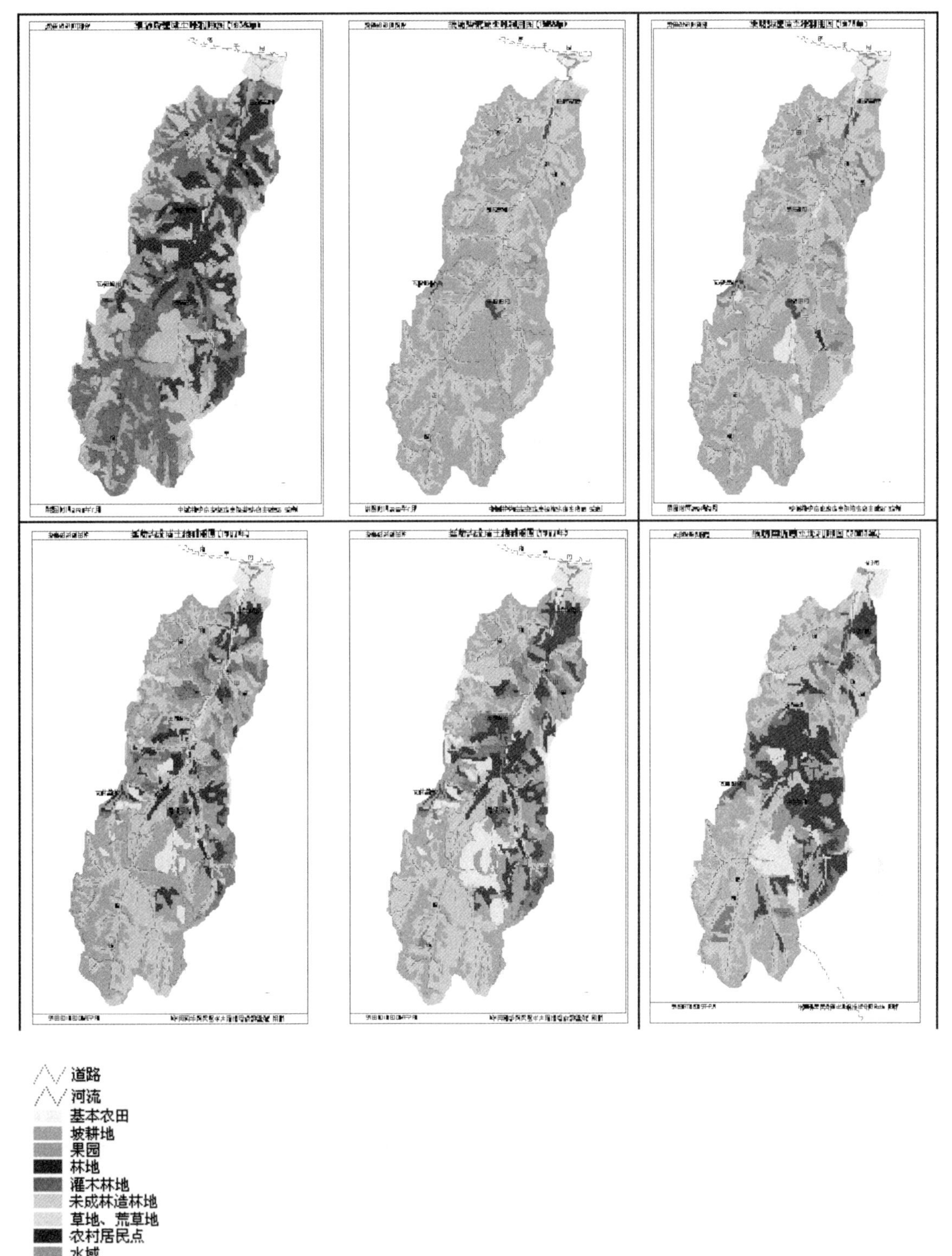

图 5-2　安塞纸坊沟流域土地利用变化

构建了流域生态经济系统健康评价指标体系和数学模型。以生态系统健康理论为基础，以资源环境支持、社会经济人文影响和生态综合功能为主线，根据侵蚀环境生态系统特点，构造和建立了侵蚀环境下小流域生态经济系统健康评价指标体系和评价模型，运用精度较高的均方差决策法确定权重。提出黄土丘陵区侵蚀环境生态经济系统健康内涵是：管理者能够实施合理的经营策略，在侵蚀、干旱胁迫下能够保持生态安全、生产能力及可持续发展的状态。健康的生态经济系统应具有以下特征：年土壤流失量在允许范围之内（<1 000t/km^2·a），能够保持稳定的生产能力；能够提供人类需求的生态服务。构建了反映流域生态特征、经济特征、系统综合功能特征的健康诊断指标体系，并拟订了相应的标准。

建立健康的流域生态系统是恢复退化的生态系统、实现生态经济可持续发展的最终目标。我们以安塞纸坊沟为例，从流域的保育、健康的角度对小流域生态系统演变过程及系统的健康状况进行了初步分析。

健康评价指标是用来反映影响整个生态经济系统持续发展的主要因素，显示系统的发展趋势。因此，指标的选择应力求客观和定量化。根据黄土丘陵区生态建设需求及流域特征，基于多年水土保持型生态农业建设实践，选择了4项生态指标（林草覆盖度、人均基本农田实现率、土壤抗冲性、土壤有机质含量）、3项社会经济指标（农业产投比、粮食单产潜势实现率、人均纯收入）和3项综合指标（系统抗逆力、综合治理减沙效率、工副业总收入）构成系统评价指标体系。

在持续的生态建设过程中，安塞纸坊沟流域生态经济健康指数逐步提高，从1985年的0.178到1990年的0.377，1999年达到0.707（图5-3）。本研究选择了10个指标用于健康评价。从安塞纸坊沟生态经济系统健康指数的动态发展曲线可以清晰地了解到纸坊沟小流域生态经济系统健康状况1985年以来的变化。1985—1990年纸坊沟已脱离恶性循环阶段，但仍处于脆弱时期；1990—1997年纸坊沟生态经济系统发展相对稳定，1997年以后生态经济系统进入良好状态。对安塞纸坊沟小流域生态经济系统的健康评价与该系统实际恢复重建过程基本符合，能够反映出流域不同阶段的发展态势。本结果支持了纸坊沟小流域生态环境建设实践所反映的黄土高原退化生态系统经过15～20年集中连续治理可基本恢复的结论。

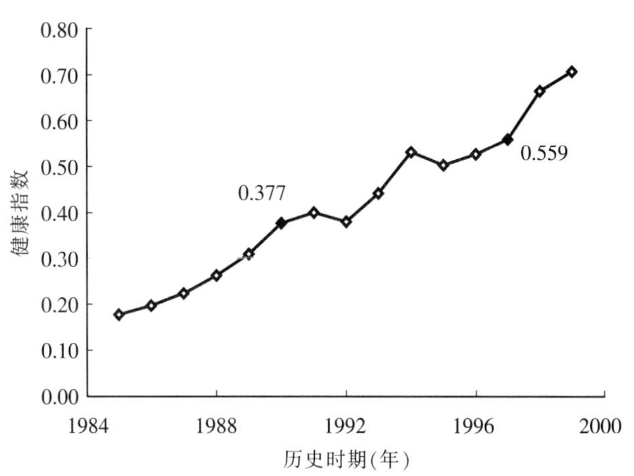

图5-3　纸坊沟小流域生态经济系统健康指数动态

通过对延安示范区农果型、高效设施农业型和农牧型等5种不同生态经济发展模式的健康状况研究表明，黄土丘陵区侵蚀环境下生态经济系统在科学调整土地利用格局、退耕还林还草等策略下，健康状况逐步得到改善，其健康水平呈逐年波动式上升趋势。且在当前状况下，资源环境因子改善效果较经济社会和人文因素显著。在以退耕还林还草为主导的生态建设策略中，生态建设与经济协调发展是改善流域健康的的重要途径。不同生态经济建设模式实施情况的不同，其健康状况及改善速度各有差异，在黄土丘陵区延安试验示范区，5年的生态经济建设结果其健康排序为：飞马河（农＋苹果型）>燕沟（水资源高效利用综合农业型）>县南沟（农＋经济林果型）>河庄坪（高效设施农业型）>高桥（农＋畜牧型）。

黄土高原是我国水土流失最严重的地区，也是国家退耕还林还草的重点地区。对于该区退化生态系统如何恢复、重建，从学术界到政府部门就恢复可行性，科学途径，可持续性等存在不同认识。我们从不同尺度对生态恢复的理论开展了研究和试验示范。本研究对明确黄土高原水土流失严重地区退化生态系统的可恢复性、恢复途径、生态经济建设模式，指导国家生态建设策略及途径具有重要意义。

安塞站30年的工作直接推动了上世纪80年代杏子河（1 400km^2）WFP项目，90年代延河流域（3 200km^2）世界银行贷款项目的实施。

以小流域为单元经连续治理20年左右可使退化的生态系统初步恢复为良性循环系统的结论被水利部和作为制定全国水土保持及生态环境建设规划的实施方案的依据。

2002年水利部与陕西省、中科院联合共建“陕北水土保持生态建设示范区”，使黄土高原生态恢复示范区由707km^2扩大到8万km^2。与原已建立的试验站、小流域、中尺度试验研究与示范区一起，在黄土高原形成了多尺度生态建设试验示范研究体系。

5.2.2　黄土丘陵区植被恢复机理与关键技术

恢复植被是黄土高原生态建设最经济有效的途径，也是黄土高原水土流失治理的关键措施。因此，植被恢复的科学途径与有效植被建设的关键技术是该区生态建设的首要问题。面对黄土高原破坏严重的植被现状，明确植被能不能恢复、是自然恢复为主还是人工建设为主？如何快速有效的恢复？人工植被如何布局？植被建设的标准是什么？等等问题，是目前国家退耕还林还草需要解决的重要问题。本研究以安塞水土保持综合试验站为中心研究范围，对这些问题做了系统探索。

黄土丘陵区植被恢复的途径、潜力。通过对自然恢复30年的纸坊沟试验示范流域和相临的代表目前植被状况的县南沟流域长期定位监测样地植物群落学比较研究发现：两个流域在物种多样性方面，根据样地典型群落样地调查和物种统计，经过封禁30多年并人工促进演化的纸坊沟流域比县南沟流域植物种类多1科、2属、5种（表5-4）。由此表明，经过10年左右封禁，它们植物种类组成上有了一定的变化，但是，在物种组成方面并没有质的差异，至少物种多样性的繁殖体存在。只要采取封禁或者封禁与人工修复相结合的基本措施，县南沟流域就能够达到纸坊沟流域的恢复效果。

表5-4　纸坊沟流域与县南沟流域种子植物区系的种类数量*

分类群		纸坊沟			县南沟		
		科	属	种	科	属	种
裸子植物		2	2	2	2	2	2
被子植物	双子叶植物	33	71	85	32	69	80
	单子叶植物	3	19	25	3	19	25
合　计		38	92	112	37	90	107

*　表中科、属、种数均为样地中出现的

从植物群落类型以及质量来看，纸坊沟流域植物群系为32个，县南沟流域28个。其中灌木群落：纸坊沟17个，县南沟14个；草本群落：纸坊沟11个，县南沟10个。草本群落：纸坊沟11个；县南沟10个；草灌群落：纸坊沟4个，县南沟4个。封禁30多年的纸坊沟流域植物群落类型略多。但是，大部分群落所占面积较大（或分布范围较大），而且以偏中生群落为主。县南沟流域植物群系不仅类型少，各种群系所占面积小，以旱生群落为主。有些典型偏中生群落如灰栒子群落、黄蔷薇+灰栒子群落等没有出现，沙棘、虎榛子群落很少见到。这说明封禁时间长短，对流域内的生态系统多样性有明显影响，特别对中生或偏中生群落影响最突出。

两个流域相同群落的质量方面：尽管建群种一致，但由于演替时间差异，在群落郁闭度、灌丛密度、草丛密度方面等代表群落质量指数上，纸坊沟都高于县南沟流域的群落。对两个流域共有6个灌木和草本群落统计（表5-5），可以看出：纸坊沟流域群落高度大、总郁闭度大，灌木个体密度大，而草本郁闭度小、密度也小。与县南沟相比，这明群落恢复前期阶段，草本占主要地位，随着时间推移，灌木作用越来越大，群落质量在不断提高。

由此可见，封禁和人工促进演替的措施在纸坊沟流域对植被恢复发挥了重要作用。经过30年恢复性演替，县南沟物种数量增加了1科2属5种；凡封禁的地区植被均全面恢复，植被在群系水平上数量增加；相同群落内部，大多数天然群落的物种向着中生偏中生方向发展，中生、偏中生物种在群落中比例增加，植物生活型生态型分析更显示出偏中生的群落特征，群落内物种多样性指数增加。从群落内物种多样性来看，纸坊沟流域灌木群落中物种丰富度、多样性指数和均匀度指数均比县南沟流域群落中的高。封禁措施在纸坊沟流域植被恢复对环境保护发挥了重要作用，封禁区物种多样性增加。县南沟流域与纸坊沟流域并没有物种组成方面的质的差异，至少物种多样性的繁殖体存在，采取封禁或者封禁与人工修复相结合的措施，就能够达到纸坊沟的恢复效果。在黄土丘陵沟壑区的森林草原植被地带，30 多年对一个流域的植被演替、群落发育已经反映出了良好效果，这说明整个丘陵沟壑区植被恢复基础仍然存在，完全可以采取纸坊沟流域生态建设的正确措施和对策。本研究表明，黄土高原森林草原区生态环境破坏没有从根本上破坏植被演替的物种和环境基础，可以依靠自然力恢复当地植物群落，因此在该区进行生态自我修复是可行的。

表 5-5　纸坊沟流域与县南沟流域主要植物群落郁闭度、高度及密度比较

群落名称	纸坊沟							县南沟						
	群落高（cm）	郁闭度%			株（丛）数/hm²			群落高（cm）	郁被度%			株(丛)数/hm²		
		总郁闭度	灌木郁闭度	草本郁闭度	总株（丛)数	灌木株（丛)数	草本株（丛)数		总郁闭度	灌木郁闭度	草本郁闭度	总株（丛)数	灌木株（丛)数	草本株（丛)数
狼牙刺	185	75	70	40	1 050	290	760	143	76	60	70	2 020	390	1 630
沙棘	235	95	91	34	2 075	675	1 400	195	90	85	28	2 250	460	1 790
虎榛子	155	99	96	5	2 756	1 506	1 250	80	82	70	50	1 907	990	917
黄蔷薇	280	90	85	20	2 365	637	1 728	170	92	80	75	2 638	745	1 893
铁杆蒿—茭蒿	85	95	2	93	2 121	353	1 768	71	70	2	70	1 615	278	1 337
长芒草	75	80	3	80	4 575	85	4 490	55	70	1	70	6 150	30	6 120

黄土丘陵区退耕坡地植被恢复的阶段性与人工有效干扰途径。用系统聚类、撂荒年限两种方法对陕北黄土高原丘陵区撂荒演替序列进行分析，其演替过程为：自然 1～6 年：一年生杂草类群落→一年生杂草类＋丛生禾草群落→一年生杂草类＋根茎禾草群落或多年生草本群落→7～16 年：多年生草本群落→多年生草本＋小灌木群落→17～42 年：根茎丛生型禾草＋小灌木群落或小灌木＋多年生草本群落→小灌木群落或多年生草本＋丛生禾草群落。在不同演替阶段，Shannon-wiener 多样性指数、Pielou 均匀度指数、Margalef 丰富度指数在 9 年达到最高值，从 9 年到 40 年之间，呈波动式的降低趋势，在 25 年时为最低，从 25 年到 40 年，呈现升高的趋势。群落分析表明，两个相邻阶段具有较高的相似性系数，阶段相距的越远，其相似性系数越小。在此基础之上，提出将各物种在演替过程中重要值之和按大小排序，对前 35 位草种经适口性试验初步筛选后进行以粗蛋白、粗纤维等为指标的化学成分及以有效植被盖度为指标的生态效益的分析评价，发现黄土高原 23 种乡土牧草具备较高的改良潜质，分为 4 类，主要归属于豆科、禾本科、菊科等，并进一步探讨了黄土高原人工草场改良过程中不同荒地上草种可能的合理搭配（表 5-5）。

人工植被建设原则及布局。黄土高原人工植被建设应以乡土树草种为主，遵循三个原则：第一，依据植被地带性分布规律在不同地区建造不同类型人工林草植被。在不同地带建造人工林草植被时，必须符合其相应的地带性植被类型。如在森林地带飞播油松或人工造林均可获良好效果；而在典型草原带营造大面积乔木林，则因水热条件不足及没有适宜成林树种而难以成功，但种植草灌易获成功。第二，以地带性植被优势种作为主要造林树种草种。天然植被均由一定优势种和伴生种共同组成和谐、稳定的复层混交结构。其中的优势种或称建群种为其植被的主要成份，它们对地带性的生态条件有最好的适应性，具有较强的繁殖更新能力，是适宜群居的种群。所以，作为主要造林种草种易获成功。第三，模拟天然植被结构实行乔灌草复层混交是快速建造稳定植被的科学途径。天然林均有其优势种和伴生种，共同组成和谐、稳定的复层混交结构，其生物量、水土保持及水源涵养功能大大高于大部分人工林。所以，人工造林模拟天然林结构，实行乔灌草复层混交，不仅可提高林分的生态、经济效益和稳定性，而且也是快速建设林草植被的有效途径。

植被保持水土的有效性与建设标准。植被保持水土有效性的野外定位测定及模拟试验研究表明，植被盖度和枯枝落叶层厚度是评价植被保持水土有效性的关键指标。在黄土丘陵区，侵蚀模数（A）与群落盖度（C）之间关系为：A＝1.813C2－275.92C＋10 522。据此推算，在土壤容许流失量为350t/（km^2·a）时，群落有效盖度应为60%以上。随枯枝落叶层厚度增加，径流速度降低、土壤蒸发量、土壤溅蚀量和冲刷量减少，植被保持水土的有效性增强。以枯枝落叶层的这些效应达70%～80%为有效，则枯枝落叶层阻滞径流速度的有效厚度为0.5cm、抑制土壤蒸发的有效厚度为5cm、防止土壤溅蚀的有效厚度为0.5～1.0cm、减少土壤冲刷的有效厚度为1cm。采用层次分析法得到枯枝落叶层保持水土的适宜厚度为0.9～1.0cm，即植被建设标准是：小流域植被覆盖率达到60%，有效植被盖度0.6以上，才可有效发挥保持水土与生态服务功能。

植被建设关键技术。(1) 造林后苗木成活与致死机理和造林关键技术 对造林后苗木成活与致死机理的系统研究表明：在造林时由于苗木具有吸水功能的幼根和根毛大量损失，造成根系的吸水能力显著降低，在多风干燥的春季造林，通过茎杆含水量下降，控制休眠的内源激素脱落酸（ABA）含量成数倍的增加，而促进生长的内源激素赤霉素（GA）含量下降，造成ABA/GA比值增加，自然萌动时间推后，随着春天温度不断升高，幼苗的失水量急剧增加。有效减少苗木失水，增加吸水保证苗木水分含量不低于某一阈值是成活的关键，调控内源激素是保证苗木成活、缩短缓苗期的内在机制，可围绕这一过程根据不同树种采取有效措施，保证缺水环境下造林苗木保持较高的成活率。基于对这一成活过程生理学机制的认识，可指导我们提出一些有效保证苗木水分平衡的抗旱造林技术措施。主要策略是减少蒸腾失水，促进根系吸水，保证苗体水分平衡，调控内源激素比例，达到提高造林成活率的目的。(2) 人工造林树种选择依据 对黄土高原常见造林树种进行了耗水和抗旱适应性研究表明，种间水分利用率相差达到2～5倍，耗水系数相差达到20%～60%，蒸腾速率相差近一倍。通过综合评价可以将这些树种分为4类：高耗水高水分利用率：杨树、刺槐等；抗旱性很强的树种：柠条等；低耗水高水分利用率：沙棘等；低耗水低水分利用率：油松、侧柏、狼牙刺等。根据黄土高原地带立地条件土壤水分规律可以确定树种配置：沟岸：沙棘、乌柳、旱柳、杨树等乔灌混交的护岸、防护林；坡脚：旱柳、杨树、刺槐与沙棘、紫穗槐、连翘等混交水保用材林；阳向沟坡：配置刺槐、柠条等水土保持林；阴向沟坡：油松、河北杨、沙棘等乔灌水保林；阳向梁峁坡：柠条、刺槐水保林或苹果、枣、山楂为主的经济林；陡坡：配置、灌乔混交林；梁峁顶部：营造沙棘、柠条等灌木林或灌草混交林。

5.2.3 黄土丘陵区生态恢复过程中的土壤质量效应

土壤质量是土壤的物理、化学和生物学性质，以及形成这些性质的一些重要过程的综合体。是水土保持生态恢复效果的直接体现。

土壤质量指标的选取为全面反映黄土丘陵区侵蚀条件下的土壤质量情况，本研究选取29项土壤属性作为综合评价因子（复杂指标）。其中，土壤化学指标包括全氮、全磷、有机质、活性有机碳、碱解氮、速效磷、速效钾、$CaCO_3$、pH、CEC（阳离子代换量）；物理指标包括砂粒、物理性粘粒、粘粒、结构系数、微团聚体总量、微团聚体平均重量直径（MICMWD）、水稳性团聚体、团聚体平均重量直径（MWD）、总孔度、毛管孔度、容重、稳定入渗系数（K_{10}）、抗冲性；生物指标包括微生物碳、微生物氮、磷酸酶、蔗糖酶、脲酶、呼吸强度。借助SPSS10.0（Statistics Package for Social Science）计算机统计分析软件，运用主成分分析法和判别分析法，结合相关分析，在遵循针对性、区域性、敏感性、主导性及可操作性等原则基础上，对上述29项综合评价指标进行了筛选，建立黄土丘陵区土壤质量评价的简化指标（简单指标）。

表5-6是黄土丘陵区土壤质量综合指标的敏感性分析结果，从表可见，在32项指标中，以速效磷的变异系数和相对极差最大，其次是抗冲性、渗透系数K_{10}、活性有机碳和有机质；以pH和比重

的变异系数和相对极差最小。为了区分各指标的敏感性差异，我们根据变异系数的大小将其划分为高度敏感、中度敏感、低度敏感和不敏感指标，对 32 项评价指标的敏感性分级表明，速效磷、抗冲性、K_{10}、活性有机碳、有机质、脲酶作为土壤质量评价的高度敏感指标，是土壤质量恢复与调控的主要目标。

表 5-6　黄土丘陵区土壤质量综合指标的敏感性分析（按变异系数排序）

指　标	样本数	极差	最小值	最大值	平均	标准差	C. V.（%）	相对极差
速效磷	248	168.20	0.48	168.67	4.85	17.06	351.8	34.69
抗冲性	29	34.95	0.01	34.96	4.65	8.73	187.6	7.51
K_{10}	108	6.12	0.09	6.21	0.72	1.02	141.5	8.49
活性有机碳	162	9.42	0.12	9.54	1.07	1.33	124.4	8.80
有机质	281	63.30	2.90	66.20	8.59	9.17	106.7	7.37
脲酶	41	12.11	0.12	12.22	2.58	2.64	102.2	4.69
微生物碳	40	367.25	12.92	380.17	91.56	83.65	91.4	4.01
微生物氮	40	72.45	2.71	75.16	19.40	17.63	90.9	3.74
磷酸酶	41	10.58	0.78	11.36	2.88	2.38	82.8	3.68
碱解氮	248	192.49	12.11	204.61	33.20	26.27	79.1	5.80
全氮	248	2.70	0.21	2.91	0.47	0.34	72.2	5.70
MWD	135	4.17	0.07	4.24	1.63	1.16	71.2	2.55
蔗糖酶	41	7.98	0.60	8.59	2.95	2.06	69.6	2.70
团聚体	135	83.75	7.50	91.25	44.22	22.52	50.9	1.89
呼吸强度	40	1.17	0.18	1.36	0.53	0.26	49.0	2.21
速效钾	233	323.50	37.30	360.80	94.28	45.57	48.3	3.43
CEC	40	12.45	4.12	16.57	6.18	2.78	45.0	2.01
砂粒	90	21.70	4.30	26.00	10.36	3.20	30.9	2.09
全磷	248	1.21	0.41	1.62	0.61	0.12	19.4	1.99
全钾	88	17.35	9.25	26.60	17.60	3.17	18.0	0.99
粘粒	90	19.20	15.50	34.70	22.63	3.42	15.1	0.85
$CaCO_3$	214	133.75	21.91	155.66	109.71	16.35	14.9	1.22
物理性粘粒	90	25.90	24.20	50.10	34.15	5.00	14.6	0.76
MICMWD	90	4.30	3.30	7.60	5.38	0.78	14.5	0.80
容重	96	0.66	0.78	1.45	1.15	0.11	9.9	0.58
碳氮比（C/N）	248	9.80	4.20	14.00	10.04	0.97	9.7	0.98
总孔度	76	28.18	40.08	68.26	53.07	4.71	8.9	0.53
毛管孔度	82	25.82	37.97	63.79	48.64	3.57	7.3	0.53
粉粒	90	20.20	53.00	73.20	67.01	3.30	4.9	0.30
结构系数	90	21.12	76.22	97.34	89.69	3.75	4.2	0.24
PH	208	1.38	7.86	9.24	8.77	0.17	1.9	0.16
比重	76	0.27	2.33	2.60	2.45	0.04	1.5	0.11

生态恢复过程中不同土地利用方式下土壤质量演变。土壤健康是生态系统健康的基础。土壤质量的恢复、保育和定向培育是生态环境建设的重要内容。退化生态系统的恢复重建首先是植被的恢复重建。为揭示黄土丘陵沟壑区生态恢复过程中土壤质量响应机理。我们分析了流域土壤质量演变过程。

图 5-4 是纸坊沟流域土壤质量指数随土地利用年限的变化趋势，可见，随着土地利用年限的增加，撂荒地及人工乔、灌木林地土壤质量逐渐提高，反映了植被恢复对土壤质量的改善作用。而大棚菜地则是由于高强度的有机肥及化肥投入，土壤质量逐年迅速增加。果园土壤有机肥及化肥投入量不大，加之林下几无植被，所以其土壤质量的提高较缓慢。

相关分析结果表明，撂荒地及人工乔灌林地土壤质量指数与利用年限之间呈显著或极显著的相关性（$r_{撂荒地}=0.641^{**}$，$n=58$，$r_{0.01}=0.354$；$r_{人工灌木}=0.536^{*}$，$n=14$，$r_{0.05}=0.532$；$r_{人工乔木地}=$

0.641**，n=28，$r_{0.01}$=0.478)，可用表5-7所示的幂函数进行模拟。根据模型可计算出黄土丘陵区撂荒地和人工乔灌林地土壤质量指数随土地利用年限变化的年增加量和增长率。

从表5-7可见，随利用年限的增加，以大棚菜地土壤质量的提高速度最快，其次是人工乔木林地，再次是人工灌木林地，果园和撂荒地土壤质量提高速度较最慢。撂荒地土壤质量的增长率是人工灌木林地的一半，是人工乔木林地的1/3。表明在生态恢复过程中，随着土地利用结构调整和植被恢复，土壤质量得到不同程度的改善。撂荒地和人工乔灌林地土壤质量增长率的差异反映了不同植被恢复方式对土壤质量改善作用的差别。

根据土壤质量指数随利用年限的变化模型估算，撂荒地、果园、人工灌木和人工乔木林地土壤质量分别需要66年、42年、25年和21年可达到中等质量水平，而大棚菜地仅需10年就可达到高等质量水平。

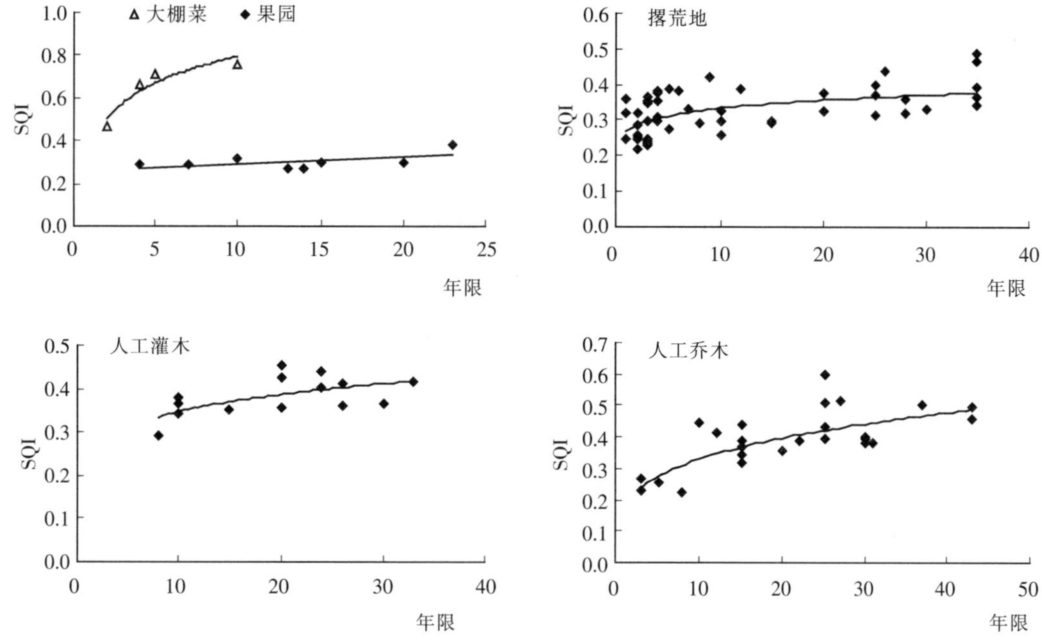

图5-4 不同土地利用方式土壤质量演变动态

表5-7 不同利用年限土壤质量模拟

利用方式	模型	相关系数	样本数	年增长量	增长率%
大棚菜地	y = 0.180 7Ln（x）+0.379 8	0.947	4	0.042	10.96
果　园	y = 0.003 4x+0.258	0.528	8	0.003	1.25
撂荒地	y = 0.266 $5x^{0.096\,9}$	0.528**	53	0.003	1.18
人工灌木	y = $0.243x^{0.155\,3}$	0.618*	14	0.005	2.11
人工乔木	y = 0.177 $7x^{0.268\,2}$	0.799**	28	0.007	3.95

注：表中x为土地利用年限（单位：年），x≥1，y为土壤质量指数。增长量为测定年限（果园25年，撂荒地35年，人工灌木林35年，人工乔木林50年）内的平均增长量。增长率=年增长量/年限为1年时的土壤属性指标值×100%。

生态恢复过程中流域土壤质量演变。纸坊沟小流域通过进行了水土流失治理与水土保持型生态农业建设试验与示范，其流域生态系统已进入良性循环期。土壤环境是生态环境的重要组成部分，黄土丘陵沟壑区的生态环境演变在很大程度上是通过土壤环境表现出来。

图5-5反映了纸坊沟流域1938—2002年65年间流域生态系统退化与恢复过程中土壤质量指标的演变过程。可以看出，9项土壤理化及生物指标的演变过程可以分为先降后升型、先升后降型及平稳型三种。

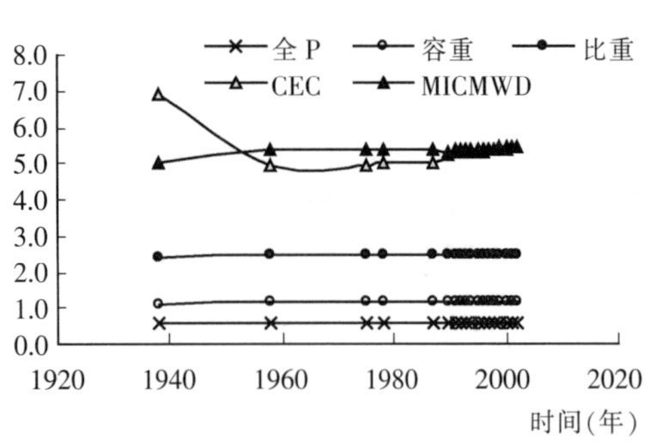

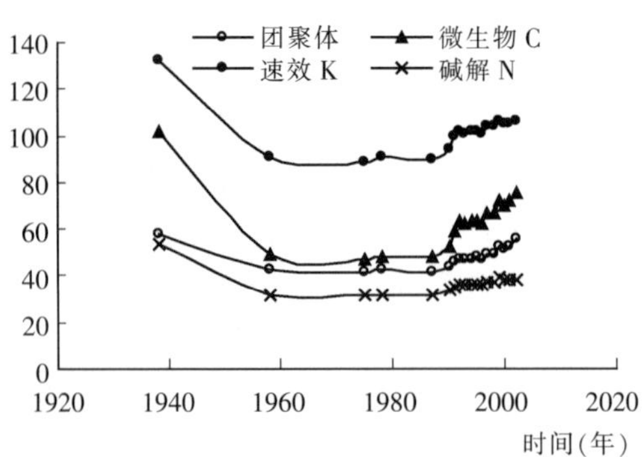

图 5-5　纸坊沟小流域土壤理化及生物性质演变动态

根据纸坊沟小流域土壤质量指数的演变动态，可以将纸坊沟流域 1938 年以来的 65 年间土壤质量演变过程划分为 3 个阶段。1938—1960 年为土壤质量退化期；1960—1990 年为土壤质量稳定期；1990—2002 年为土壤质量恢复期。揭示了土壤有效磷和抗冲性是黄土丘陵区侵蚀土壤质量的限制性因子以及黄土丘陵区侵蚀土壤质量恢复的长时序性和滞后性。在安塞纸坊沟小流域，这种滞后期约为 10 年。坡耕地培肥、农耕地撂荒及农耕地转为人工草地对土壤质量的改善作用较缓慢，而天然草地及人工乔灌林地则能有效地提高土壤质量。

5.2.4　复杂地形区小流域土壤侵蚀过程和预报模型研究

本研究基于黄土丘陵区坡面土壤侵蚀垂直分带规律，以建立坡面和流域水蚀预报模型为核心，揭示各种水蚀方式（片蚀、细沟侵蚀、浅沟侵蚀和切沟侵蚀）的侵蚀过程及其机理，定量评价各种水蚀方式的主要影响因素，建立坡面和小流域水蚀预报模型，为水土保持方案编制、水土保持效益评价和水土资源保护提供科学支持，为国际土壤侵蚀学科发展做出创新贡献。

（1）梁坡不同侵蚀带在侵蚀过程中的相互作用及其机理

坡面径流量主要来自片蚀带和细沟侵蚀带；而坡面侵蚀量主要来自浅沟侵蚀带，片蚀带的侵蚀产沙贡献占 13.0%，细沟侵蚀带的侵蚀产沙贡献占 29.0%，浅沟侵蚀带的侵蚀产沙贡献占 58.0%。

从片蚀到浅沟侵蚀带，由于侵蚀方式的演变及坡度增加和坡面汇水的共同作用，侵蚀产沙量明显增加。侵蚀产沙量从片蚀带的 6 775t/km^{2}a，增加到细沟侵蚀带的 10 131t/km^{2}a，再增加到浅沟侵蚀带的 15 558tkm^{2}a。

坡上方汇水使细沟侵蚀带的侵蚀量增加 14%～52%，年平均增加 8%～42%；坡上方汇水使浅沟侵蚀带的侵蚀量增加 12%～84%；年平均增加 38%～66%，其中细沟侵蚀量增加 44.7%，浅沟侵蚀量增加 45.9%～69.8%。

（2）沟蚀过程研究

模拟了浅沟侵蚀发育过程，阐明了浅沟侵蚀过程对坡面产沙的贡献，分析了坡上方汇流汇沙对浅沟侵蚀过程及浅沟水力学特征参数的影响。浅沟侵蚀以剥蚀—搬运过程占主导地位。当坡面以浅沟侵蚀为主时，坡面侵蚀产沙量的变化趋势与浅沟下切沟头前进速率相对应，坡面浅沟侵蚀区的侵蚀量主要来自浅沟沟槽发展形成的浅沟侵蚀量，其占坡面总侵蚀量的 46%～68%，取决于浅沟发育程度。坡面汇流汇沙对坡面浅沟侵蚀产生重要影响，坡面汇流引起的浅沟侵蚀的净侵蚀产沙量随汇流强度、坡度、降雨强度的增加而增加。

完整模拟了发育活跃期切沟侵蚀的发生演变过程，径流剪切力和重力是切沟侵蚀的主要侵蚀应力。切沟侵蚀过程以剥蚀—搬运过程为主。当以切沟侵蚀为主时，切沟侵蚀量占总侵蚀量 60%～95%，取决于切沟发育速率和程度。切沟沟头溯源侵蚀对侵蚀产沙有重要作用，侵蚀产沙量随沟头前进速率的增大而显著增加。切沟发生发展过程取决于降雨强度和坡度，尤其是坡上方汇流强度。

(3) 坡沟系统侵蚀产沙过程研究

沟坡接受梁坡上方来后坡沟系统侵蚀产沙量是无上方来水时侵蚀产沙量的 1.48～2.34 倍。沟坡接受上方来水后引起的净侵蚀产沙量占全部产沙量的 15%～29%。梁坡汇水增加沟坡侵蚀产沙 6%～60%，取决于降雨和地形条件。

坡面侵蚀产沙量占坡沟系统侵蚀产沙量的 30%左右，沟坡侵蚀产沙量占坡沟系统侵蚀产沙量的 70%左右。上方来水引起沟坡增加的侵蚀产沙量随坡面来水含沙量的增大而减小，随汇水流量的增加而增加。

(4) 坡面土壤流失预报模型研究

国外坡面土壤侵蚀预报（USLE，RUSLE）适用于缓坡（坡度<10°）地形区，且在侵蚀方式上仅考虑片蚀和细沟侵蚀。因而这些模型在我国应用受到严重限制。基于黄土丘陵区坡面浅沟侵蚀在坡面侵蚀产沙中重要地位，建立了包括浅沟侵蚀的陡坡侵蚀预报模型，不但丰富和发展了 USLE 系列模型，而且也符合我国坡面土壤侵蚀的特征。

A. 坡面水蚀预报模型构建

基于浅沟侵蚀对坡面侵蚀产沙有重要贡献的特点，构建了坡面水蚀预报模型，即

$$A=RKLSGCP$$

式中，A 为土壤流失量；R 为降雨侵蚀力；K 为土壤可蚀性因子；L 为坡长因子；S 为坡度因子；G 为浅沟侵蚀因子；C 为作物管理因子；P 为水土保持措施因子。

B. 确定了各因子的算法

集成国内外已有的研究成果，提出了各因子算法；尤其是针对我国陡坡地形和浅沟侵蚀的重要性，重点提出了适合于我国特殊侵蚀环境的地形因子（坡长、坡度）和浅沟侵蚀因子的计算公式，为复杂地形区坡面侵蚀预报模型的建立做出了贡献。

C. 模型验证

利用裸露休闲地有浅沟和无浅沟自然坡面径流小区观测资料，对模型进行了验证。结果表明，在有浅沟和无浅沟地形条件下，模型预报精度达 88%以上。

(5) 初步建立了黄土高原小流域分布式水蚀预报模型

国外小流域地形相对完整和平缓，小流域侵蚀预报模型（如 WEPP，LISEM）由坡面子模型（仅包括细沟及细沟间侵蚀）和沟道子模型组成。模型大多适用于缓坡（坡度<10°）地形，且对侵蚀过程的描述仅考虑细沟间侵蚀和细沟侵蚀，而没有包括浅沟侵蚀和切沟侵蚀，因而很难在我国大部分地区推广应用。基于我国小流域土壤侵蚀垂直分带规律及小流域水沙汇集输移关系研究，初步建立了适合于我国复杂地形区的小流域分布式侵蚀预报模型。

A. 模型设计

在对国内外已有研究成果集成的基础上，结合黄土丘陵区小流域地形复杂、土壤侵蚀方式垂直分带性的特点，以栅格 DEM 为基础，设计了 GIS 支持下的小流域分布式水蚀预报模型。模型由水文模块和侵蚀模块两部分组成，水文模块包括降雨、截留、微地形表面存储、入渗、地表径流和沟道流过程，采用运动波方程汇流；侵蚀模块考虑雨滴击溅分离、片蚀、细沟侵蚀、浅沟侵蚀、切沟侵蚀和沟道侵蚀等基本过程，运用泥沙物质平衡原理完成泥沙输移计算。

小流域分布式水蚀预报模型的基本结构为：

$$E=(D_S+D_I+D_R+D_{cf})G_EG$$

式中，D_S 为雨滴击溅量；D_I 为片蚀量；D_R 为细沟侵蚀量；D_{cf} 为沟道侵蚀；G_E 为浅沟侵蚀量；G 为沟蚀（含重力侵蚀）系数，无量纲；E 为侵蚀量。

针对坡面不同侵蚀垂直分带发生的侵蚀方式，给出了各侵蚀方式的计算式。

B. 不同侵蚀方式空间分布的界定方法

基于小流域不同侵蚀方式发生的动力和地形临界条件，提出界定不同侵蚀方式空间分布的方法。

采用弗罗德数（Fr）和细沟发生临界流量（Q_C）指标，确定细沟侵蚀的空间分布。即

$$\mathrm{Fr}>1 \text{ 和 } Q_C=8.23(\sin\alpha)^{-7/6}$$

式中，α 为地面坡度

采用地面坡度和单位汇水面积确定浅沟侵蚀的空间分布。即

$$S * A_C^{0.4}>0.72$$

式中，S 为坡度（m/m），A_C 是单位汇水面积（m^2/m）。

C. 子模型及参数定量表述

集成国内外已有的研究成果，提出了各因子算法；尤其是针对小流域浅沟侵蚀和切沟侵蚀的重要性，提出了计算浅沟侵蚀和切沟侵蚀的公式，为复杂地形区小流域侵蚀预报模型的建立做出了贡献。

D. 基于 GIS 技术，用 Visual Basic 计算机语言编程，建立了小流域水蚀预报计算机模型

以 ArcGIS 作为开发平台，应用其提供的 COM 对象库 ArcObjects 进行二次开发，并用 Visual Basic 进行计算机编程，建立了小流域分布式水蚀预报计算机模型。

应用次降雨事件对模型模拟的初步结果表明：模型对径流量的预报精度可达 85%以上；对于侵蚀量的预报精度，在中度侵蚀性降雨事件下，预报精度在 85%以上，在轻度侵蚀性降雨事件下，预报精度介于 52%～65%。

5.2.5 纸坊沟流域土壤侵蚀与综合治理减沙效益评价

纸坊沟流域位于黄土高原腹地的陕西省安塞县，属于黄土丘陵沟壑区第二副区，是延河支流杏子河下游的一级支沟，流域面积 8.27km^2。流域为由南向北流向的狭长条带形状，沟道长 8.1km。流域地貌极为破碎，沟谷纵横，沟壑密度高达 8.08km/km^2。地面割裂度为 63.2%，。沟道大都深切基岩。流域地表组成物质，主要是黄土，沟谷中有第三纪红土和侏罗系砂页岩出露。现今主要土壤为在黄土母质上发育的幼年土壤黄绵土，质地匀一，颗粒组成以粉粒级为主，有机质含量低，结构疏松，极易被外营力分散和搬运。

该流域处于暖温带半干旱气候区。多年平均降水量 541.2mm，降水分布不均，年内主要集中在 6—9 月，约占年降雨量的 75%。降雨强度大，往往以侵蚀性暴雨形式降落。降雨是该流域土壤侵蚀的主要外营力。该流域处于森林草原带的北部边缘，天然植被主要为半旱生的草灌类，治理前植被稀少，开垦指数极高，水土流失严重，年平均侵蚀产沙模数达 14 000t/（km^2·a）。

纸坊沟流域土壤侵蚀特征 纸坊沟流域过去曾是陕北乔山（崂山）林区的北界。根据 50 多年来土地利用和生态环境演变的分析，20 世纪 30 年代，该流域仍然分布有茂盛的次生梢林，40 年代以后，随着人口不断增长，毁林开荒加剧，到 1958 年森林植被破坏殆尽，仅在沟谷中有零星树木，形成了以干旱草本灌木群落占绝对优势的天然植被。1975 年开始，特别是 1983 年以后，在实施流域综合治理过程中，通过调整土地利用结构，实行退耕陡坡还林还草，大搞梯田基本农田和林草建设为主的综合治理，流域植被有了较大的恢复和发展，形成了以人工林为主体的植被景观。林地面积覆盖率已由 1975 年的 3.4%，上升为 1985 年为 17%，1990 年增加至 25.7%。加上天然和人工草地，林草地面积率提高到 61.1%，接近于 40 年代的占地比例水平。

根据“七五”期末纸坊沟流域土壤侵蚀遥感调查制图结果和综合治理后历年定位试验资料分析，该流域不仅土壤侵蚀的空间分布有了大的变化，而且土壤侵蚀强度有显著地降低。纸坊沟流域土壤侵蚀具有下列特征。

（1）治理后流域土壤侵蚀强度显著减弱。从治理过程中的 1990 年土壤侵蚀调查制图结果（表 5-8）来看，基本农田梯田和大部分人工林草地土壤侵蚀由治理前的极强度、强度变为微弱侵蚀。流

域治理后的中度以下侵蚀面积占总面积的62.4%，其中以微度侵蚀的面积最大，占总面积的30.53%；强度、极强度及剧烈侵蚀面积分别占总面积的17.11%、13.55%和6.91%。强度以上的侵蚀面积率由1980年的50%以上下降为1990年的37.6%。根据土壤侵蚀分级强度的中值和面积加权计算结果，全流域年平均土壤侵蚀强度已由治理前的极强度侵蚀型［14 000t/（km^2·a)］降低到强度侵蚀型［6 547t/（km^2·a)］。这说明在“七五”期末，该流域水土保持综合治理已发挥了有效的作用。

表5-8 纸坊沟流域治理中的1990年土壤侵蚀强度制图结果

侵蚀强度		面积	占总面积比例	权重侵蚀强度
级别	指标［t/（km^2·a)］	(ha)	(%)	［t/（km^2·a)］
微度	<1 000	252.60	30.53	152.6
轻度	1 000～2 500	78.70	9.51	166.2
中度	2 500～5 000	185.16	22.38	839.2
强度	5 000～10 000	141.57	17.11	1 283.2
极强度	10 000～20 000	112.14	13.55	2 032.5
剧烈	>20 000	57.21	6.91	2 073.0
合计		827.40	100.00	6 546.7

（2）土壤侵蚀的空间水平分异表现为从上游到中下游侵蚀强度减弱。占流域面积近1/4的上游包括正沟岔、阎家沟和大锅沟，土壤侵蚀以极强度侵蚀为主，其次为剧烈侵蚀，中度以下侵蚀面积分布很少，是流域内土壤侵蚀最为严重的地区。流域的中游和下游除拐沟重力侵蚀甚为剧烈外，主要为中度以下的侵蚀，整个流域的微度侵蚀几乎全部分布在这里，其次为强度侵蚀，而极强度和剧烈侵蚀分布零散，所占面积很小。主要原因是由于上游地形陡峭，自然植被稀疏，水土保持治理差，而中下游是多年来治理的重点地区，不仅治理的林草面积大，植被覆盖良好，也兴修了许多梯田，有效地减低土壤侵蚀。

（3）远离村庄的沟道上游既是严重的侵蚀部位，又是治理工作的薄弱环节。目前，纸坊沟流域土壤侵蚀最为严重的地方，主要是流域上游的各级支沟部位和汇入下游的右岸拐沟支沟。这些地方远离村庄，沟深坡陡，切沟，冲沟及重力侵蚀活跃，不断蚕食梁峁坡沟间地。这些部位既是治理的难点，也是目前治理工作的薄弱环节。在一些地方出现的虽经多年治理，但水土保持效益提高不显著，其主要根源就在于此。

（4）流域侵蚀产沙主要来自于沟谷地的天然荒坡和沟间地的坡耕地。根据小流域的地块侵蚀产沙模型对流域1988年8月4日与6日和1989年7月16日的3次典型暴雨侵蚀分析结果，在治理程度较低的寺崾岘流域（3.6km^2）中，3次暴雨的沟坡侵蚀产沙模数为沟间地的1.62～1.78倍，沟谷地的侵蚀产沙量占流域总量的68.9%～71.0%。而沟谷地的侵蚀产沙主要来自于土质天然荒坡，其中尤以沟缘线附近的谷坡侵蚀产沙最为严重。例如，1989年7月16日暴雨中，沟谷地土质天然荒坡占流域面积的39.8%，侵蚀产沙量却占沟谷地总量的84.7%，全流域的60.1%。沟间地的侵蚀产沙以坡耕地为主。两者面积合占流域的68.0%，侵蚀产沙量占90.9%～91.6%。这说明了坡耕地和沟谷天然荒坡土壤侵蚀的严重性，以及它们在流域治理中所处的重要地位。

纸坊沟流域综合治理减沙效益 纸坊沟流域经过多年来的治理，现已处于生态系统良性循环发展阶段。为了监测流域治理的减沙效益，于1985年在该流域沟口设立了径流观测站开始观测，控制流域面积8.05km^2，在流域上中下游共布设了6个雨量点，监测流域雨量和径流泥沙的变化。

实测流域输沙量的变化。现将纸坊沟把口径流观测站1985—1999年15年期间各年输沙模数与流域汛期（6—9月）降雨量观测数据点绘于图5-6。

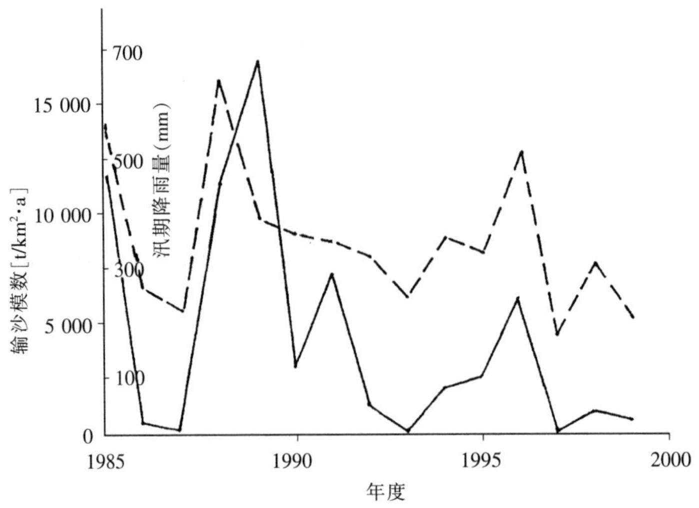

图 5-6　汛期降雨量与输沙模数变化曲线

从图 5-6 可以看出，纸坊沟流域的年际输沙模数变化幅度很大。15 年观测数据中，最大的 1989 年的年输沙模数为 16670.7t/（km^2·a），而 1987 年仅为 28.6t/（km^2·a），1993 年与 1997 年还少到 6.05 t/（km^2·a），直至未产流侵蚀输沙。同时还看出，该流域治理后除存在输沙模数随汛期降雨量大小而变化的趋势外，输沙模数和汛期降雨量总趋势在逐年减少，尤其是输沙模数的减少最为明显。

实测流域输沙量变化的原因。对于纸坊沟特定流域来说，造成流域输沙量变化的原因有两个方面，一是降雨因素变化的影响，二是流域治理程度的影响。为了分析两者对输沙量变化的影响，现将治理前流域输沙模数与治理后各个 5 年期间实测年平均输沙模数和相应的流域降雨量以及流域治理度列于表 5-9。其中治理前（1980 年前）和 1981—1985 年“六五”期间的流域输沙模数，是根据流域附近杏子河招安水文站 1958—1961 年与 1963—1971 年 13 年平均年输沙模数 13 700t/（km^2·a），以及试区流域内外的 1975—1984 年 4 个淤地坝淤积量推算的年平均输沙模数 12050～15 800t/（km^2·a）加以确定的。

表 5-9　纸坊沟流域实测雨量和输沙量的变化

年份	年平均雨量	年平均 6～9 月雨量		年平均输沙模数		年平均流域治理度
	(mm)	mm	比例%	t/（km^2·a）	比例%	(%)
1980 年前（治理前）	549.1	411.8	0	14 000	0	—
1981—1985 年	564.9	415.2	0.8	12 500	−10.7	20.7
1986—1990 年	535.6	373.6	−9.3	6 355.1	−54.6	37.2
1991—1995 年	515.5	316.5	−23.1	2 593.1	−81.5	52.4
1996—1999 年	432.0	298.4	−27.5	1 876.5	−86.6	65.1

注：比例为与 1980 年前相比较的增、减%。

首先，根据表 5-9 资料分析，在影响纸坊沟流域产沙变化的降雨方面，发现近十多年来不同阶段年平均降雨量较平均常年减少。其中 6～9 月汛期雨量的减少较为显著，在 1986—1990 年“七五”期间偏小 9.3%；1991—1995 年“八五”期间与 1996—1999 年“九五”的 4 年两阶段，雨量偏小 23.1%与 27.5%。即由“七五”期间减小的约 10%，增加到“八五”、“九五”的 25%左右。显然，降雨是影响该流域产沙减少的一个重要因素。

从表 5-9 同时可以出，实测流域输沙量随时间年份和治理程度增大呈显著地递减变化。由治理前的年平均输沙模数 14 000t/（km^2·a）开始，经过“六五”、“七五”、“八五”与“九五”近 20 年的四个阶段，流域治理度分别上升为20.7%，37.2%，52.4%与65.1%，输沙模数则分别下降为12 500，6 355.1，2 593.1与1 876.5t/（km²·a）。其中“八五”、“九五”期间的年平均输沙模数在1 900～2 600t/km²·a之间波动，变化范围小。上述四个五年治理期间较治理前的输沙模数，分别减少10.7%，54.6%，81.5%与86.6%。此结果包括了流域降雨和综合治理两个方面因素对产沙量减少变化的影响。

显然，当消除降雨因素差异的影响后，才能对流域治理减沙作用作出较为确切的定量评价。对此，我们根据受治理影响较小的1985年多雨年观测的20次降雨径流输沙资料统计分析得出：

$$M_s = 155.1PI_{30} - 339.4\ (r=0.991)$$

式中：M_s为次降雨产沙量（t/km²）；P为次降雨量（mm）；I_{30}为次最大30min雨强（mm/min）。

根据上述纸坊沟流域降雨产沙经验关系式，再用以后的产流降雨资料代入推算得在相同降雨条件下治理前的输沙模数，同相应的实测输沙模数进行对比分析，以此来说明降雨因素和综合治理因素分别对输沙量变化的影响程度。分析结果表明，在造成“八五”与“九五”期间实测输沙量减少的两大因素中，降雨影响减沙量约占三分之一，综合治理作用占三分之二。

纸坊沟流域经过了20多年的治理，特别是“六五”以来的有序加速的治理，一个良性循环的流域生态系统得以形成和发展，综合治理减沙作用十分显著，并逐年提高。其中，在“八五”期间平均治理度为52.4%的水平下，平均减沙效益为48.7%；现在，试区流域治理度已由1995年的57.7%提高到1999年的72.4%，覆盖度0.6以上的林草地面积比率达57.7%，流域输沙量减少至每年每平方公里2 000t以下，1999年综合治理作用减沙效益达63.0%。

5.2.6 黄土高原设施蔬菜持续高效生产的机理与技术研究

设施蔬菜是高产优质高效农业发展的成功典范，是设施农业的主要生产方式，是科技和经济的结合点，是我国农业生产中最有活力的产业之一，是农业可持续发展及实施农业新技术革命的重要内容。发展设施农业是解决农村剩余劳动力、快速增加农民收入和确保黄土高原地区农村经济发展和生态环境建设成果的重要措施。但在其发展过程中也出现了土壤连作障碍加剧，病虫危害严重、化肥、农药使用不尽合理，导致污染严重，土壤环境恶化、效益下降等一系列问题，严重制约设施蔬菜生产的可持续发展。

本项目以占节能型日光温室种植面积达60%～70%的黄瓜、番茄为主要对象，以减少化学农药和化肥施用量，实现绿色食品蔬菜生产为目标，紧紧围绕制约黄土高原设施蔬菜生产的几个关键科学技术问题开展研究，保证设施蔬菜增产增收，蔬菜产品品质提高，为消费者提供安全营养的蔬菜产品，促进设施蔬菜高产、优质、高效、生态、安全可持续发展。

（1）揭示了黄土高原日光温室土壤连作障碍形成的生物学机理。认为土壤细菌和真菌数量增多、黄瓜、南瓜和嫁接黄瓜的根系分泌物积累和由此而产生的自毒作用是导致连作障碍的重要原因，采用黄瓜嫁接并不能解决连作障碍问题。提出采用合理轮作、平衡施肥、控量灌水和环境调控等措施能有效地预防或延缓土壤连作障碍的产生。

（2）系统研究了黄土高原地区主要设施蔬菜病虫发生规律及防治中存在的主要问题，提出了营养调控、03灭菌杀虫、果菜套袋、摘花等新技术，为实现绿色食品蔬菜生产开辟了新途径，对提高设施蔬菜产量及实现绿色食品蔬菜的生产目标具有重要的意义和作用。

（3）确定了设施蔬菜施肥对土壤NO_3^--N动态变化和土壤剖面中的分布；建立了施肥对黄瓜产量的效应数学模型，提出了黄瓜、番茄等主要蔬菜作物高产、高效、无污染的施肥方案，为科学施肥技术的提出提供了理论依据。

（4）明确了日光温室黄瓜、番茄不同生育阶段的水分敏感性变化规律，提出了设施黄瓜生产中的水分管理控制指标。

蔬菜质量如何，是衡量社会进步的重要标志，食品安全特别是蔬菜安全问题，已引起全社会的广泛关注。通过本项目的实施，揭示了黄土丘陵区设施蔬菜持续高产的机理，增加了设施蔬菜生产的科技含量，提升了设施蔬菜生产水平，提高了设施蔬菜种植者的科技素质和生产绿色食品蔬菜的意识，降低了化学农药和化学肥料的使用量，减轻了其对生态环境及蔬菜产品的污染，提高了化肥、化学农药等资源的利用率，为消费者提供安全营养的蔬菜产品及确保设施蔬菜的可持续发展奠定了技术基础，并且有利于转移农村剩余劳动力和增加农民的经济收入。协调了建设“小绿洲”与保护“大生态”的关系，为实现既碧水蓝天，又净土洁食的生态环境建设目标提供了科学依据。

本研究对明确设施条件下蔬菜作物持续高效生产机理，深刻认识设施条件下蔬菜作物—环境—病虫害发生的内在关系，保护土壤生态环境，巩固生态环境建设成果，提高设施蔬菜生产的科技含量，提升设施蔬菜生产水平，促进学科进步和实现设施绿色食品蔬菜生产目标具有重要科学意义。

成果大面积推广应用取得了显著的社会经济和生态效益，先后在延安、榆林等地累计推广设施蔬菜生产各项高新技术约36.4万亩，节资1 400余万元，新增纯收入约2.03亿元。大大提高了农民的科技意识和种植者的技术水平，为实现绿色食品蔬菜生产目标奠定了群众基础。宝塔区、安塞县、泾阳县等五个县市十个乡镇被认定为陕西省绿色食品蔬菜生产基地。

[参考文献]

刘国彬，梁银丽．2001. 黄土高原农业生态系统//沈善敏．中国农业生态系统．北京：科学出版社．

Guobin Liu. 1999. Soil conservation and sustainable agriculture on the Loess Plateau：challenges and prospective. AMBIO，128（8）．

李壁成，等．1992. 纸坊沟流域土地资源评价及土地优化模式的研究．北京：科学技术文献出版社．153－175.

江忠善，等．1992. 黄土高原试区小流域土壤侵蚀和综合治理减沙效益//杨文治、余存祖主编．黄土高原区域治理与评价．北京：科学出版社．

武春龙，江忠善，等．1990. 安塞县纸坊沟流域土壤侵蚀类型遥感制图．水土保持通报．10（4）．6－12.

图书在版编目（CIP）数据

中国生态系统定位观测与研究数据集. 农田生态系统卷. 陕西安塞站：1998～2007 / 孙鸿烈等主编；刘国彬等分册主编. —北京：中国农业出版社，2012.7
ISBN 978-7-109-16891-6

Ⅰ.①中… Ⅱ.①孙… ②刘… Ⅲ.①生态系-统计数据-中国②农田-生态系-统计数据-安塞县-1998～2007 Ⅳ.①Q147②S181

中国版本图书馆 CIP 数据核字（2012）第 126766 号

中国农业出版社出版
（北京市朝阳区农展馆北路 2 号）
（邮政编码 100125）
责任编辑 刘爱芳 李昕昱

中国农业出版社印刷厂印刷 新华书店北京发行所发行
2012 年 7 月第 1 版 2012 年 7 月北京第 1 次印刷

开本：889mm×1194mm 1/16 印张：9.25
字数：245 千字
定价：45.00 元